U0569258

文联版
http://www.clapnet.cn

袁志发 著 【修订版】

快樂老年

中国文联出版社
http://www.clapnet.cn

目录 contents

快乐万岁（再版前言）……………………………… 袁志发　1

从"人生感触"走向"人生感悟"（代序）………… 范敬宜　1

人生的韵律（绪论）………………………………… 袁志发　1

老年与事业篇

论老年 / 002　　论退休 / 005

论起点 / 008　　论台阶 / 011

论年龄 / 014　　论生命 / 017

论生死 / 022　　论未来 / 025

论目标 / 028　　论写作 / 031

论潜力 / 035　　论境界 / 039

论彻悟 / 042

健康与快乐篇

论健康 / 048　　论快乐 / 051

论幸福 / 055　　论运动 / 058

论旅游 / 061　　论娱乐 / 064

论幽默 / 067　　论孤独 / 070

论独处 / 073　　论美丽 / 076

论忧虑 / 079　　论偏见 / 082

论充实 / 085　　论意念 / 088

养生与养心篇

论养心 / 094　　论心态 / 097

论心境 / 100　　论心力 / 103

论童心 / 106　　论心窗 / 109

论公平 / 112　　论平常 / 115

论失落 / 119　　论失意 / 122

论委屈 / 125　　论抱怨 / 128

论猜疑 / 132　　论嫉妒 / 135

论豁达 / 138　　论从容 / 141

论休息 / 145

家庭与生活篇

论家庭 / 150　　论婚姻 / 153

论敬老 / 157　　论儿女 / 160

论教子 / 164　　论生活 / 167

论热情 / 170　　论不幸 / 174

论烦恼 / 177　　论倾吐 / 180

论糊涂 / 183　　　论忍让 / 186
论财产 / 189

情感与性格篇

论情感 / 194　　　论情绪 / 197
论人情 / 200　　　论人缘 / 203
论消沉 / 206　　　论消极 / 209
论怜悯 / 212　　　论固执 / 215
论性格 / 218　　　论恐惧 / 222
论自杀 / 227

友谊与知人篇

论友谊 / 232　　　论交友 / 236
论苛求 / 239　　　论真我 / 242
论知人 / 245　　　论知己 / 248
论秘密 / 251　　　论自欺 / 254
论吹捧 / 257　　　论人心 / 261
论回忆 / 264　　　论成功 / 267
论往事 / 271　　　论反思 / 274
论命运 / 278　　　论遗憾 / 281
论满足 / 284

晚节与情操篇

论答卷 / 288　　　论晚节 / 291
论检点 / 294　　　论口碑 / 297
论人格 / 300　　　论尊严 / 303

论虚名 / 306　　论名利 / 309

论得失 / 312　　论自重 / 316

论自谦 / 319　　论私心 / 322

感悟与忠告篇

论忠言 / 328　　论逆境 / 331

论失败 / 334　　论危机 / 338

论理智 / 341　　论沉默 / 345

论金钱 / 348　　论选择 / 351

论拥有 / 354　　论用人 / 357

在微笑中仰望生命（代跋） ·················· 袁志发　360

快乐万岁

（再版前言）

袁志发

2016年5月11日，全国老龄工作委员会办公室颁发证书，授予我"全国老有所为楷模"荣誉称号。欣闻此讯，正在筹备《快乐老年》再版的中国文联出版社的编辑同志希望我写上几段话，谈谈自己的退休生活及感受，作为本书的再版前言，我答应了，于是写了下面这些文字。

我的退休生活是从撰写《快乐老年》一书开始的。我至今记得，临退休前，一位领导找我谈话时说："志发，你不要有失落感。"我说："不会的！"但这使我意识到，人退休后容易产生失落感，这可能是一个带有普遍性的问题。所以，我在写作本书时，首先写了《论失落》一文。之后，围绕退休后可能出现的各种心理问题，写了另外107篇，总共108论，从动笔到完稿，共用了半年时间。我写作本书，首先是想疏导自己，把该想清楚的问题想清楚，以适应退休以后的生活；自然，如果能对社会上的老年朋友有所启示，也是我所期盼的。

这本书是我刚退休后写的，当时自己还缺少老年生活的体验和感受，更没有做过这方面的专门研究。但让我始料不及的是，该书出版不久，就收到不少老年朋友的来信。来信除指出书中的个别错字、别字外，主要是说了一些鼓励和夸赞的话。一位家住北京市东城区珠市口东大街5号、署名陈澈的老先生在信中写道："我是个85岁的老人……我花了两个月时间，捧读完全书，感慨良多，真是受益不浅。读此钜作，如沐春风，娓娓之言，畅然于怀！谢谢您写了这样一本书。其实，不仅对老年人谆谆相告，对中年人、青年人何尝不是一部毕生享用不尽的箴言呢！"还有一位东北的老人，也近80高龄了，竟花了一年时间，用小楷毛笔抄写了全书，我托朋友向这位老人索要了部分复印件，至今珍藏着。在随后的一段日子里，人民日报、求是杂志、光明日报等报刊，先后发表书评文章，向读者推荐此书。中央人民广播电台以专题节目的形式向听众介绍本书，因为节目播出当天是重阳节，所以还全文播发了书中《论敬老》一文。中央党校电视台将全书做成电视节目，在校内和网上播放。我还看到，中央电视台内部印发的一本名为《预退人员学习手册》，里面刊登了三篇供即将退休人员学习的文章，其中两篇选自《快乐老年》。

　　我从工作岗位上退下来，已有十年之久。人生有几个十年啊！何况，这十年又与自己先前的那几个十年大不相同。我是怎样度过这十年的呢？

　　如前所述，退休后我做的第一件事，是写作《快乐老年》一书。这之后呢？2006年7月，我受聘担任青岛科技大学传播学院（现更名为青岛科技大学传播与动漫学院）院长。2007年，依据我的建议，学院新设了动画专业。同样让我始料不及的是，这个专业的设立，竟成为我人生中的又一个重要起点，成为我快乐生活的又一个重要支点。

　　为了办好动画专业，从新专业开设之日起，我就潜下心来学习动画、研究动画，阅读《格林童话》、《安徒生童话》，观看国内外优秀动画片，组织编写《美国动画史》（已由光明日报出版社出版），并执笔创作动画剧本。经过努力，于2008年完成了电视动画片《小牛向前冲》的剧本和该剧主题曲、片尾曲歌词的创作，并担任总编剧。该剧于2009年8月在中央电视台一套黄金时段播出，受到广大小朋友的喜爱。截至目前，该剧已在央视四个频道播出13轮，还在北京卡酷、上海炫动、湖南金鹰、江苏优漫等几十家地方电视台播出，并于2012年荣获中宣部第十二届精神文明建设"五个一工程"奖。这之后，我又担任以美德教育为主题的电视动画片《大角牛梦工场》的总编剧，该剧也在中央电视台和多家地方电视台播出，并于2014年荣获中宣部第十三届精神文明建设"五个一工程"奖。目前，自己还在担任以环境保护为主题的电视动画片《大角牛》的总编剧，该剧第一季52集已基本制作完毕，顺利的话，有望于近期在央视首播。这里，有一点是要说及的，我在动画方面所以能做一些事情，在很大程度上得益于动画界的专家和朋友们的支持与帮助，我非常感谢他们，我会永远记住他们的。

在做动画期间，我又出版了两本书。一本是《解迷》，告诫人们不要迷权、迷钱、迷色，由诺贝尔文学奖获得者莫言先生作序。这本书的部分章节，也被中央党校电视台做成了电视节目，并荣获中组部颁发的"全国党员干部现代远程教育优秀课件奖"。另一本是《游游狗》，这是一个童话故事，是专门写给小朋友们看的。

我讲述上面这些情况，只为了表达一个意思——人在退休后，只要身体条件允许，脑子和手脚就不要停下来，多为社会和子孙后代做些事情，倘若做得还比较好，就一定能够感受到一种特别的快乐，一种在工作岗位上未曾品尝过的快乐。这种快乐对老年人来说是极为珍贵的，它会让你远离那种被冷落、被闲置、被遗忘、被边缘化的感觉，相反，会有一种被需要、被尊重、被充实、被融入社会的感受。

回顾十年的退休生活，可以说，感慨多多，这里简要列出几点，与老年朋友们共勉。

退休绝不意味着生命的枯竭，它只是新的生活的一个开始，只要心底洒满阳光，我们的生活依然会丰富多彩。

我们虽然已年过花甲，但也拥有自己的宝藏，值得花一番功夫去挖掘，千万不要说不可能。

我们虽然已远离花季，但同样有盛开的理由，只要有一颗轻松的心，幸福就会像花儿一样。

我们虽然也会遇到麻烦，但这并不重要，只要转身面向阳光，阴影就会躲在你的身后。

我们既然已经步入老年，就应当把健康快乐作为自己生活的首要目标和根本支点，不管你生活的"线"有多长，"面"有多广，"体"有多大，都要从健康快乐这个"目标"和"支点"出发。

我们既然期望健康快乐，就务必要把保持平和作为处事的黄金法则，该冷静的要冷静，该回避的要回避，该放弃的要放弃，快乐地活着，比什么都重要。

无论是谁，衰老都是不可避免的，但延缓衰老则是可以做到的。延缓衰老的药方可能有千万个，但最管用的"药方"只有一个，那就是保持良好的心态。良好的心态是健康之神，是快乐之神。

本书再版时，我又审阅了全书，除补正已发现的错字、别字外，还对个别章节在文字上稍作改动。另外，美术编辑又重新设计了封面，在装帧排版上也花了许多心血，在这里，我向他们表示衷心的感谢！

本书第一版的序言，是我尊敬的师长范敬宜先生写的，他已经走了，我非常思念他，我会永远记住他的。

就写这些吧！

末了，我想喊一声："快乐万岁！"

2016年6月1日

从"人生感触"走向"人生感悟"
（代序）

范敬宜

这是一本引人入胜的哲理书。乍看书名《快乐老年》，很容易被当作时下流行的那种指导老人养生保健的读物；待到翻看几页之后，便被书中的许多奇思妙想吸引，再也不忍释卷了。

全书8大篇、108论，林林总总，洋洋洒洒，几乎包罗了老年人生的万象，而贯穿其中的主旨是：用作者亲身的经历和体验，告诉老年朋友如何从人生感触走向人生感悟。

※　　　　　※　　　　　※

感悟，是人类一切思维活动中的至高境界。不仅学贵善悟，人生也贵善悟，人到老年尤其需要善悟。

这是因为人到老年，有太多的阅历，太多的对比，太多的感触。人生中历尽了风风雨雨，尝遍了甜酸苦辣，赏够了春花秋月，饱受了升降沉浮，待到白发苍苍，回首往事，都会走出许多不同的感触。如果停留于感触，郁结于心，而不能进入感悟之境，就可能陷于"剪不断理还乱"的困扰之中。

善悟，才能远离失落，远离烦恼，远离郁结，活得自在，活得潇洒，活得快乐，活得延年益寿。

在中国的文化史上，有许多善于感悟人生的智者，为我们留下许多开启心扉的篇章。

"悟以往之不谏，知来者之可追"，这是陶渊明"向前看"式的人生感悟。所以他在远离名位纠缠之后，能安于"采菊东篱下，悠然见南山"的恬淡生涯。

"后之视今，亦犹今之视昔"，这是王羲之"往后看"式的感悟。所以他在群贤毕至、畅叙幽情的热闹场景中，还能写出如此超然物外的名句。

"逝者如斯，而未尝往也；盈虚者如彼，而卒莫消长也"，这是苏东坡徜徉于水与月间获得的感悟，由此生发出"苟非我之所有，虽一毫而莫取"的道理。

陶渊明、王羲之、苏东坡写下这些千古名句时，都尚未进入老年，但他们对人生的感悟，远远超过了他们的年龄。可见悟道不分少长，关键在于善悟，能够在生活中的一事一物、一动一静中触类旁通，将"感触"升华为"感悟"，将"感触万端"转变为"感悟至深"。

感悟，需要胸怀，需要智慧，也需要知识，需要启发和引导。《快乐老年》便是启发、引导老年朋友走向快乐、愉悦心境的一扇便门。

※　　　　　　※　　　　　　※

十多年前，"老龄社会"对于中国人来说还是一个陌生而遥远的概念，而现在，它已经以越来越快的速度向我们走来。最近媒体宣布：上海已率先进入"老龄社会"。这个信号，引起了全社会的密切关注。

数以亿计的中国人步入老年,不仅将给政治、经济、文化、家庭带来一系列新变化,而且给构建社会主义和谐社会提出了新课题。如何关爱老年人,使这个庞大的群体拥有更多的快乐和幸福,是一项关系到全社会福祉和稳定的"阳光工程"。

关爱老年,不仅要做到老有所养,老有所安,老有所为,老有所乐,还要帮助老年人"老有所悟"。对于相当一部分老人来说,仅有物质生活的充盈并不等于幸福和快乐。在思维方式、生活方式越来越多元的社会环境下,他们还需要精神上的充实,想得开,想得通,想得远,想得深。

从这个意义讲,《快乐老年》给了这部分老年朋友一把"开心"的钥匙。

※　　　　　※　　　　　※

《快乐老年》的作者袁志发同志,是全国政协委员、《光明日报》原总编辑,也是我在《人民日报》期间共事多年的朋友。在我的印象中,他是一位披着一肩大漠风尘走过来的性格豪爽、痛快的硬汉子,而在这本书里,展示出他性格的另一面:好学、多思、善悟、细腻。这可能与他丰富的政治阅历和人生阅历有关。人生阅历造就了他的人生感悟,现在他又把自己的人生感悟毫无保留地写下来,去感悟与自己有相同或相似阅历的朋友,这肯定是他离开工作岗位之后最大的快乐和幸福。

他把这部书稿交我作序已经几个月了,每次来向我催稿时,总是用这样豪爽、快乐的口气说:"快写吧,写完了咱们去喝酒!"现在我可以学着他的语调说:"好吧,咱去喝一盅吧!好赖就这样了!"——尽管我不会喝酒。

2006年1月28日

(范敬宜,人民日报社原总编辑)

人生的韵律
（绪论）

袁志发

为了便于读者了解本书的主旨与内容，我写下这篇发端的话，作为本书的绪论。

一、人生有韵律

诗词有韵律，人生也有韵律。

诗词的韵律指的是平仄格式和押韵规则，人生韵律涵盖的是生命价值及生存艺术。

诗词有韵律才有品位，人生有韵律才有意义。

让诗词富有韵律是少数文人的事情，让人生富有韵律是每个人的追求。

无论诗词之韵律还是人生之韵律，其实质都是一种和谐。

幸福的人生应当是和谐的人生，有韵律的人生。

我们需要着力思考的是，怎样才能使自己的人生变得和谐，怎样才能使自己的生活富有韵律。因为人生旅途中能够让你的生活走调变味，以至于失衡变态的事情太多太多。

二、关于得与失

这是一个连几岁小孩都会遇到的问题，有多少人不正是由于喜欢得到而害怕失去，经常处于被折磨之中的吗？

其实，得与失原本就是和谐而有韵律的。

你看，大地奉献了泥土和水分，草木才奉献了鲜花和果实；农民付出了汗水，土地才报以丰收；树梢翩翩起舞，难道不是风的给予吗？鱼儿活蹦乱跳，难道不是水的给予吗？

人要想得到些什么，就必须准备失去些什么。在许多情况下，失去本身就是一种得到，得到是另一个意义上的失去；得到的越多，失去的也可能越多；失去的越多，得到的也可能越多。所以，人既不要因得到而满足，也不要因失去而惋惜。因得而失，因失而得，或得而复失，失而复得，都是常有的，也均是正常的。

人特别要记住的是，勿不劳而获，勿贪得无厌。否则，你的生活就会失去和谐，你的人生就会失去韵律。

三、关于喜与忧

喜怒哀乐，乃人生中的常事，但它也最能影响人的心绪。因忧而导致心理失衡者有之，因喜而损害人生韵律者也有之。人尤其要切忌大喜大悲，因为无论大喜或大悲，都不利于保持心灵的安静。

人应当经常意识到，喜中有忧，忧中有喜。当好事落在你身上时要看到忧的影子，当坏事降临时要看到喜的希望。生活中绝对的好事与绝对的坏事都是不多见的，而且，在一定的条件下，二者都会相互转化。

所以，人既不要期望有喜无忧，也不要担心有忧无喜，要相信，在多数情况下，喜与忧都是结伴而行的。正因如此，即使好事连连，也要注意做到喜之有度；即使坏事多多，也要善于看到光明的一面。

人最应警惕的是，既不要让好事冲昏了头脑，也不要让坏事吓昏了头脑。因为在这两种情况下，人最容易失去理智，使和谐的生活变得紊乱，使美丽的人生失去韵味。

四、关于大与小

生活中有许多事情，乍一看很大，可多少年以后再看，其实很小。仔细想想，曾经让你烦心的一些所谓的大事，在今天看来，还不都是一些不足挂齿的小事吗？这些小事让你悲伤过、叹息过，但如今不都成了很有意思的回忆了吗？

有些事情，之所以当初让你觉得很大，或许是缺乏心理准备，也许是因为承受能力不强，更可能是由于你对自己还缺少应有的自信。它从反面提示我们，某件事终究是大，还是小，这与当事人是否成熟有很大的关系。对一个成熟老练的人来说，即使大事也是小事，而对一个幼稚浅薄的人来说，即使小事也会成为大事。

世界上最广阔的不是海洋，也不是天空，而是人的胸怀。你的胸怀有多大，你心中的世界才有多大；你的心力有多强，"抗震"能力才会有多强。人要不为小事所困扰，关键是要扩展自己的胸怀。

经验告诉我们，当生活中冒出一些不顺心的小事时，你千万不要过分在意，能处置的就快速处置，不能马上处置的，就放一放再说，有些小事能够一笑了之是最好的。

须知不把小事情看大，也是有效把握人生韵律的重要秘诀之一。

五、关于进与退

无论打仗还是生活，都应当有进有退，只进不退或只退不进，都容易招致挫折与失败。

在生活中，一般地说，进比退好，但当该退而不该进的时候，退则比进好，退一步或许就能进两步。

这方面需要注意的是，人遇到不顺心的事时，千万不要过分与自己较劲。努力化解麻烦是必要的，但有些事情明明已无法挽回，你又何苦纠缠下去呢？自己与自己较劲，只能增添新的麻烦，对自己造成新的伤害。

你应该学会"退一步想"。生活中没有那么多大的原则问题，在不少事情上，都是既可这样也可那样的。人不可只能拿得起而不能放得下，该放下的就要放下。适时地放开自己，就等于解放自己，退一步对你大有好处。

可见，有进有退，也是生活中的一种和谐。

六、关于真与假

生活中的很多现象都有真有假，连你自己有时也会有真假之别。当你袒露真相时，你是"真我"，当你把自己装饰起来后，你就可能是"假我"。正因如此，无论在政治生活还是日常生活中，良知都要求我们多一点真诚，少一点虚假。

与人相处要真心实意。有的人想听到别人的真话，而自己讲给别人的却全都是假话，这种人是永远都不会有朋友的。他们自以为聪明，实际上是地道的傻子，因为他们的结果总是与愿望相违背的。要知道，真话不是靠嘴就能讲出来的，真话必须是"真心"发出的声音。这一点，讲话者要注意，听话者也应留心。

做事也来不得半点虚假。做事不是为了让别人欣赏，也不是为了装潢自己，更不是为了实现自己某种不良的愿望。做百姓需要做的事，是一种责任；做别人未做过的事，是一种探索；做自己想做的事，是一种快乐。但不管做哪种事，都应当实实在在。做表面文章，是对责任的亵渎；做虚假文章，是对人民的欺骗；作违心文章，是对自我的讽刺。这三种文章都不可做，因为它们都会扰乱人生的韵律。

结论是显而易见的：真的，才是善的，真的，也才是最美的；和谐的人生，应当是真实的人生。

七、关于义与利

人皆有名利之心，但绝不能为名利所困惑，也绝不能为名利所驱使，更不能见利忘义。人应当时时注意，用高尚品德稳稳地驾驭自己的名利之心。

值得赞美的是，许多人能把个人之名利看作是身外之物，他们既不为得到名利而沾沾自喜，也不因失去名利而痛苦不堪。他们也珍惜名利，但从来不为个人争名争利。他们靠奉献赢得名利，靠诚信呵护名利，并能把个人名利之小溪纳入国家名利之大海。因而，他们虽有名利之心，却无贪图名利之嫌。

令人遗憾的是，有的人往往把个人名利看得过重，由于看得过重，以至常常被名利折磨得喘不过气来。这种人的可悲之处在于，既不知名利为何物，也不知怎样去获得名利，更不知应当怎样去驾驭个人之名利。由于这诸多的"不知"，往往把名利颠倒过来看，因而总是看不清名利，也得不到名利，不但得不到，还每每走向反面——被名利所捉弄。其根源就在于，他们只记住了"利"，而忘记了"义"。

人既要讲"利"，更要讲"义"；有韵律的人生，应当是"义"与"利"相统一的人生。

八、关于利与弊

利与弊是一对孪生子，它们同时来到世界上，又同时存在于人生中。

利与弊总是相互联系的，有一利必有一弊，有大利必有小弊。

正因为如此，生活天天在问，你应当怎样对待利弊得失，更应当怎样趋利避害。

答案自然也早已有之。天下之利，既有个人的，更有国家的；既有眼前的，更有长远的；既有局部的，更有整体的。而且这些利无不密切相关，紧紧联系在一起。利如此，弊亦如此。我们只是要注意学会权衡利弊。人不能没有自我，但绝不能一切为着自我。在人生的天平上，自我的分量永远是最轻的，国家、民族和人民的分量才是最重的。两者的位置决不可颠倒，颠倒了是必定要栽跟头的。

人在生活中要正确地权衡利弊，关键是要有高尚的品德。德高才能富有远见，德高才能心系百姓，德高才能分别轻重。不能设想，一个利欲熏心的人会牺牲个人利益去服从国家和民族的利益；也不能设想，一个患得患失的人会自觉地以眼前利益去服从长远利益；更不能设想，一个巧取豪夺的人会情愿舍弃小集团利益而保全整体利益。可以肯定，为了煮熟自己的一个鸡蛋而不惜放火点着别人的一座房子的人，是绝对不能正确处理利弊得失关系的。

利弊将伴随我们一生，能否正确处理它们之间的关系将考验我们一生。为着人生的和谐与光明，我们应当记着：期望无弊尽利是一种幻想，能以私弊赢得公利是一种美德，如因小利招致大弊是一种愚蠢，而如因私利酿成公弊则是一种耻辱。

九、关于美与丑

生活中的美与丑，是谁都会遇到的。但究竟何为美，何为丑，却大有学问。

有的人生来很美，有的人后来变得很美；有的人的美是自己装饰出来的，有的人的美是别人捧出来的。生来的美是朴素的，后来通过修养而拥有的美是高雅的；自己装饰出来的美是虚假的，别人捧出来的美是多余的。正因如此，人们鄙视第三种美和第四种美，而赞扬第一种美和第二种美，尤其欣赏这第一种美与第二种美结合起来的美。

丑也是如此。有的人生来很丑，有的人后来变得很丑，有的人的丑是自己造成的，有的人的丑是外人强加的。正因如此，人们同情第四种丑，也不责怪第一种丑，只是讨厌另外两种丑。

生活告诫我们，衡量美丑，务必区分外表与内在两个方面，否则，就可能以美的表象掩盖丑的实质，或以丑的表象掩盖美的实质，以致分不清真正的美和丑。

这方面，有两点是需要注意的。

美貌的人常因容颜和形体之美而骄傲，以至于放松对自己的要求。这是很有害处的。美貌既不等于美德，也不等于知识和能力。切不可因美貌而自恃，安于美德、知识和能力的短缺。美貌犹如盛夏的水果，是容易腐烂而难以保存的。只有把美的形体与美的德行、渊博的知识、良好的能力结合起来，美才会放射出真正而持久的光辉。

丑貌的人不必因丑貌而自弃。貌不惊人，但品德、才能和知识惊人，同样是很美的。这种美不但为常人所称颂，也为美貌者所羡慕。丑陋者常常像一座冰雪覆盖着的火山，蕴藏着巨大的内在力量。他们往往能够成就许多美貌者成就不了的大事，在历史上留下美名。

所以，美貌者不必自傲，丑貌者不必自卑。是美貌者美，还是丑貌者美，最终要看德行、知识和才能。这样看，才能把握好美与丑的韵律。

十、关于曲与直

即使比着尺子画出的线也会有不直的地方，何况人生的道路！人生的道路不可能平坦笔直，犹如地球上任何一条河流不可能没有弯曲一样。

汽车驾驶员的高超技术，只有在弯弯曲曲的劣等路上才能显示出来；人的意志、胆识与才能，唯有在艰难和曲折中才会更加闪光。

能够陡坡的人绝不畏惧走平路，在逆境中奋斗过来的人，更善于在顺境中生活。

温室里长不出参天大树，院子里驯养不出千里马，在平地上即使苦练十年，恐怕也是不能攀登珠穆朗玛峰的。英雄出自战火之中，伟人出自风浪之中，天才出自勤奋之中。人要有所建树，就不能害怕恶劣的环境，也不能不付出加倍的心血。

人生的曲与直也是一种和谐的统一。我们应当意识到，对于人的成长来说，环境复杂一些有时反倒比简单一些更好。

要明白，在艰苦的环境中奋斗固然会吃苦头，但苦头中必定孕育着甜头；在风浪中行船固然会有危险，但不破风浪前进又何以能到达彼岸！在曲折的道路上跋涉固然有可能摔跤，但跌倒了再站起来，不就意味着成功吗？即使失败了也不要紧，失败不正是成功的铺垫吗？

要相信，一路荆棘并非绝对是坏事，一帆风顺也并非绝对是好事。荆棘丛中常常盛开着绚丽的花朵，平坦的道路上也往往有看不见的陷阱。

梅花香自苦寒来，成功伴随艰苦至。你要走向成功，你就要准备走曲折的路。

十一、关于荣与辱

荣辱之心，也是人皆有的。荣誉是心理上的一种得到，是一种快乐；耻辱是心理上的一种失去，是一种痛苦。所以，人总是喜欢荣誉，而害怕耻辱。

人既要知荣，也要知耻。这件事看似简单，但要真正把握好它，却并不容易。荣誉是个极微妙的东西。一方面，它是谁也不可缺少的；另一方面，它又是不可过分计较的。如果以为荣誉是一钱不值的，那么，他可能是个毫无进取心的人。但如果以为荣誉就是一切，那么，他即使今天不是，终有一天也极可能会成为荣誉的俘虏——一个虚荣心极强的人。而虚荣心极强的人，也最容易成为荣誉的叛逆者，耻辱的同路人。

生活提醒我们，人决不能以变态的心理看荣誉、看耻辱。有的人自己做出丑事，还不以为耻，反以为荣。这种人以能出名为荣誉，出不了好名，能出个坏名也感到美滋滋的。这是人间的一种不幸。还有的人，压根儿就不懂什么是荣誉、什么是耻辱。在他们看来，荣誉不过是天上的一道彩虹，只是暂时的，过一会儿就会化为乌有；耻辱不过是溅在衣服上的一点污泥，虽然有点脏，但仍可穿在身上。这种人的神经已经麻木，心灵已经醉死，是绝没有多少幸福可言的。

荣誉与耻辱，是人生中两个抛不掉的伙伴。你的人生要富有韵律，以下两点是决不可忘记的：

你要获得荣誉，就应该有光彩的行为。

你要避免耻辱，就切勿做出丑恶的事情。

十二、关于勤与懒

你的一生成功与否，可能与机遇有关，也可能与你的天分有关，或许还可能与你的命运有关。但这些都并不重要，重要的是你自己努力的如何，而在努力的过程中，你又有多少勤奋和多少懒惰。

有一点是谁也无法否认的：勤奋总比懒惰好。但这一点，又不是谁都能认真去履行的。小孩子如此，成年人也如此。有的人一辈子勤奋，有的人开始勤奋后来变得懒惰，有的人可能从小到大始终是个懒惰者。由于勤奋的程度不同，成功的多少也自然不同。多一分勤劳，才多一分成功，勤奋的多少与成功的大小总是成正比例的。

多少事实证明，机遇首先迎候的是勤奋者，天分首先偏爱的是勤奋者，命运首先光顾的也是勤奋者。以机遇不好、天分不够、命运不佳为自己的懒惰和失败开脱，是没有任何道理的。

成功的人生应该是勤奋的人生。你要多一些成功，就必须远离懒惰。因为懒惰荒废的不仅是时光，而且包括幸福和生命。所以，拥抱勤奋而拒绝懒惰，也是把握人生韵律的题中之意。

十三、关于己与人

人生中有许许多多的关系，但最重要的当属是人与人之间的关系。而对你来说，首先又是你自己与他人的关系。你与他人的关系处理得如何，不仅关系到你的事业，也关系到你的生活。

你应当怎样与他人相处，有方法问题，但比方法更重要的是品德；只有品德高尚的人，才能真正拥有和谐的人际关系。

有人说，世界上没有永恒的友谊，只有永恒的利益。这话在一定范围内是对的，但在生活中，特别在同事之间、朋友之间，并不完全如此。因为在生活中，人与人之间的友谊本身也是一种利益，在你的周围，为了友谊而牺牲个人利益的事例不也有很多很多吗？不过，这话也从另一个侧面提示我们，善待个人利益对于处理好与他人的关系也是非常重要的。

这方面，生活对我们的忠告至少有下列几点：

不要把个人利益看得过重。在利益的天平上，国家与人民这一头永远重于个人。如果把个人利益看得高于一切，最多也仅仅是个为自己而活着的人，这不但会有愧于国家和人民，连朋友也可能离你而去。

不要对别人过分苛求。与人相处，不但要接纳别人的优点，也要接纳别人的缺点，因为生活中没有没有缺点的人。苛求别人，无异于孤立自己。

要学会给予别人。给予不仅要发自内心，还应当讲究艺术。对一个由于遭受挫折而一蹶不振的人，首先要给予的是信心而不是责备；对一个由于蒙受不白之冤而困惑不解的人，首先要给予的是理解而不是批评。对一个由于懒惰而生活贫穷的人，首先要给予的不是财物而是教育；对一个由于缺乏学习而修养很差的人，首先要给予的不是训斥而是知识。会给予的人注重精神，不会给予的人注重物质。深邃的人善于启发，浅薄的人乐于代劳。最好的给予应当是雪中送炭。

十四、关于人与事

人来到世界上总是要做事的，但做事与做人必定是紧密联系在一起的。这个道理既极为浅显，又颇为深奥。

其所以浅显，是因为你不管做的是大事还是小事，事事都要与人打交道，即使做个体性和自主性极强的事情，也不可能与世隔绝、与人隔绝。

其所以深奥，是因为做事的前提与本质都在于做人，而且越是重要的事情，越是与做人密切相关。无论成与败，皆与你的品德状况有着千丝万缕的联系。品德连着事业，连着生活，连着你的一切。

生活中常有这样的现象，有的人想做事，却忽视了做人，这不是一种无知，便是一种糊涂。一些人志向远大、才华横溢，却屡屡受挫、一事无成，其重要原因，就是在做人的方面还有所欠缺。

多少智者的经验告诉我们，人生中最难的不在于你是否会做事，而在于你是否会做人。

更有多少成功者的经验启示我们，世界上有许多事情都可以由别人代你去做，而只有一件事，谁也不能代替，必须由自己去做，这就是做人。

所以，我们应当明白，比做事更重要的是做人，你要想学会做事，就首先应当学会做人。做人是一门极为高深的学问，做人是一辈子的大事。

学习做人，要从一些最基本的方面做起。比如，要学会尊重人，因为只有尊重别人才能得到别人的尊重。再比如，要学会理解人，因为只有理解别人才能得到别人的理解。还比如，要学会关心人，因为只有关心别人才能得到别人的关心。而这些，都将对你做事起到无可估量的作用。

人的命运就掌握在自己手中，这是人生韵律的最深刻内涵之一。

十五、关于德与才

品德与才能是人生的两件珍宝，有才无德或有德无才，都是人生中的大忌。无论是谁，你要走向成功，就必须具有高尚品德和良好才能，并将二者和谐地统一起来。

才能不仅是指拥有知识，更重要的是指富有智慧。小看知识是不对的，但如果以为有知识就有才能则更是不妥的。

你必须意识到，智慧比知识更加重要。如果说1+1=2，是一种知识，那么智慧则能使你做到1+1>2。如果说知识是一种东西，而智慧则是能够创造这种东西的能力。智慧不仅是活化了的知识，而且能够再生知识；它不仅是对知识的运用，而且能够创造出新的物质和精神成果。犹太人曾讥讽那些只有知识而没有智慧的人——至多也不过是个"背着很多书的驴子"。这是很有道理的。

你更要意识到，从人生的长河看，比知识与智慧更重要的是品德。品德是人的立身之本，品德是人生中的宝中之宝，高尚品德是永远不会过时的。

品德所以如此重要，是因为人的所有知识和智慧，最终都是以人的高尚品德为支撑和载体的。品德好,你的知识和智慧才能真正发挥作用,如果品德不好,即使你有再多的知识和智慧也必定一事无成。

我国著名科学家王选的一生是非常成功的。王选为什么能够成功,他自己曾总结了八条原因,其中第一条是这样写的:"青少年时代注意培养良好品德,懂得要为别人着想,以身作则。先做个好人,才能成就事业。"这是他的经验之谈,也是对我们后人的谆谆告诫。

环顾生活,一些人的悲剧往往不是由于缺少才能而导演的,恰恰相反,是由于缺乏高尚品德而酿成的。这是那些天赋很好、能力很强的人,尤应引以为鉴的。

我们一定要记住一句话:厚德才能载物。你要把握好人生的韵律,就必须在品德的修养上多下工夫。

十六、关于成与败

有人生,就会有成功和失败。成功意味着幸福与快乐,失败意味着痛苦与烦恼。所以,只要你是个正常的人,就必定会千方百计地去争取成功,而尽可能地避免失败。

可是,生活中总会有这样的情况:你想着成功,成功却常与你擦肩而过;你躲避失败,失败却常与你结伴而行。它使许多人痛苦不堪,有的人因此而失去了继续奋斗的信心,有的人因此而失去了对生活的热情,有的人甚至因此而走上了不归之路。它提醒我们,你要把握人生的韵律,就必须正确地对待成功与失败。

这方面,有两点是务必要牢牢记住的。

成功是相对的。不是只有成就大事业才算作成功,也不是钱赚得很多才算作成功,更不是官当得很大才算作成功。世界上能够成就大事业的永远是少数人,能够当大官和成为亿万富翁的也永远是少数人。农民丰衣足食就是成功,工人生产出合格产品就是成功,医生能够治愈疾病就是成功,教师能够培养出品学兼优的学生就是成功。社会再进步、再发展,也不可能人人都成为名人与大家。有一句话是对的:"不想当将军的士兵不是好士兵,但天天想着当将军的士兵也肯定不是好士兵。"谁也不要指望理想与现实能够百分之百地统一,二者之间存在落差的原因是多方面的,也是十分正常的。只要你努力了,做了自己该做的事,就应该算作成功。

失败并不可怕。战场上没有常胜将军,工作中没有一贯正确,成功与失败总是伴随在一起的。没有第一次失败,就不会有第一次成功,最有意义的成功往往是在最惨重的失败后取得的。苏联卫国战争的成功如此,中国红军长征的成功如此,许许多多科学家的成功也如此。多少实例表明,失败本身就孕育着成功,失败是走向成功的必经之路。所以,惧怕失败是不必要的,因为一次失败就放弃努力是不可取的。在失败的时候,你应当记着一句话:成功就处在最后一下的坚持之中。

要相信,只要你能正确地理解成功的含义与失败的价值,你就一定能够赢得更多的成功,品尝到更多的快乐。

十七、关于上与下

凡坐过电梯的人都会有这样的体验:上与下都是一种享受。乘坐电梯如此,人生又何尝不是这样!

然而,人在生活中,特别在仕途上,总是追求上,以上为荣,以上为乐,总是躲避下,因下而悲,因下而忧。这既是可以理解的,也是应当正确把握的。因为一些人正是由于只上、未想着下,而增添了太多的烦恼。

这种烦恼,在岗位上时还隐隐约约、模模糊糊,但到退休离职时,就一下子迸发出来了,有的人因下而感到失落,感到苦闷;有的人甚至因下而手足无措,惶惶不可终日;这都是不必要的。

有上即有下,坐电梯如此,登山如此,人生也如此。人在高峰上总是暂时的,无论谁,最终都要站立在平地上。人皆由平凡开始,最终又回到平凡,小人物是这样,大人物也是这样,这是人生的法则,自然,也应当算作是人生的韵律。

所以,人在高峰时,就应当想着下,下是必然的,下来后也应当像在高峰时一样快乐。

有的人下来后总是乐不起来,这是需要引起注意的。其实,高处有高处的美,低处也有低处的美。你已经阅尽了高处之美,回过头来再感受一下低处的美丽有什么不好呢?你原来不也在低处吗?要相信,低处的温馨往往是高处所不曾具有的,关键是你要善于发现,学会感受。

十八、关于动与静

动是一种美,但有时候静也是一种美。尤其是人的心神,该动的时候要动,但该静的时候就必须静下来。

生活中烦心的事很多,有些事你越想忘掉就越不容易忘掉,在这种情况下,那就把它记住好了。生活像一杯放久了的水,虽然每天都会有灰尘落在里面,但只要它静静地待着,灰尘就会慢慢沉淀到杯子底下,杯中的水依然清澈透明,但如果你不停地振荡它,整杯水就会变得混浊起来,与此相类似,如果你能让烦心的事也慢慢地、静静地沉淀下来，用宽广的胸怀去容纳它们，你的心境也就会变得敞亮起来，相反，倘若你每天想着那些烦心事，心情就必定是乱糟糟的。

可见，动有动的魅力，静也有静的魅力。有的时候动比静好，有的时候静反比动好。动与静的和谐，也是人生的一种韵律。

老年人明白这一点尤为重要。养生的方式不外两种，一是动养，二是静养。动养是为了健体，静养是为了健心，而且，健心又往往是健体的前提。所以，人到晚年，一定要更加注重保持心灵的平静。人生难得圆满，人心难得平静。只要你在心理上是平静的，就必定能获得更多的幸福与快乐。

十九、关于长与短

有的人主张把人生看得很短，但也有的人喜欢把人生看得很长。这都不无道理。因为看短了，会使你更加珍惜生命的时光；看长了，会使你对生命更加充满希望。

但不管看短还是看长，生命终究是有限的。有限的生命由两个部分构成，一部分是幸福，一部分是痛苦。人应当努力做到的是，千方百计地延长幸福的部分，而尽可能地缩短痛苦的部分，快乐的人生是幸福多于痛苦，烦恼的人生是痛苦多于幸福。

人生总会有长有短，是长是短，也不是你自己完全能够驾驭的，活60岁是一生，活80岁也是一生。重要的不在于你能活多少岁，而在于怎样去珍惜生命的每一个章节。一年是一个章节，十年更是一个章节，人生的大文章就是由这些各个具体的章节组成的，多少智者的经验告诉我们，与其计较生命的长短，倒不如看看生命的章节。因为只有写好生命的每一个章节，才能写好你人生的整篇文章。

其实，文章的长短有时并不重要，最具关键意义的是文章的内容。有谁能说短文章就一定不如长文章好呢？唐朝的王勃死时仅28岁，却留下了千古不朽的十六卷诗文作品。贾谊死时32岁，王弼死时24岁，夏完淳死时只有17岁，然而他们的英俊天才却都流传至今。他们的人生文章不都写得很好很美吗？

所以，人生的真谛，就是人生的价值；有价值的人生，才是真正富有韵律的人生。

二十、关于生与死

有生必有死。生意味着死的来临，死意味着生的结束。人来到世界，又要离开世界，这是谁也不可抗拒的自然法则。

人生犹如几何图形中的一个圆。这个圆无论是怎样画出来的，它都必定是既有起点也有终点的。但如果把这个圆呈现在你的面前，让你找出起点在哪里，终点在哪里，却是异常困难的。人的生死难以测试，与难以找到圆的起点与终点极有相似之处。

人在少年时代就想到死的至少不多，青年人担心死亡的也不会很多，但当你进入中年特别是老年后，死神的阴影就可能在脑海里渐渐地浮现出来。这虽然均属人生中的正常现象，但它提醒我们，应当及早明白其中的一些道理。

死亡虽然不可避免，但衰老却可延缓。

害怕死亡不如珍惜健康，多一分健康就能多一分幸福。

保健要从中年开始，即使年轻人也要加强体育锻炼。

最重要的是保持心理健康，只要心态是平和的，你的健康就有了起码的保证。

如果你从中年开始，就注意在金钱、时间等方面进行健康投资，并辅之以坚强的毅力，那你就极有希望成为一个健康而长寿的老人。

二十一、人生韵律的基调是和谐

思考人生韵律的角度还有很多，但不管从哪个角度看，人生韵律的基调都是一种和谐。追求幸福就是追求和谐，只有和谐的人生才是幸福的人生。对和谐的价值与意义，无论怎么估计都不会过高。

和谐是一种逻辑。

和谐是一种境界。

和谐是一种平衡。

和谐是一种默契。

和谐是一种节奏。

和谐是一种艺术。

和谐是一种力量。

生活中，对"和谐"二字理解最深、把握最好的莫过于运动员。

你看：

高低杠运动员是那样能上能下，上是需要，下也是需要。

平衡木运动员是那样善于把握自己，花样翻新，却决不左右摇摆。

撑竿跳高运动员是那样无所畏惧，为了达到一个新的高度，自己情愿一次次倒下去。

射击运动员是那样富有目标，即使恋人招手，也决不斜视。

跳远运动员是那样注意起步，总是在坚实的基础上向前一跃。

摔跤运动员是那样坚韧，只要还有一点力气，就要拼搏。

举重运动员是那样坚定，"泰山压顶"，也要挺胸自立。

登山运动员是那样顽强，身悬万仞，也要继续攀登。

乒乓球运动员是那样机敏，抓住机会，就勇敢进攻。

足球场上的守门员是那样镇定，大兵压境，也毫不畏惧。

运动员确实是值得赞美的。他们之所以能够如此和谐地把握自己，不仅是缘于他们的技艺，而且是缘于他们的品格。因为他们的身心凝聚了人类的美德，才使每一项运动都散发出迷人的魅力。

仔细想想，这种魅力不正是人生韵律的一种极好展示吗？

再仔细想想，如果我们都能像运动员那样和谐地把握自己，不也就能够稳稳地驾驭自己的人生韵律了吗？

其实，何止诗词有韵律，也何止人生有韵律，世间的万事万物均有其韵律。山有山的韵律，水有水的韵律。天上的飞鸟有韵律；地下的宝藏也有韵律。韵律是一种法则。人生的韵律，归根到底是人生的一种法则。

老年与事业篇

论 老 年

我赞美老年,也寄情于老年。因为从地球的另一面看,西下之夕阳恰是东升之朝阳。黄昏也是起航时,老年亦是人生的黄金时期。朝阳与夕阳之间的差别,也就那么一点点。

无论对谁来说,人都要从少年走向青年,再从青年走向中年,之后进入老年。谁也不能只少不老,谁也不能只盛不衰,谁也不能只生不死。这是人生的定律,谁也无法改变,谁也无法躲避。

正因如此,作为老年人,一是要勇于面对老年,二是要乐于面对老年,三是要善于面对老年。因为年高而悲观或叹息,都是不必要的。

我赞美老年。

老年人经历过少年时代的苦读,经历过青年时期的拼搏,经历过中年期间的奉献,他们的皱纹中凝聚的是经验与智慧,他们的银发上闪现的是老练与成熟。

老年人辛劳一生,他们为多少个孩提的成长付出过心血,为多少个家庭的幸福流淌过汗水,为社会多少项事业的辉煌播撒过智慧。

更有多少老年人为了后代的繁衍,为了家庭的安康,为了社会的进步，或积劳成疾，或舍生忘死，或遭遇风险，献出了宝贵的生命。

我们闭目想一想：没有今日之老年，哪有今日之少年；没有今日之老年，哪有今日之幸福；没有今日之老年，哪有今日之盛世！

我也寄情于老年。

少年时要忙于读书，青年时要忙于生计，中年时除了要把自己献给祖国，还要为了儿女而奔波，只有到了老年，他们才能真正把自己还给自己。

老年人经历的事情多，积累的经验多，无论在政治上、思想上还是生活上，其成熟度，都是青年人和中年人无法相比的。

老年人会身衰，但身衰未必就是心衰；老年人会多病，但正因为多病会更加珍惜有限的生命。老树发新芽是常有的，老树结硕果也屡见不鲜。

古今中外许多人，虽到了耄耋之年，仍做出了常人难以想象的贡献。美国大发明家爱迪生81岁时获得了第1031项发明专利。德国文学家歌德82岁时完成了文学巨著《浮士德》。我国科学家竺可桢83岁时完成了《中国近五千年来气候变迁的初步研究》一书，受到中外科学术界的高度赞誉。唐代名医孙思邈百岁高龄还写出了著名医著《千金翼方》，至今广为流传。经验表明，一些刚过60岁的低龄老人，其智力和创造力将进入一个新高峰期。不少诺贝尔奖获得者都超过了60岁，据统计，1902年至1983年，有11位75岁以上老人摘取了此桂冠。2005年度中国科技最高奖的两位得主也是高龄老人；叶笃正院士生于1916年，吴孟超院士生于1922年。

我们不能苛求老年人再做出多少更大的奉献，但谁又能断言他们不会做出超乎前人的贡献呢？

人生有朝阳，也有夕阳，但朝阳与夕阳之间的差别也就那么一点点。一个人老气横秋，即使18岁也与夕阳西下不无两样，反之，如果始终能够保持精神上扬，即使80岁也可谓朝阳东升。在朝阳与夕阳的问题上，我们应当记住一句话："从地球的另一面看，西下之夕阳恰是东升之朝阳。"由此我们也就应当明白一个道理：黄昏也是起航时，老年亦是人生的黄金时期。

历史上，多少英俊天才连50岁也没有活到。夏完淳死时只有17岁，王弼死时仅24岁，王勃死时28岁，贾谊死时32岁，王实甫活了45岁，曹雪芹也只活了48岁。在古代，能活到60岁就是一种幸运，能活到70岁就算作是人间稀事。但在今天，随着社会的进步和发展，人活70岁、80岁已是平平常常的事情。所以，不管你今天是60岁、70岁、80岁还是90岁，都值得天天快乐。

论 退 休

"上"与"下"都是一种需要,"上"与"下"也都是一种得到;"上"与"下"都是一种责任,"上"与"下"也都是一个新的起点。人能站在巅峰上只是暂时的,千万不要追求永远。

人到一定年龄,就要从工作岗位上退下来,作为领导干部还要免去领导职务,这是一种十分正常的现象。然而,这一合乎新陈代谢规律的事情,却为一些人所困惑,特别是少数领导干部,一日不为官,就感到惶惶不可终日,有的人甚至将其视为人生旅途中的不幸,视为政治生命的结束,这实在是不应该的。

人生有起点,也就必然有终点,但退休绝不是人生的终点,它只是连接起点与终点之间的一个"结"。

人生链条上有许多个"结"。"小"升"初"是一个"结","高"升"本"是一个"结",大学毕业后干什么是一个"结",参加工作后能否提职是一个"结",提职后能否再次晋升也是一个"结",婚丧嫁娶是个"结",生病了能否治愈还是个"结",人生链条中有太多太多的"结",退休只是这无数个"结"中的一个。

重要的是，应当如何看待这一个一个的"结"。

我们必须这样认识，如同花开花落、春种秋收、冬去春来一样，人生之欢乐忧愁、进退之得失、上下之沉浮，都是顺乎逻辑的事情。

作为领导干部，从你任职的第一天起，就应该想到，有任职之时，就必然有卸任之日。人不能期望长生不老，也不能企求终身为官。能够做到为官一任，造福一方，就该当满足。能够做到尽职尽责，无愧百姓，就该当自慰。人能站在巅峰上只是暂时的，千万不要追求永远。在人生的字典中只有"曾经"一词，从来就没有"永远"二字。

需要引起注意的是，某些领导干部至今没有读懂这部人生字典，有的人在退休免职时感到失落，便是一个例子。

为何会有失落感呢？我以为原因主要有两点：

一是由于当官太久的缘故。吸烟久了会形成"烟瘾"，酒喝久了会形成"酒瘾"，当官久了也会形成"官瘾"。无论"烟瘾"、"酒瘾"、"官瘾"，都是很可怕的，但相比之下，"官瘾"的危害性更大。因为"烟瘾"、"酒瘾"伤害的只是人的躯体，而"官瘾"伤害的则是人的心灵。所以，对为官者来说，警惕"官瘾"是十分必要的。如果你染上了"官瘾"，就一定要及早戒除。无官一身轻，退休当自乐。要相信，只有平凡的日子才是最美丽的。

二是不知何为"上"与"下"。人生中有许许多多的"上"与"下"，从某种意义上说，人生就是一部"上"与"下"的交响曲。对某些"上"与"下"，谁都会不以为然，比如上课与下课，上班与下班，上楼与下楼，等等。但在职务的"上"与"下"中，就大不相同了。有的人只想着"上"，很少想着或不愿意想着"下"，这样当退休免职时，就感到失落和痛苦。之所以如此，就是因为不明白"上"与

"下"的道理。

　　其实，这中间的道理并不深奥。不下课何以有上课，不下班何以有上班，不下楼何以有上楼！在领导职务"上"与"下"的问题上，我们应当这样去认识："上"与"下"都是一种需要，"上"与"下"也都是一种得到；"上"与"下"都是一种"责任"，"上"与"下"也都是一个新的起点。倘若大家都能这样去看，谁还会有失落和痛苦之感！

　　所以，作为退休免职干部，要生活得健康快乐，就一定要戒掉"官瘾"，一定要弄清"上"与"下"的道理。这两个问题解决好了，你就会感到，新的生活才刚刚开始，明天的阳光依然灿烂。

论 起 点

> 人生旅途上注定有许许多多的起点和终点。昨日的终点是今日的起点，今日的终点又会成为明日的起点。起点与终点是一条无尽的链。我们就在这起点与终点的无尽交替中生活和繁衍。

人因年龄到限而离开工作岗位，既不意味着生活的枯竭，也不意味着事业的终结，更不意味着生命的衰落。恰恰相反，无论对生活、事业还是生命来说，它都是一个新的起点。

人生旅途上注定有许许多多的起点和终点。昨日的终点是今日的起点，今日的终点又会成为明日的起点。起点与终点是一条无尽的链。我们就在这起点与终点的无尽交替中生活和繁衍。

起点是美丽的。

起点是立足之地，起点是流水之源，起点是希望之光，倘若没有起点，鸟儿就不能起飞，马儿就不能奔跑，禾苗就不能生长。倘若没有起点，生活就会凝固，社会就会停滞，人类就会僵死。

每一个起点都能给予我们新的希望：登上这一座山峰，我们能看到另一座山峰；过了这条河流，我们能踏上另一片土地。付出了这一分辛劳，我们能得到另一分收获。

退休离职何尝不是如此！

过去，你要起早晚睡地去工作，现在你可以尽情地去享受生活，其中之乐趣在职时是难以品尝到的。

过去，你必须在其位谋其政，现在你可以踏实地去做自己想做的事，其中之空间在职时是未曾有过的。

过去，你哪有时间去爬山散步，现在你可以放心地去锻炼身体，其中之益处在职时是很难体验到的。

这种乐趣与自在不都是很美丽的吗？

终点也是颇让人陶醉的。

没有终点，哪有起点。没有新的终点，哪有新的起点！

起点是开端，终点是新的开端。今日的烦恼，随着日落而暗淡。明日的欢欣，随着日出而升起，辛劳随种子播下，收获伴新芽长出。每一个过程的完成，都是又一个过程的开始。谁能说人生只有起点而无终点，或只有终点而无起点呢？

如果说，起点的魅力在于抬脚，终点的魅力则在于迈步。迈出第一步才会有第二步、第三步。有起点和终点，才有历史、现在和未来，才有生活、事业和人生。

因此，对于起点，我们要倾心投入。对于终点，我们要着意善待。

思考起点与终点，我们还要特别重视那起点与终点的一个个连接点。在生活的链条中，虽然起点与终点二者互为彼此，但它们毕竟不能等同划一，这正如今天与昨天虽然也互相转换，但它们却总有不同之处一样。生活的链条绝不像自行车上的链条那样简单。其复杂就在于，不仅起点与终点是一个变物，就连能够连接起点与终点的那个

"结",也是经常变化的。

低谷是连接两个高峰的"结",河流是连接两岸土地的"结",而且它们都在不断地变化。如果我们不能机警地走出低谷、精巧地渡过河水,我们何以能登上高峰,何以能踏上对岸的土地呢?

生活和事业中的"结"更为复杂。像两个胜利之间的失败,两个成功之间的挫折,常使人失去勇气和信心,以致不但不能获取新的胜利和成功,有时还会连原有的胜利与成功也丧失殆尽。

经验告诉我们,只有善待起点与终点之间的"结",才能真正使起点引来美好的终点,使终点成为新的美好的起点。对退休离职的人来说也是如此。

经验还告诉我们,一个人从离职到进入正常的退休生活,并不那么容易,因为这中间也有许多个"结"。这些"结"也是道坎,解不开这些"结",就过不好这道坎。

经验更告诉我们,导致一些人难以适应退休生活的"结"虽然有很多,但最主要的只有一个,那就是心态。退休离职者能否尽快适应新的生活,心态如何几乎是决定一切的。一位西方高龄政治家在离开自己曾多年工作的官邸时说过:"生命始于今日"。这话讲得很好,也颇富哲理。

老年朋友应当记住,要让你的新起点闪光,你的心态就必须美丽。

论 台 阶

> 退休也是人生中的一个台阶。当你离开工作岗位的时候，一定要乐观愉快，用热情去拥抱这个台阶；当你进入退休生活之后，一定要倾心投入，用真情去善待这个台阶。如果你能在这个台阶上也留下坚实的脚印，那你的生命就会闪现出新的火花。

与其说退休是你在职工作的一个终点，更不如说它是你人生历程中一个新的台阶。

如同起点值得赞美和思考一样，台阶也值得我们寄情和讨论。

你或许也赞同以下看法：

人生是一个由无数个台阶组成的过程。在这个过程中，既需要登好你正在迈向的那个台阶，也需要回眸那些已经走过的台阶，还需要瞭望那些尚未涉足的台阶。如果你能在每一个台阶上都留下坚实的脚印，那你的整个生命就会闪现出奇异的火花。

很难说人生的第一个台阶是什么，也很难说人生的最后一个台阶是什么，因为人生中的台阶太多也太复杂了。有人说婴儿出生是第一个台阶，也有人说首次的成功是第一个台阶，还有人说第一次失败是第一个

台阶。有人把死看作是最后一个台阶，也有人把最后一次奉献看作是最后一个台阶。这些说法虽然各有各的道理，但都并不很重要，重要的是能否正视你面临的各种台阶，特别是能否迈好那些最有意义的台阶。

如果你是个善于体察生活的人，你至少还可以做出下面的判断：

台阶千万个，风采各相异。有的台阶上开满了鲜花，有的台阶上布满了荆棘；有的台阶上洒满了阳光，有的台阶上覆盖着冰霜。有的台阶好像铺设在走廊里，闭着眼睛也能迈上去。有的台阶却悬挂在半空中，即使全神贯注，也随时有掉下去的危险。有的台阶上迎候你的是恋人，有的台阶上等待你的却是凶神；有的台阶是有形的，有的台阶则是无形的。但不管是什么样的台阶，它都是一种考验——不仅是对品德和修养的考验，而且是对意志和胆识的考验。

在人生的各个台阶中，唯有退休这个台阶更加具有极其独特的风采。其独特之处在于，不管你职位高低，也不管你性别如何，更不管你是否乐意，该退时则必退，谁也无法回避，谁也不能幸免，它具有唯一性。其独特之处还在于，在这个台阶上，等待你的是快乐还是痛苦，是得到还是失去，是幸运还是不幸，更多的不是取决于别人，而是取决于你自身，它具有自主性。正因如此，能否迈好这个台阶，对每一位到龄退休者来说，都是一场特别的考试，也都具有特殊重要的意义。

经验证明，成功者的足迹就是一部关于人生台阶的最好论著。仔细研读这部论著可以发现，你要迈好那无数个台阶，有三点至关重要。

一是知识。知识是人从愚昧走向文明的老师，是社会从低级走向高级的阶梯，是世界从黑暗走向光明的灯塔。人发现和创造了知识，知识又抚育和造就了人。谁先登上知识的台阶，谁就能首先领略人生的美妙风采。谁在知识的台阶上铺垫得越厚实，谁就能在人生道路的跋涉中越有力量。

二是思考。如果说知识能使人变得聪慧，思考则能使人更加深邃。思考是攻克一切堡垒的武器。学会思考不仅意味着你变得成熟，而且意味着你将走向成功。人一旦登上了思考这个台阶，就能越过急流险滩，创造出一个又一个奇迹。

三是自信。自信是成功的首要条件。它是人的意志、品德、胆识和才能的综合反映。人有了自信心，就会像全副武装的战士一样无所畏惧。人如果失去了自信心，就会像泄了气的皮球一样没有任何活力。所以，无论对谁来说，登上自信的台阶都是十分重要的。

这三点，对老年人迈好退休这个台阶也完全适用。

贝多芬在面临命运的挑战时曾呼喊道："我要扼住命运的咽喉。"他靠的是什么呢？就是知识、思考和自信。培根说："知识就是力量。"爱迪生说："不下决心培养思考的人，便失去了生活中的最大乐趣。"爱迪生说："自信是成功的第一个秘诀。"这些曾经微笑着坐在人生最高台阶上的哲人们的名言，不正是对人生台阶的极好注释吗？不也正是对我们的极好忠告吗？

老年人应当明白，人的社会角色经常处于变换之中，你离开工作岗位也只是一种角色的转换。你还是过去的你，你依然是国家的主人，你依然肩负着爱国爱民的职责。不同的是，你又站在了一个新的台阶上。这个台阶虽然与以往的台阶有所不同，但它同样风光无限。所以，从你离开工作岗位的那一天起，就一定要乐观愉快，用热情去拥抱这个台阶，从你进入退休生活的第一天起，就一定要倾心投入，用真情去善待这个台阶。只要你能这样去做，在退休的台阶上也一定会留下闪光的脚印。

论 年 龄

不要让年龄成为生活的障碍。一个人是否老,到了什么程度,除了看年龄,还一定要看精神。只要你精神不老,你就依然年轻。青年人有他们的晨曲,老年人应有自己的夜曲,夜曲与晨曲一样美丽。

年龄是岁月流逝的印记。它虽不反映贫富,也不代表贵贱,但却蕴含着人生旅途中的某些奥秘,正如文章中的标点符号一样。

文章中不同形状的标点符号,具有不同的魅力。

你看:

逗号。圆的点上长出个小尾巴,似活蹦乱跳的蝌蚪,似刚刚萌动的豆芽,它预示着无限的生命力。

句号。一个封闭的圈儿,里面空空的,外面却严严实实,它仿佛要与世隔绝,终止一切。

问号。一条变形的直线,像一只耳朵,永不满足,总想听到些什么,对一切都想弄个究竟。

惊叹号。上半截是线条的浓缩,下半截是重重的一点,如雷贯耳,催人猛醒,让你随时保持高度的警惕。

省略号。线条的分解和断裂，尽管六个点整整齐齐排成一行，但总给人以懒惰的感觉。

自然，人生不像标点符号那样简单。人从青年到中年，再到老年，从外表到内在，都会有所变化，显露出其特有的风采。

老年人善于回忆过去，因为他们最美好的时光是在过去度过的。

中年人长于珍惜现在，因为现在是他们最便于发挥作用的舞台。

青年人乐于展望未来，因为未来最能够使他们大展宏图。

老年人、中年人、青年人要互相学习，取长补短。青年人向老年人学习，可使自己变得成熟。

老年人向青年人学习，可使自己保持年轻。

中年人是连接老年人和青年人的纽带。老年人对中年人更多的是支持，对青年人更多的是希望。中年人在老年人身上最看重的是经验，在青年人身上最羡慕的是活力。

在老年人、中年人、青年人三者关系上最应注意的是：

青年人不要因中年人务实肯干，而说他们缺乏远大目光；不要因老年人谨慎从事，而说他们墨守成规。

中年人不要因青年人敢作敢为，而说他们感情用事，不要因老年人熟悉历史，而说他们古板老套。

老年人不要因青年人想象丰富，而说他们异想天开。不要因中年人埋头工作，而说他们胸无大志。

在年龄问题上，老年人应当记住的是：

年高不是衰老的唯一标志。人有生理年龄，也有心理年龄。生理年龄是一个定数，但心理年龄却是一个变数。"世有老少年，也有少年老。"一个人是否老，老到了什么程度，除了看年龄，还一定要看精

神。只要你精神不老，你就依然年轻。

不要因年龄的增长而悲观。如果把人生比作一本书，那么老年则是书的结尾，而结尾的部分往往是最具有厚重感和影响力的。如果把人生比作一台戏，那么老年则是戏的最后一幕，而这最后一幕往往是最精彩、最感人、最令人难以忘怀的。能够窒息生命的绝不是年龄的增加，而是希望的减少；只要你对生活充满希望，你的生命就会充满活力。

不要让年龄成为生活的障碍。老年时也要像青年时一样高高兴兴地去生活。青年人有他们的晨曲，老年人应有自己的夜曲，夜曲与晨曲一样美丽。2004年12月，82岁的著名科学家、诺贝尔奖获得者杨振宁先生，与28岁的广东潮州姑娘翁帆喜结良缘，成为轰动全球的新闻。几个月后，杨振宁在接受中央电视台《面对面》节目采访时，对中国亿万观众说："不管现在别人怎么讲，再过三四十年，大家一定会认为我们的结合是一段美丽的罗曼史。"老年朋友都应当有这样的生活态度。

人生也是一篇文章。做文章要用好标点符号，做人则要很好地把握自己。人在事业的奋斗和生活的旅途中，应当多一点逗号的精神、问号的勇气，少一点句号的满足和省略号的懒惰，至于惊叹号的钟声，则无论在任何时候都是要在耳边响起的。

论 生 命

你虽然已年过花甲，但也拥有自己的宝藏，值得你花一番功夫去挖掘，永远不要说不可能。

你虽然已远离花季，但同样有盛开的理由，只要你有一颗轻松的心，幸福就会像花儿一样。

你虽然也会遇到麻烦，但这并不重要，只要你转身面向阳光，阴影就会躲在你的身后。

只要不是地道的文盲，大概都认识"生命"二字，但即使知识十分渊博的人，也未必都能真正理解它的深刻含义。正因如此，古往今来，珍惜生命者有之，浪费生命者也有之；害怕失去生命者有之，视生命为儿戏者也有之。这提醒我们，人要善待生命，就必须学会感知生命。

感知生命，应重点思考下列三个问题。

一、生命究竟为何物

《现代汉语词典》的解释是："生命是蛋白质存在的一种形式。"人的生命力，就是人所具有的生存、发展能力。

先贤们也各有各的理解。列夫·托尔斯泰说："爱就是生命本身。"

一位西方哲人如此表达他的看法,生命从自己的哭声中开始,又在别人的泪水中结束。

还有的人这样讲,生命是人体的一种灵光,闪现灵光即意味着生命的存在,失去灵光即意味着生命的终结。

这些看法是对是错,可任人去评说。但有一点是清楚的:生命与死亡都是自然的产物。人从降生那天起,死亡就开始向生命招手,生是一种短暂,死却是一种永恒。正因如此,在生命的旅途中,总会伴随着欢乐与痛苦,潜藏着希望与悲凉,充满着生命与死亡的抗争。

生命是宝贵的,死亡并不可怕。生命与死亡也都是一门学问。

二、怎样度量生命

生命虽然是个充满变数的圣物,但它也是可以度量的。你或许会对此感到迷惑不解,但事实会使你相信这一点。

一个最基本的事实是,在你的整个生命历程中,你虽然不能决定生命的长度,但却可以扩展生命的宽度,还可以增加生命的厚度,并由此而提升生命的重度。仔细想想,情况不就是这样吗?

我们可以把人生比作几何图形中的一个圆。在一个已经画好的圆上,你要找到起点在哪,终点在哪,固然是很困难的,但你要找出其半径有多长,则是比较容易的。圆有半径,人生也有半径。生命的宽度、厚度及重度,就由你的人生半径决定的。人生半径越大,你生命的空间也就越大。所以,度量生命,首先应当度量你的人生半径,包括你的所思所想、所言所行、所作所为。

幸运的是,这个人生半径既是可以度量的,也是我们每个人都可以自己掌控的。因为你虽然不能全然预知明天,但你可以充分利用今天；你虽然不能期望事事顺心，但你可以做到事事尽心。倘若你能这样去做，那你的人生半径必然是较大的，你生命的分量也将会是厚重的。

度量生命的办法提示我们，人来到世界上，不仅要看重生命的长度，而且必须看重生命的宽度、厚度和重度，即它的价值。

三、关于生命的价值

不是有生命就有价值，也不是活得越久才越有价值，生活中年少者的价值远胜于年长者的并不少见。

不是有权力就有价值，也不是权力越大才越有价值，生活中平凡人的价值远大于掌权者的也屡见不鲜。

不是有钱就有价值，也不是钱越多才越有价值，生活中富有者的价值远不如贫穷者的更比比皆是。

生活一次又一次地告诉我们，生命的价值，既不决定于年龄，也不决定于权力，更不决定于金钱，而是决定于你对社会和人民的贡献。

只要你做了有益于社会和人民的事，你的生命就是有价位的。如果你不但做了，而且做得很多，那你生命的价值就会是很高的，即使离去也会闪现出光芒。"有的人死了，但他还永久活着！"无数为国、为民捐躯者就是如此。

一个人的价值，不在于他从社会和人民那里得到了什么，而在于他为社会和人民贡献了什么。为了贡献有时固然也需要索取，但人决不能只是为了索取才去贡献。然而，人类自私的弱点，却往往助长索取而压抑贡献——为家庭而活着，只为妻室儿女贡献；为自己而活着，只为个人贡献；为爱情而活着，只为恋人贡献；为虚荣而活着，只做

表面的贡献。它告诫我们，人要有价值，就必须少一点自我，多一些人民；少一点个人，多一些国家。"人生应该如蜡烛一样，从顶燃到底，一直都是光明的。"

人生要有价值，还必须珍惜生命。世界上最大的儿戏，莫过于拿生命开玩笑；饱食者无所用心，饥寒者得过且过，当权者为所欲为。生命是个人的，但绝不要把它仅仅看作是自己的，否则，就未免过分狭窄。应当明白，一个人只要还活着，他的生命就属于社会，仅仅珍惜自己的人未必都能珍惜生命，只有同时珍惜社会的人才能真正珍惜生命。健身是保护生命，有病及时治疗是爱护生命，但唯有决不虚度人生，才能真正算作是珍惜生命。正如奥斯特洛夫斯基所说："人的生命应当这样度过：当他回首往事的时候，不至于因为虚度年华而痛悔，也不至于因为过去的碌碌无为而羞愧；在临死的时候，他能够说：'我的整个生命和全部精力，都已献给世界上最壮丽的事业——为人类的解放而斗争。'"

老年人为自己所追求的事业已经奋斗了大半生，其中的相当一部分人还为国家富强、人民幸福做出了重要贡献。他们的生命是闪光的，也是令人羡慕的。但即便如此，也有一个如何对待生命的问题。因为晚年的生命与年轻时的生命毕竟有所不同，他不仅需要呵护与关爱，而且需要理智与从容。

老年人要善待自己的生命，有下列几点应当牢牢记在心中：

你虽然已离开岗位，但这只是角色的转换，深山里的泉水或许更加甘甜，值得你去细细品尝。

你虽然已年过花甲，但也拥有自己的宝藏，值得你花一番功夫去挖掘，永远不要说不可能。

你虽然已远离花季，但同样有盛开的理由，只要你有一颗轻松的心，幸福就会像花儿一样。

　　你虽然也会遇到麻烦，但这并不重要，只要你转身面向阳光，阴影就会躲在你的身后。

论 生 死

> 生是偶然的，死才是必然的。人生不同于下棋，下棋输了可以再开一局，而人的生命只有一次，谁也不能重活一回。人只是要注意做到，知生死而更加珍惜生命。

生是偶然的，死才是必然的。生的本质就在于死。英国一位诗人说得好："世上只有一件愿望可以获得实现，只有一桩事物可以完全达到：这便是死。"

年过花甲，你会愈加感到生命的短暂。

少年时，刚过中秋就盼着过年，而今白发丛生，却害怕过年；昔日总是喜欢展望未来，而现在却乐意回首过去。这既有心理因素，也与年龄有关。年龄不仅是岁月的记载，而且是生命的符号。岁月无尽，生命有终，有限的生命只是无尽岁月的一瞬。岁月在延续，生命在缩短。你看，青山依在，鲜花照开，而人却要离去。如此想，确有几分凄凉。

然而，如果我们换一种思路想，情形就大不一样了。

我们能够来到世上，本身就是一种幸运。在这个世界上，我们领略了美丽的山川风光，我们享受了人间的天伦之乐，我们创造了无与伦比的巨大财富，我们使今天变得比昨日更加美好和迷人。我们不仅以自己的辛劳回报了前人的恩典，还正在以新的努力为后人做出殷实的铺垫。如此想，你心里不就会生出一种自豪之情吗？

我们还应当这样想，后人只要不亏欠前人就当心安，只要做了自己该做的事就可自慰，只要生活得比前人好些就应知足，只要能为后人留下一分思念就当高兴。你在这诸多方面也就没有什么可遗憾之处了。如此想，你心里不就会觉得踏实了许多吗？

我们还必须这样想，人非动物，动物只有肌体这个生命，而人则不同，除了肌体，还有思想、品德和才智，等等。肌体是物质生命，思想、品德和才智是精神生命。前者可以离去，后者却能永驻人间。如果你能留下美德、美名，你就永远活着。如此想，即使高龄者，眼前不也是一片值得欣赏的美景吗？

宇宙万物，皆有始有终，人也是如此。未知生焉知死，未知死又焉知生。没有生不成人生，没有死也不成人生，有生有死才是一个完整的人生过程。死是另一种意义的生。正如普希金所说："老年就是回到孩提时代，死亡就是回到出生。"

实际上，生命也是一个变量，生命也可以去创造。人不能长生不老，但却可以延缓衰老。人不能死而复生，但却可以死而不灭。增强体质能够延长生命，加倍奉献能够充实生命，超越生死能够扩展生命。你能够视生如离去，视死如归来，就永远不会被死神所困扰，而高高兴兴地去创造生活，舒舒坦坦地去品尝生活。

讨论生死，不是要宽慰自己，也不是要迷惑他人，更不是企望只生不死。我们只是要做到：知生死而更加珍惜生命。因为人生不同于

下棋，下棋输了可以再开一局，而人的生命只有一次，谁也不能重活一回。

无论对谁来说，生死都是一个关口，能将生死度外者，可算进入了人生的大境界。

面对生死，老年人都应当有这样一种坦然态度："含笑而来，含笑而去，把鲜花留在路上，把歌声留在途中。"

论 未 来

　　人到老年最危险的倾向是被往事过分吸引，整日对过去的岁月追悔莫及。老年人面向未来的最大好处是，有利于防止由于太多地追悔过去而损害了自己的健康和情绪，从而把今后的路走得更好。

　　老年人有无未来？回答应当是十分肯定的。60岁的人有未来，70岁的人有未来，80岁、90岁以至更年长者也何尝没有未来！

　　有人曾说，对于未来，60岁者以年计算，70岁者以月计算，80岁、90岁以上者以天计算。这种计算方法虽不无一点道理，但确有悲观之嫌，很不值得渲染。

　　有生必有死。这个道理，除了傻子谁都会明白。但有一点并不是所有人都清楚的，即不管留给你的时间还有多少，不管你未来的空间还有多大，它都是一种希望，都是一种美丽。老年人心中有无这种希望与美丽，其结果是完全不同的——有则康乐，无则苦痛；有则寿高，无则早衰。

　　经验表明，人只是为今天而活着，还是同时为未来而活着，二者意义与结果大不一样。厮守过去容易被生活抛弃，只满足于今天难免被

生活捉弄，只有面向未来才能被生活托起。

经验还告诉我们下列各点：

未来能给人以希望，希望能给人以力量。你要有力量吗？那你就要有希望，而要有希望，就必须想着未来。

未来是希望的源头，希望是未来的流水。你要希望之水永不干涸，就务须呵护好未来这个人间的天使。

未来是美妙的，但它只有变为现实才是美丽的。面向未来，首先要珍惜今天。今天是充实的，明天才可能是富有的，未来才会是美好的。

生命属于今天，但它更属于未来。生命只属于今天是短暂的，只有同时属于未来，才会是久远的。正因如此，能够始终面向未来的人，其生命要比仅仅为今天而活着的人长得多。

"过去属于死神，未来属于你自己。"你要珍惜自己，就必须珍惜未来。不珍惜自己的人，往往是无视于未来的人；心目中没有未来的人，必定是最受生命鄙视的人。

未来像磁铁，是富有吸引力的。但犹如磁铁只能吸铁一样，未来只能吸引热爱生活的人。因此，你要被未来所宠爱，那你就一定要热爱生活。

做今天的骄子比不上做未来的奴隶。因为骄子容易贪图享受，而奴隶更加乐于创造。

老年人面向未来的最大好处是，有利于防止由于太多地追悔过去而损害和影响了自己的健康与情绪。

罗素在讲到生死时曾指出，人到老年最危险的倾向是被往事过分吸引，整日对过去的岁月追悔莫及。看看你的周围，一些老年人不正是由于这种危险倾向的困扰而失去了健康与快乐吗？老年人不可能不回忆往事，但决不能沉湎于往事。往日的辉煌与荣耀以记住为好，往日的伤感与失意以忘记为好，回忆往事以能够获取快乐为好。无论对谁来说，重要的不在于过去如何，而在于怎样把今后的路走得更好。

歌德的话是对的："知之尚需用之，思之犹应为之。"老年人面向未来，要紧的是马上付诸行动。提几点建议供君参考：

忘记你的年龄。你应当这样想，从生理上看虽然已经老了，但自己的心理依然年轻。只要你能感受到年轻，你就会感受到未来，这种感受保持得越久，你的未来空间也就越大。

保持你的童心。你宁可再做一次顽童，也不要时时处处把自己扮作一个长者。只要你童心不泯，生命力不减，你的未来就依然是一片光明。

对生活充满热情。情到深处苦亦甜。你不妨把生活中的一切都视为一种美丽。你眼中的美丽多了，心中的快乐也就多了，随之而来，你的未来也就会栩栩如生。

对自己充满信心。你要坚信自己能够驾驭自己。你虽然不能驾驭自己的年龄，但可以驾驭自己的情绪。如果你既能创造快乐，又能赶跑烦恼，那你就会成为未来的主人。

不要惧怕死亡。你要从内心里明白一点，生即意味着死，生是个逗号，死也不过是个句号。千万不要经常想着死亡，也不要日日惧怕死亡，更不要在恐惧中等待死亡。对待死亡的最好办法是珍惜生命的每一天。

论 目 标

　　健康快乐既是老年人生活的首要目标，也是他们全部生活的根本支点。不管你生活的"线"有多长，"面"有多广，"体"有多大，都要从健康快乐这个"点"出发，离开了这个"点"，其他一切均会失去光泽。

　　如同射击和攻击要有目标一样，前进和奋斗也需要有目标。目标能鼓舞人、激励人、鞭策人，能使人的行动更有计划、更富有成效。老年人要安度晚年，也不能没有目标。

　　从实现人生价值的角度看，目标的确定必须切合实际，既不能太大，也不能太小。"目标太大会由于遭受挫折而灰心，目标太小则会由于收效缓慢而泄气。"目标好比树上的果子，不应该伸手就能够摸到，而应该是只有跳起来才可摘取。轻而易举达到的目标，只能获得一时的欣慰，只有经过艰苦努力而实现的目标，才更加富有意义。

　　经验表明，切合实际的目标应具有"三性"：

　　（一）明确性。明确的目标如同黑夜里的灯塔，醒目而耀眼，神圣而富有权威，而含糊不清、模棱两可的目标，就像天上的一朵游云，虚无缥缈，变幻莫测，对人没有任何吸引力。

（二）效益性。目标的实现要能给人带来新的价值，使人获得新的效益，否则，就是不必要的、毫无意义的盲目追求。

（三）可行性。经过努力，目标应该是可以实现的。无实现可能性的目标宁可没有。期望值过高的目标不过是海市蜃楼，可望而不可即，其结果只能是自寻烦恼。所以，确定目标要切忌凭主观想象，必须从自身的条件和客观实际出发，做到适时、适量、适度。

人到老年应当有什么样的目标，要因人因地因时而异。老人中有相对年轻与相对高龄、相对体强与相对体弱之别，由于各自的情况不同，其目标也应当有所不同。一般地说，年轻老人与体强老人以适当地多做点实事为好，高龄老人与体弱老人以多注意一点儿休息为好。但无论何种情况的老人，均应以保持健康快乐为首要目标，其所思所想、所作所为，都应当从健康快乐这个基点出发。

几何学对"点"的特殊重要性有过极为深刻的描述："点"动成"线"，"线"动成"面"，"面"动成"体"；无"点"，既不会有"线"，也不会有"面"，更不会有"体"。所以，不管老年人生活的"线"有多长，"面"有多广，"体"有多大，一切都要从健康快乐这个"点"出发，离开了这个"点"，其他一切均会失去光泽。要坚信，把健康快乐作为老年人的首要目标，一点儿也不会错。

人有目标并不难，难的是能否一以贯之地去坚持。随时变换目标是不成熟的表现，遇到困难就放弃目标是软弱的表现，因为挫折而失去目标是缺乏坚强意志的表现，由于眼前的小利而忘记了最终目标是目光短浅的表现。目标绝不是水上的浮萍，而是疾风中的劲草，时间越久，其魅力才越大。所以，当你把健康快乐作为自己的首要目标之后，一定要学会坚持。要牢记：目标乃持之以恒，是成功的一大秘诀。

确定目标是运筹帷幄，实现目标是布兵打仗。这里除了必要的客观条件外，最重要的是你的意志和信心。谁的晚年生活也不可能万事如意，疾病会有，不顺心的事也会有，保持健康快乐，就是要同这些不如意之事作战。为了取得"大战役"的胜利，你不妨先打几个"小战役"，取得成效后再循序渐进。

要相信，生活中的所有不如意之事，只不过是些小麻烦，你不把它当回事，它也就不会缠着你不放。如果你不但遇到了小麻烦，而且还真的碰上了难以承受的天灾人祸，那就更加需要保持理智和冷静。你应当这样想：天无绝人之路，即使乌云密布，太阳也总会露出笑脸的。千万不要灰心，灰心容易导致更多的不幸和痛苦；千万不要失去信心，失去信心就等于失去了健康和快乐。

老年人为了实现健康快乐的目标，还有两点是务必要注意把握的：

一定要把生命看得重一些。人的生命只有一次。有限的生命最期盼的是呵护，而绝不是其他。呵护生命首先要看重生命。看重生命不是为了拒绝死亡，而是为了尽可能地延长生命。世界上没有"不死之药"，但却有"不老之药"——它不是药厂生产的，而是你自身就拥有的，那就是你自己对生命的珍惜和看重。

一定要把得失看得轻一些。得失虽然也是生活中的常客，但它绝不是你的挚友，它只是一个既匆匆而来又匆匆而去的过往行人。你不要太在意它，因为无论你得到的还是失去的，统统都是身外之物。人为何要让身外之物折磨自己的身内之心呢？要确信，只要把得失看得轻一些，你就必定能够赢得更多的健康与快乐。

论 写 作

人离开工作岗位后正是写作的极好时机。写作不仅能使你精确，还会使你的生活变得更加充实，思想变得更加深邃。凡有条件的老人，都应当拿起手中的笔，把它也当作一种催生年轻的武器。

"读书使人充实，讨论使人机敏，写作则能使人精确。"这是英国哲学家培根讲的，也是许多老年朋友的切身感受。

写作能给你带来的好处是多方面的。当孤独寂寞时，写作可以增添乐趣；当思绪紊乱时，写作能使头脑清晰；当思想懒惰时，写作能促进思考；当好学上进时，写作能增长才干；当宣传鼓动时，写作可以扩大影响。经验表明，一个满肚子知识、满脑子思想的人，虽然可以滔滔不绝地演讲，但若要准确深刻地表达自己的思想，却唯有精心写作才能办到。

写作可以增强记忆。口读十遍，不如手抄一边。抄书尚且如此，何况充满思索的写作！靠阅读获得的记忆是粗糙的，靠写作获得的记忆才是精细的。如果说前者是咀嚼后的消化，而后者则是消化后的吸收，因而其价值会更高一些。

写作必须富有思想。华丽的辞藻可以入目,却不能入心。人云亦云的文章不过是他人劳动的重复,虽无害处,却不能给人以补益。为了作文而作文是盲目的行动,为了装饰而作文是自欺欺人。写作固然要讲究文法、修辞与逻辑,但首要的是其有思想。正如请客吃饭虽然也要注意碗筷、酒具的洁净和美观,讲究饭菜的味道和质量,但第一位的是真诚与热情。

写作贵在富有神韵。季羡林先生说过,画匠与画家的区别在于,前者只能画出形来,而后者则能画出神来。作文与做人一样,务必有精、有气、有神。古今中外堪称佳作的皆具有神韵。一篇文章不可能句句动人心弦,但如果连一两句富有灵气的话也没有,就难免让读者感到失望。

不要以为写作只是文人的事情,领导者尤其需要写作。君不见马克思、恩格斯、列宁、斯大林、毛泽东一生中都有那么多著作!普通人的写作多为阐发,而领导者的写作应富有创见。秘书代劳不可少,领导者亲自动手则不可无。写作贵在挖掘,挖掘贵在深化,只有深入挖掘才能丰富自己的思想,而这一点靠秘书代劳往往是办不到的。所以,聪明的领导者绝不把写作看成是额外的事情,在他们看来,写作也是一种领导。

也不要以为只有文化水平很高的人才能写作。文章与其说是写出来的,不如说是做出来的;满篇文字与其说是用词句组成,不如说是用思想凝就。正因如此,一个经历广泛、经验丰富、思想深邃的人,只要具备一定的文字表达能力,就可以写作。而且,他们所写的东西,往往少空谈,多务实;词句虽然并不华丽,但内容却很充实。因此,这种人坚持写作,往往能够出成果,并为世人所注目。

写作好比雕刻，必须十分精细。做工粗糙的雕刻就像顽石一样毫无价值，质量粗糙的文章犹如蒸馏水一样淡而无味。作文虽然也是在说话，但不同于口头表达，作文要比讲话更加追求精确。因为对于准确，眼睛比耳朵有更严格的要求。写作前要考虑主题思想、文章结构；写作中要注意段落衔接、承上启下；写完后要字斟句酌、反复修改。雕刻家一刀之错会破坏整个作品，写文章一字之差会谬以千里。

写作必须严肃。不要怕有败作，但也决不宽容败作。文章写出来，只要不是很急的，就先放一段时间，或给周围的同志看看，听听意见。或待自己的思想沉淀一段后再做修改。要多过滤几遍才送去发表。草草而就，甚至连自己也不满意就匆匆见报，这是对读者不负责任的表现。要学会作文，须学会做人。文如其人，人如其文，这不仅体现在作文的一字一句中，也体现在做人的一言一行中。

人离开工作岗位后，正是写作的极好时机。何时写，写什么，均可以由你自己安排。你可以写自己一生中最有意义的事情，也可以讲述自己一生中感受最深刻的故事，还可以就大家普遍关心的问题发表议论。如果你心中还有许多烦恼，结合写作进行一番思考，那更会获益匪浅。它不仅会使你找到一种轻松和乐趣，还会使你的生活变得更加充实，思想变得更加深邃。

不要以为人老了就不能写作。托尔斯泰是71岁时完成《复活》这一名著的。伏尔泰写出他的优秀讽刺作品《老实人》也已64岁。威尔·杜兰特在69岁时，才与他的妻子爱瑞林联手开始创作五卷本的纪念碑式的作品《文明史》，并于89岁完成。这些都验证了心理学家约翰·麦雷什博士讲过的一句话："人生旅行的轨迹无法被一个简单的曲线所描绘。"

也不要过多地担心写作会影响你的健康。人的衰老往往是从大脑开始的。写作伴随着思考，而思考本身就是大脑的运动，它不但不会加快衰老，反而会延缓衰老。巴金一生写作，不也活了 101 岁吗？

衷心希望有条件的老年朋友都能拿起手中的笔，把它也作为一种催生年轻的武器。

论 潜 力

> 讲"潜力"比讲"余热"好。老年人在技能、经验和智慧的成熟性方面具有青年人所不及的特殊优势,他们在经历了许多成功与挫折后造就的心理调适机制也是很多青年人所不及的。老年群体中人才济济,全社会都应重视挖掘和用好"银发人才"。

人们常把老年人的作用称之为"余热"。其实,讲"余热"不如讲"潜力"好。因为讲"余热"除了有消极之嫌外,也不能贴切反映老年人在社会发展中的重要潜在作用。讲"潜力"则不同。它不仅具有积极向上的激励意义,而且也能较为准确地体现老年人在推动社会进步中所具有的潜在力量。

应该怎样看待老年人的潜力?我们不妨从社会发展和老年人自身两个层面做些思考。

关于第一个层面。

首先,看看国际社会的共同认识。2002年4月8日,在西班牙马德里召开的第二届世界老龄大会的政治宣言确认:"老年人的潜力是未来社会发展的强有力的基础。社会依靠老年人的技能、经验和智慧,

不但首先改善他们自己的条件,而且还能积极参与全社会条件的改善。"这表明,国际社会已经确认老年人也是一种潜在的人力资源和人才资源。这一共同认识,不仅为老年人参与社会发展和共享社会发展成果提供了理论支撑,而且具有重要的实践意义。

其次,看看我国的实际情况。来自中国老龄委的统计数字显示,2004年底,中国60岁及以上老年人口为1.43亿,2014年将达到2亿,2026年将达到3亿,2037年将超过4亿,2051年达到最大值,之后一直保持在3—4亿之间。根据联合国预测,21世纪上半叶,中国一直是世界上老年人口最多的国家,占世界老年人口总量的五分之一,21世纪下半叶,也还是仅次于印度的第二老年人口大国。这些数字告诉了我们两个不争的事实:一是中国老龄化形势严峻,二是中国拥有巨大的老年人资源。这两个事实提醒我们,老龄化已经成为当今中国的重要国情,重视和发挥好老年人的潜在作用,既是一个重大的理论课题,也是一个紧迫的现实问题。

第三,看看古今中外的诸多实例。本书"论老年"一章中已经说过,唐代名医孙思邈是在百岁高龄时写出《千金翼方》这一著名医著的;我国科学家竺可桢完成《中国近五千年来气候变迁的初步研究》一书时也已83岁;美国大发明家爱迪生获得第1031项发明专利时是81岁;德国文学家歌德完成文学巨著《浮士德》时是82岁。不少诺贝尔获得者也都超过了60岁,其中相当一部分人的年龄是在75岁以上。另据报道,我国刘东升院士,74岁赴南极、79岁又到北极进行科学考察,2004年87岁时获得中国科技最高奖,至今仍参与或领导多项科研攻关项目。

本文再次列举这些实例,是想在指出国际社会对老年人共同认识和中国老龄人口实际情况的基础上，进一步表达以下几点看法：

老年人在技能、经验和智慧的成熟性方面，具有青年人不及的特殊优势。

老年人在经历了许多成功与挫折后造就的心理调适机制，也是许多青年人所不及的。

老年人在经济社会发展中具有承前启后的导向性作用，也是推动社会进步的重要力量。

老年群体中人才济济，全社会都应重视挖掘和用好"银发人才"。

关于第二个层面。

发挥老年人潜力对保障老年人自身幸福快乐也是至关重要的。

经验表明，幸福快乐既存在于心理满足的过程之中，也存在于细细体味事物发展的过程之中，更存在于自身潜力发挥的过程之中。青年人如此，老年人也如此。看看你的周围，一些老人，特别是年轻老人，不正是由于无事可做而诱发了种种心理疾病吗？

经验同样表明，幸福与快乐也是可以经营的。经营的途径可以多种多样。比如，合理调控自己的欲望，不为失去的利益所折磨，不为往日的遗憾所困惑，不为"人走茶凉"而烦恼。再比如，坦然面对生活中的一切，不把一些垃圾总堆在心上，不把乌云总布在脸上，不把牢骚总挂在嘴上。还比如，过有规律的生活，学会广交朋友，学会感受亲情，等等。但相比之下，在各类途径中，能够确立有利于发挥自己潜力的工作目标并有所作为，当属最好的选择，对年轻老人来说，尤其如此。

想一想吧，一个健康而又有经验和智慧的老人每天闲坐在那里会有多么难受。你可以去运动，你可以去娱乐，你也可以去旅游，你还可

以去找朋友聊天，但你总不能日日如此、时时如此吧！这样的日子过久了，心里必定会产生空虚感，时间再久了，还会滋生出失落感、郁闷感。在这么多的坏感觉中，哪里还有幸福与快乐可言呢？

换个思路想一想吧，如果你在休息的同时，能够拿出一定的精力，做你自己喜欢做而又有利于社会的事，该会有多么的快乐。你不会有打发时光的感觉，而会有珍惜时光的感受；你不会因忙碌感到厌倦，而会因忙碌感到充实。如果你真能在某一方面有所作为、有所成就，那你更会找到一种其乐无比的幸福感受。此时，你也或许才能真正感受到夕阳与朝阳都是那么美丽。

这样想、这样做，也是有科学依据的。医学研究告诉我们，专注于某一项活动能够刺激人体内特有的一种激素的分泌，它能让人处于一种愉悦的状态。有研究者发现，工作能发挥人的潜能，让人感到被需要和承担责任，这都会使人感到充实。老年朋友应当明白这方面的道理，并从自身实际出发，及早付诸行动。

自然，老年人能否发挥好自己的潜力，并不完全取决于个人。个人努力是首要的，但社会各有关方面的关心与支持也是必不可少的。作为老年人应当注意的是，退休后做事毕竟与在岗工作时不同，一定要摆正自己的位置，也一定要量力而行。

总之，无论从促进社会发展这个层面看，还是从保证老年人自身幸福快乐这个角度看，重视并发挥好老年人的潜力都是一个颇为重要的问题。为了科学应对日益严峻的老龄化形势，以发挥老年人潜力为核心内容，提出并研究"老年价值论"是完全必要的。

论 境 界

> 思想境界乃人之内心世界，客观环境乃人之身外世界，只有二者和谐统一，人才能真正进入"自由"世界。老年人要真正感受这个美好世界，就应当视平凡为一种美丽，视宁静为一种乐趣，视失去为一种得到，视遗憾为一种希望，在万事面前都顺其自然。

境界，原本是指土地的界限，但在社会生活中，它反映的则是事物发展所达到的程度或表现情况，比如思想境界、艺术境界等。

土地有界限，人生有境界。讨论境界，需思考三个问题：一是人为什么要有思想境界，二是老年人应有什么样的思想境界，三是老年人怎样才能不断提升自己的思想境界。

先说第一点。

人非草木，人皆有思想，而有思想就有个思想水准，即思想境界问题。人成就事业需要思想境界，好比草木生长需要阳光雨露一样。草木缺少阳光雨露的滋润必将枯萎，人没有思想境界的支撑必定一事无成。思想境界乃人之内心世界，客观环境乃人之身外世界，只有二者和谐统一，人才能真正进入"自由"世界。

道理是明摆着的。人只有想到些什么，才可能做到些什么，想到的未必都能做到，但只有想到的才有可能做到。倘若科学家未曾想到过人能够上天，那航天飞机是绝不会问世的；倘若艺术家没有创作的激情，就绝不会有那么多的剧目可供大家观赏。所以，说到底，境界就是人生的理想追求和精神支往。试想，一个人如果没有任何追求和奋斗精神，还会有什么作为呢？不要说成就事业，就连美好生活也会是可望而不可即的。青年人如此，老年人也如此。

再说第二点。

人进入晚年，经常都会面临着生命的挑战，要让有限的时光依然灿烂，就应当更加注意思想境界的修炼。

这方面，许多幸福老人的实践给予我们种种启示。

视国家和民族的利益为至高无上。不在其位，可不谋其政。但不管你的年龄有多大，不管你过去从事什么工作，也不管你现在生活得如何，你依然要像爱护自己的生命一样维护国家和民族的利益，在任何时候、任何情况下，都不做有损于国家和民族利益的事情。

视所有得失为身外之物。一不看重权力，二不看重地位，三不看重金钱。既不留恋曾经拥有过的权力与地位，也不因为手中的存款不多而感到不快。宁可视失为得，也决不可因得而失。因未能得到而感到痛苦时，要常想两种人：一种是等待火化的人，一种是身患绝症的人。这样去想，你心中的苦闷就会一扫而光。

视健康快乐为生活的第一要旨。你无论有多少烦恼与困惑，都要倾心地去热爱生活、拥抱生活，而决不厌倦生活，也不应付生活。要视平凡为一种美丽，视宁静为一种乐趣，视失去为一种得到，视遗憾为一种希望，在万事面前都顺其自然。

视保持晚节为终身大事。在人生的天平上，后半生与前半生不仅具有同等的分量，而且在盖棺定论时更加具有标志性的意义。人生旅途中难免犯错误，但在晚年生活中绝不能有闪失。如果说，过去工作中的失足也会成为千古之恨，那么，晚年的失足则更会铸成恨中之恨。

最后说第三点。

能够回答老年人怎样才能不断提升自己思想境界的最好老师也是实践，也是诸多幸福的老人。他们告诉我们的有下列几点：

勤于学习。人要活到老学到老，这话永远是对的。许多老年人的知识更新是在晚年实现的，更有许多老年人的传世之作也是在晚年完成的，还有许多老年人是直到晚年才真正进入人生之理想境界的。而这一切，都离不开学习。只有学习，才能使老年人增添后劲，这正如只有施肥，才能使庄稼茂盛一样。

善于思考。思考能使人聪慧，犹如磨砺能使刀刃变得锋利一样。人的境界与其说是一种智慧，更不如说它是一种修养，而人要加强自身的修养，最好的途径莫过于伴随学习而进行深入的思考。可以思考自己，也可以思考别人；可以思考古今，也可以思考中外。思考得深了，对许多事情看得也就清了，随之，你的境界也必定会有新的提升。

多一些从容与大度。从容是一种理智，也是一种艺术；大度是一种胸怀，也是一种气魄；从容才能不迫，大度才能大气。对人对事能够做到从容不迫、大度大气，这本身就是一种成熟，就是一种境界。多一分从容就能多一分宽容，多一分大度就能多一分厚重。倘若你在为人处事中，始终能够做到从容与大度，那么，你在境界的提升上或许真能达到出神入化的水准。

论彻悟

> 普通的感悟与大彻大悟的区别在于，前者只能做到举一反三，而后者则能看透一切。人生中的苦涩更多的不是来自于外界，而是缘于自己。你要快乐，你就要多一点彻悟；而要进入彻悟的境界，就必须同自己作战——解开那些套在自己身上的绳索，自己解放自己。

愚者与智者的差距可能只有一步：智者能够感悟，而愚者则只有感触。但真正的智者只有感悟还是不够的，智者的最高境界应当是能够大彻大悟。普通的感悟与大彻大悟的区别在于，前者只能做到举一反三，而后者则能看透一切。由此想到，假如老年朋友们都能进入彻悟的大境界，谁还会被那些无谓的烦恼所折磨呢？

也许有的人从来就没有想到过彻悟，也许有的人一辈子也难以做到彻悟，也许有的人只有到临终时才能够彻悟。前两种情况在人生中太普遍了，应当算作人生中的一种遗憾。

第三种情况在生活中偶尔可以看到，虽少，却也是人生中的大幸，称其为"先觉者"，是毫不过分的。

2005年第4期《山西老年》杂志刊登过一篇题为《快乐地活着》

的文章,讲述了非洲某地一位叫布基老人的故事。这位老人一生都过得很不愉快。究其原因,无非是他觉得自己人生的许多目标都没有实现。在临终前的一段时间里,布基终于醒悟到,无论在什么情况下,人都不应该以牺牲自己的情绪为代价。但他的认识已经太晚了。布基不知道自己在离开这个世界前还能做些什么,他只希望世上所有的人都不要像他。他想啊想啊,最后终于想好要为后人留下一些文字。

他的墓碑上是这样写的:

"我是一个本应该快乐的人,虽然我的一生也遇到了许多麻烦,但我相信,这一切都并不严重。然而我却因为这些并不严重的麻烦而一生不愉快。我是多么傻啊!我希望活着的人们不要像我,不要总是让自己处于不快乐之中,自寻烦恼,这大概是人生最大的自我冤枉。你何必要冤枉自己呢,不要这样。"

后来,许多人都向布基学习,并在临终前要求葬在布基的左右。他们留下的遗言,也如同布基一样,告诉活着的人们应当怎样更好地生活和热爱生命。

这个故事颇让人感动,布基老人颇让人敬重,他的遗言颇让人警醒。人在生命最后时刻是最坦诚的。布基老人应当算作是人生问题上的大彻大悟者。

环顾人间事世,太纷繁、太复杂了;品味人生旅途,太艰辛、太苦涩了。然而,细细分析可以发现,这太多的纷繁、太多的复杂、太多的艰辛、太多的苦涩,并不只是缘于社会,也并不只是缘于他人,而更多的是缘于自己。所以,人要彻悟,首先应当同自己作战,做好"自己"这篇文章。

查阅人生字典可知,你要做好"自己"这篇文章,就必须解开那些

套在自己身上的绳索，自己解放自己。

放弃许多的"应该"。人生中的"应该"与"不应该"，往往并不那么泾渭分明，有些"应该"可能原本就是不应该的。因此，有时候把"不应该"当作"应该"本身就是一种糊涂，而把"应该"当作"不应该"反倒是一种聪明。经验表明，放弃了许多"应该"，你就会得到许多的轻松，生活也会变得更加愉快。

拥有许多的"满足"。应该想到，你已经比那些日出而作、日落而息的农民拥有了许多，你更比那些年轻力壮却在家待业的下岗工人拥有了许多。房子不宽，够住就行；票子不多，够花就行；一日三餐，够饱就行。要记住，"知足"方能"知福"，"知福"方能快乐。

把自己当作别人。当你痛苦忧伤的时候，可把自己当作别人，这样痛苦就自然会减轻一些；当你欣喜若狂的时候，也要把自己当作别人，如此，那种狂热才会变得平和一些。这都有利于你保持良好的心态。要明白，心理健康比躯体健康更为重要。

把自己当作自己。自己并非永远是自己。要谨防由于扭曲而使自己变得不是自己。人要活得自在一些，务必做到自己就是自己。既不要用自己的错误折磨自己，也不要用别人的错误折磨自己，更不要用自己的错误去折磨别人。

还有两点，我们也是务必要记住的：

（一）人要做到彻悟，确实很难，但不管怎么难，我们都应努力去做。

（二）不要期望有谁能给你一剂灵丹妙药，自己的"病"要自己治，自己的路要自己走。

愿更多的老年朋友多一点彻悟。

愿更多的老年朋友早一点彻悟。

假如你确实做到了彻悟,你就会成为一个真正"自由"的人——在人生的太空中快乐地飞来飞去。

健康与快乐篇

论健康

> 每个人都有两位医生：一位是医院的大夫，一位是你自己；大夫靠药物赶走疾病，自己靠精神赢得健康。
>
> 人一定要有这样的本领：既能够战胜逆境，也能战胜疾病，并且能战胜逆境与疾病共同向你发起的进攻。

人只有在失去健康的时候才能懂得健康的重要，正如人在饥饿的时候才会备感面包的宝贵一样。所有的老年人都要及早明白这个道理。

有些人在健康的时候常常把地位与金钱摆在第一位，只是到了病魔缠身，痛苦不已的时候才大梦初醒，觉得生活中再也没有比健康更重要的东西了。此时如果能用地位和金钱换得健康，他们一定会不惜一切代价，而如果真能用地位和金钱换来健康，那些身处高位者和亿万富翁，就不会有任何疾病而能够长生不老了。然而，连10岁顽童都知道，这只不过是梦想。权力换不来健康，金钱买不到健康，这是那些手中无权，兜里无钱而身体健康的人永远都值得骄傲的地方。

身体是人最宝贵的财富。只要不是罪恶，对健康的魅力无论怎样估价都绝不会过高。道理十分简单：人不是只要身体健康就能成就大事，但要成就大事，就必须有健康的身体。多少伟人、科学家，本来可以成就更多的事情，只是由于疾病而未能如愿以偿。这是他们的悲哀，也是人类的不幸。

疾病对于健康的危害，既是显而易见的，也是人所共识的。所以，大凡有点常识的人都懂得防治疾病，无病也要锻炼，有病要及早治疗。然而，不少人对精神与健康的关系却缺乏应有的认识，也缺乏应有的驾驭能力，以致不是因为疾病而是由于精神损害了健康，葬送了自己。正如一位专家所说："有些人不是死于疾病，而是死于无知。"

人的躯体也是一种物质，但只要你还活着，就必定有精神，并对躯体的存在起着巨大的影响作用。一位朋友曾被某医院诊断为胃癌，没过几天就气息奄奄，人命危浅，家属也开始为其准备后事。亲朋好友们抱着再试一试的态度，将其送到另一家有名的医院检查，结果否定了原来的诊断。消息传来，这位病危的朋友一下子就从床上跳到地下，好像什么病都没有了，半个月后就开始上班，至今安然无恙。类似的例子还有很多。它足以说明，精神对于健康多么的重要。

情感是人的精神世界的重要组成部分，它对于健康的作用是绝对不可忽视的。有些人大病不死，又重新站立起来，除了药物的作用外，家人、朋友、领导和同事们能给予足够的温暖和体贴是个重要的原因。夫妻和睦、儿女孝敬的老人，其寿命往往高于孤寡者，就是一个显证。

经验证明：人的躯体和精神是一个不可分割的整体。精神健康，躯体才能健康。一个人如果感情枯竭了，感情崩溃了，即使躯体没有什么大毛病，也是很危险的。何况，有些人的疾病本身即是由于精神不快而引发的。所以，躯体只是健康的一半，健康的另一半就是精神。你要保持健康，除了加强体育锻炼外，还必须格外保持精神愉快。特别是那些身处逆境又疾病缠身的人，更要把精神治疗放在首位。你一

定要记住：每个人都有两位医生，一位是医院的大夫，另一位就是你自己；大夫靠药物赶走疾病，自己靠精神赢得健康；大夫要不断提高治疗医术，自己要努力扩展胸怀。人处在死亡线上的时候，不仅要靠大夫拯救自己，而且要靠自己救活自己。人做到这一点是很难的，但为了你的健康，为了你的亲人，必须努力去做。

人处逆境又疾病缠身是最痛苦的。此时，你一定要往宽想，往远看。人往宽处想越想越宽，人往窄处想越想越窄；人往远处看越看越远，人往近处看越看越近。如果你能想到未来的道路是宽广的，看到未来的前途是光明的，你的心境就会好一些，病痛就会轻一些，随着你的努力和时间的推移，顺利和健康就会向你招手。

人一定要有这样的本领：既能战胜逆境，也能战胜疾病，还能战胜逆境与疾病共同向你发起的进攻。倘能如此，你就必定会成为一名长寿而健康的老人。

论 快 乐

> 不要总以为自己缺什么，只要快乐，你就什么也不缺。不要被那些心中的疙瘩所折磨，那疙瘩无论怎样千缠万绕，解开了就是一条直线。

不要总与青年时代比，你虽然失去了青春的美丽，却拥有秋天的收获，晚霞和朝霞一样灿烂。

快乐是幸福生活散发出的光亮。一个人有无快乐或有多少快乐，折射出的不仅是你的情绪，还包括你的心态、心境、胸怀、气度，等等。老年人需要快乐，犹如禾苗需要阳光和雨露一样。

快乐之所以值得讨论，最主要的不是因为有谁不懂得快乐的重要，而是怎样才能获得更多的快乐。生活中常有这样的现象，你在寻求快乐，却经常被痛苦缠身。生活中更有这样的情况，眼看着快乐就要降临，但转眼间却又消失得无影无踪。这究竟是因为什么？我们应当破解其中的秘密。

生活告诉我们，快乐与痛苦从来就是人生的两个伙伴，二者虽然表现不同，却相克相存、相辅相成。

斯宾诺莎说过："快乐是一个人从较小的圆满到较大的圆满的过渡，

痛苦是较大的圆满到较小的圆满的过渡。"对这位哲人的话，我们可以这样去解读：

快乐与痛苦都是人的情绪的一种过渡。如果说，快乐是从忧到喜，痛苦则是从喜到忧；如果说，快乐是从低处走向高处，痛苦则是从高处走向低处；如果说，快乐是从寒冷过渡到温暖，痛苦则是从温暖过渡到寒冷。

快乐与痛苦既然是一种过渡，就必然有始有终。快乐是喜的延伸与发展，痛苦是忧的持续与强化。快乐的起点是"较小的圆满"，其终点是"较大的圆满"。痛苦则相反，它以"较大的圆满"为始，以"较小的圆满"告终。

快乐与痛苦互相渗透。无绝对的乐，也无绝对的苦，常常是乐中有苦，苦中有乐。乐多于苦，则表现为快乐；苦多于乐，则表现为痛苦。

快乐与痛苦还互相转化。当"较大的圆满"向你告别之时，痛苦即会向你招手；当"较小的圆满"与你分手之际，快乐则可能为你露出笑脸。乐极生悲是常有的，悲极生乐也是间或有的。

由此看来：人为了多一点快乐，少一点痛苦，有几条是应该注意的：

不要指望没有痛苦。为了赢得快乐，必须先接受一番痛苦。有时候要把痛苦作为换取快乐的代价，有时候要把痛苦当作获取快乐的阶梯，有时候还要把痛苦也看作是一种快乐。痛苦犹如耕耘，快乐好比果实。痛苦不仅是快乐的产婆，而且是快乐的土壤。懂得痛苦才能理解快乐，经受痛苦才能赢得快乐。

不要忘记过去的痛苦。痛苦是源头，快乐是流水。要让快乐的流水永不干涸，就必须记得曾经饱尝过的痛苦。记着痛苦，才能珍惜快乐；忘记了痛苦，就意味着对快乐的亵渎。快乐与痛苦都能感奋人、激励人，但相比之下，痛苦要比快乐具有更大的魅力。快乐容易使人陶醉，痛苦则更能使人清醒；只有记着过去的痛苦，才能更好地品尝今天的快乐。

警惕快乐悄悄从身边溜走。苦不扎根，乐不永存。快乐最容易在快乐中失去。不让快乐从你的身边溜走，那就必须切记要"乐得适度"。微笑是快乐的使者，傻笑则是痛苦的先声。快乐中的松弛是美丽的，但因快乐而放纵却是危险的。在快乐中最需要保持的是冷静和理智。冷静可以美化快乐，理智可以获得加倍的快乐。

快乐对老年人具有特殊的价值，老年人获得的快乐要有特别的艺术。这方面，经验告诉我们的有以下三点：

（一）要有非凡的气度。即使非常圆满的人生也会有遗憾之处，即使非常幸福的生活也难免有烦恼之事，你应当把这些均视为一种正常。快乐多来自平常之心，痛苦多缘于失态之中。一个人能够在任何情况下都保持一种平和的心态，其快乐必定会变得很多，其痛苦必定会变得很少。快乐与痛苦都是一种存在。你有理由痛苦，就有理由快乐。你觉得快乐，你就有快乐。你不觉得痛苦，即使有，它也不能把你怎样。无论快乐还是痛苦，首先都是一种感受，而所有的感受都与你的气度密切相关，大度大气者感受到的多是快乐，小肚鸡肠者感受到的多是痛苦。你要多一点快乐，就一定要多一点大度与大气。

（二）应有良好的心境。对人的健康快乐来说，心理环境要比生态环境显得更加直接和重要。生活中有垃圾，人体中有垃圾，人的心理中也何尝没有垃圾！快乐缺乏者的悲哀往往就在于，因为心理垃圾堆积过多而导致的痛苦也太多。人心理中的垃圾有多种多样，诸如不同程度的奢望、忧郁、自私、狭隘、偏见等。一些人的痛苦不正是由这些心理中的垃圾所招来的吗？其快乐也不正是被这些心理中的垃圾所

赶跑的吗？所以，你要多一些快乐，就务必保持良好的心境，把那些心理上的垃圾清扫得干干净净。

（三）可有适度的自欺。自欺本来就是应当反对的，但对于老年人，特别是高龄老人来说，有一点适度的自欺大概也是有好处的。适度的自欺不是要蒙住自己的眼睛，堵塞自己的耳朵，封上自己的嘴巴，使自己成为一个瞎子、聋子、哑子，而是为了多一点宽容，多一点忍让，多一点糊涂。作为高龄老人，能够有意识地在宽容、忍让、糊涂中得到快乐是最好的。倘若难以如此，面对自己的儿女和亲人，能够在自欺中赢得快乐又有什么不好呢？此时适度的自欺，绝不是自我压抑，恰恰相反，它是在特定情况下的一种自慰和解脱。

古希腊哲学家伊壁鸠鲁的话是对的；"我们所谓的快乐，就是指身体的无痛苦和灵魂的无纷扰。"为了多一点快乐，少一点痛苦，老年人还应当记住下列各点：

不要总以为自己缺什么，只要快乐，你就什么也不缺。

不要总被那些心中的疙瘩所折磨。"那疙瘩不论怎样千缠万绕，解开了就是一条直线。"

不要总与青年时代比。你虽然失去了春天的美丽，却拥有秋天的收获，晚霞与朝霞一样灿烂。

不要有太高的目标，你已经做了许多，你的知识、经验与贡献，都已融入历史的长河。

不要只想着得到。该放弃的一定要放弃，放弃一个奢望，你就能驱走一片烦恼，得到加倍的快乐。

不仅你自己要快乐，还要善于为别人创造快乐，如果你在快乐的同时又能为别人带来快乐，那你就算真正进入了快乐的理想境界。

论 幸 福

　　幸福的真谛在于心情舒畅。快乐是一种感受，年轻是一种感受，幸福也是一种感受。人生中许许多多难解的情结无不与感受相依相伴，相克相存。这不是人生的不幸，而是生活的定律。

　　人们通常对幸福的理解是，能够使人心情舒畅的境遇和生活。这无疑是对的。但有一点决不可忽视：无论对谁来说，特别是就老年人而言，幸福首先是一种自我的感受。

　　世间许多的事情都很奇妙，似是而非者有之，似非而是者也有之，在幸福的问题上也往往如此。在外人看来，有的人生活得很幸福，但他自己却不这样认为。反之亦然，在旁观者看去，他生活得并不幸福，但其本人却觉得并非如此。原因何在？就在于别人与自己的感受很不同。

　　感受，既不是虚幻之物，也不是天外来客，他是客观存在在人头脑中的反映。自然，这种反映又不是纯客观的，在客观反映的缝隙中无时不在流淌着主观意念之圣水。客观存在不同，感受也不同，但即使客观存在相同，由于主观意念不同，感受也不会相同。围绕幸福问题

而出现的似是而非或似非而是现象，皆与此有极大关系。

可见，幸福绝不只是客观存在着的良好境遇和生活，幸福的真谛在于心情舒畅，在于自我的心灵感受。快乐是一种感受，年轻是一种感受，幸福也是一种感受。人生中许许多多难解的情结，无不与感受相依相伴，相克相存，这不是人生的不幸，而是生活的定律。

你生活得是否幸福，只有你自己最清楚，你要生活得幸福，只能靠你自己去把握，而这一切，都离不开自我的感受。但让人遗憾的是，生活中常有这样一些现象发生：有的人由于忽视了感受而亵渎了幸福，有的人由于不会感受而误解了幸福，还有的人由于错误的感受而远离了幸福。它提醒我们，人生要活得快乐，除了应当重视幸福外，还应当学会感受幸福。

经验告诉我们，感受幸福既是一种方法，更是一种修养和境界。你要学会感受幸福，就应在加强思想方法修养和提升精神境界两方面多下功夫。

（一）关于思想方法修养

一些人的生活中烦恼多多，并非由于生活不够幸福，而是源于思想方法不够正确。毛病往往出在错误的比较上。诸如："我与他同时提升正处级职务，为何他已上到副部级，我还只是副厅级？""他的职务比我低，家里却有汽车，我怎么还是骑自行车？"如此比较，哪里还会有幸福的感受呢？你要感受幸福，你就应当学会比较。不要总是和少数强者比，而要乐于与那些弱者比。与强者比，会比出烦恼；与弱者比，才会比出快乐。实际上，生活中的强者与弱者也是相对的。强者有不强之处，弱者也有不弱之处，你即使弱，也比许多人强。快乐是人生之挚友。静下心来想想，甘做一个快乐的弱者又有什么不好呢？

（二）关于提升精神境界

一个人是否幸福，有无高尚的精神境界具有决定性的意义。人生的幸福不在于拥有的权力和金钱越多越好，而在于你的行动与心灵越美越好。一味想着索取的人，总是因为不满足而远离幸福，这是多少人直到临终前才明白的道理。世界上最会感受幸福的莫过于农民，日出而作日落而息，有饭吃、有衣穿、有房住，便为满足，天天乐在其中。农民的快乐启示我们，一个人只要做了自己该做的事，就该感到快乐；一个人只要生活得健康快乐，就该算作幸福。假如你能有这样的境界，那你就一定能感受到更多的幸福。

我们应当记住，幸福固然需要一定的客观条件，但如同美丽的爱情首先是一种自我满足一样，幸福的甜蜜也首先来自于自我的感受。对一个人来说，只要心中有爱就是富有的；对一个家庭来说，只要大家彼此关爱就是幸福的。

自然，我们还应当记住，知福固然是非常重要的，但你要真正赢得幸福，还必须十分珍惜幸福。只有珍惜幸福，才能长久地保持幸福。

论 运 动

运动是延年益寿的秘诀之一。青年人不可因身体健壮而忽视锻炼，中年人不可因工作繁忙而放松锻炼，老年人不可因接近晚年而放弃锻炼。人要注意随着年龄的增长和身体状况的变化，确定自己从事哪一项运动和保持多大的运动量。

运动能够增进健康。例如，打球有利于腰肾，散步有利于消化，射箭可扩胸利肺，骑术使人反应敏捷。世界上虽无长生不老之药，但延年益寿的秘诀还是有的，运动便是其中之一。

人人需要运动，但对于已经步入老年时期的人们尤为重要。因为运动不但能使肌肉发达，耐力增强，推迟骨骼老化，而且可使神经系统指挥灵敏，心肌纤维坚韧强盛，呼吸机构强壮有力，消化功能得到改善。此外，运动还有助于保持心胸坦然，精神愉快，改变不良嗜欲，养成良好生活习惯。所以，人要健康长寿，就应像重视吃饭睡觉那样重视体育锻炼。

有的人在身体好的时候往往不注意锻炼，当疾病缠身的时候又后悔当初没有锻炼。这应引以为戒。青年人绝不能因身体健康而忽视锻炼，中年人绝不能因为工作繁忙而放松锻炼，而老年人绝不能因接近晚年而放弃锻炼。早锻炼早获益，晚锻炼也受益，多锻炼一分，身体就多强壮一分。无论对谁来说，都是这样。

除参加体育运动外，还应当利用工作和生活的各种机会进行锻炼。对年轻老人来说，骑车与坐车，还是以骑车为好；步行与骑车，还是以步行为好；静止与运动，还是以运动为好。从腿可以看出年龄。有的老人，坐着红光满面，但一迈腿，却步履艰难。据日本《大和新闻》报道，日本孩子的腿在逐渐退化，其原因是坐车多了，步行机会少了，活动场地小了。世界上许多国家，都是邮递员的寿命较长。

笑也是一种运动。笑容可掬，是面部肌肉的兴奋；捧腹大笑，则是全身活动。紧张工作之余，大家娱乐一番，笑上一阵，要比多喝一杯鲜奶更有助于增进健康。

至于思考，则是大脑运动。床上躺久了，两腿就不会走路；长期不思考问题，头脑就会变得呆痴。很多人有这样的感受，当懒惰或感到无聊而每天昏睡时，越睡越昏，脑子越不清醒，而经常思考问题，反倒觉得精神振作，轻松愉快。因此，勤于思考，可以防脑衰老。担心思考会损伤大脑神经细胞是不必要的。医学告诉我们，人的大脑约有140亿个神经细胞，按每小时损失1200个计算，假如你能活到100岁，也只会耗掉10%左右。

运动要讲究科学。比如，运动前应该"热身"，运动时应保持适量，结束运动时要注意缓慢。青少年要防止饱食后运动，老年人要切忌剧烈运动，有病的人要善于选择适当的运动。人要注意随着自己年龄的增长和身体状况的变化，确定自己从事哪一种运动和保持多大的运动量。

运动重在坚持。体力的增强与智力的提高一样,需要日积月累。谁也不能指望一次运动就能收到健身之效果。比如步行,特别是快步走路,是老年人健身的一种极好方式。但它虽简便易行,却单调枯燥,要长期坚持下去,没有坚强的毅力是断然做不到的。所以,开展此类运动,要从培养毅力和兴趣做起。毅力能够招来兴趣,而兴趣则会产生惯性。当你能够对某项运动感受到乐在其中的时候,长期坚持下去就有了基本的保证。

生命在于运动,运动在于坚持;坚持需要毅力,毅力需要科学。老年人只要坚持科学运动,就一定能够收到延年益寿之效。

论 旅 游

> 旅游是一种休闲，更是一种文化。旅游的最大好处是，能让人在休闲中获得一种文化感受，从而使自己的精神生活变得更加充实，内心世界变得更加美丽，与此同时，也使自己的身体更加健康。

旅游是一种休闲，更是一种文化。作为休闲，它具有消遣性；作为文化，它具有深邃性。无论作为休闲还是文化，旅游都是老年人的一种重要生活方式。

旅游的最大好处是，能够让人在休闲中获得一种文化感受，从而使自己的精神生活变得更加充实，内心世界变得更加美丽，与此同时，也使自己的身体变得更加健康。

以为旅游只是青年人的专利是不对的。河南中州的一位退休老人，一句英语也不会说，却大胆出国旅游，他边打工边旅游，一年时间，横穿美国大陆，除看了许多景点，开阔了眼界外，还挣了两万美元。

以为旅游只是有钱人的喜好也是不对的。黑龙江一位70多岁的老人，脚蹬三轮车，拉着百岁老母，自北疆南行，周游大江南北，一年下来，百岁老母体重竟增加了四斤。

经验表明，老年人应比青年人更加看重旅游。这不只是因为老年人比青年人有更多的空闲时间，也不只是因为老年人比青年人有更强的观光欲望，而是因为老年人比青年人更加需要充实自己的精神生活和内心世界。

经验表明，老年人应比青年人更加善待旅游。一些青年人往往只把旅游当作一种时尚来推崇，或者以此寻找快乐，或者以此消遣度日，或者以此炫耀自己。老年人不应当这样。老年人要把旅游视为健身养心、延年益寿的重要途径。通过旅游，实现一举多得：看遗产古迹，使自己增长知识；看沧桑巨变，使自己充满豪情；看同窗好友，使自己忘却烦恼；看名山大川，使自己增强体魄；看浩瀚林海，使自己呼吸新鲜空气。

旅游的方式有多种多样。可结伴而行，也可与家人同行；路途遥远可乘机坐车，短途观光可以步当车。可边走边看，也可以边住边看；可一景多看，也可以多景一看。以什么方式出行，在什么季节出行，多看什么，少看什么，均应依据自己的实际条件和兴趣爱好而定。一般地说，年轻老人以边走边看为好，高龄老人以边住边看为好，无论年轻老人还是高龄老人，都以与家人同行为好。

旅游的理想境界在于找到某种快乐的感受。假如你喜欢摄影，可以多拍些精彩的照片，归来后合成一部影集；假如你喜欢绘画，可以多画些风光美景，回家后挂在自己的屋里；假如你喜欢写作，可以把自己的遐想与感受记录下来，好的还可以送报刊发表；假如你喜欢交友，可以顺便探访一些老朋友，结识一些新朋友。所有这些，都会给你带来许多意想不到的收获，增添平日里未曾有过的快乐。

老年人旅游需要注意的是，把握好节奏。出行的时间不宜过长，过长了会感到疲劳。每一次出行都应该精心准备，除了选择好旅游线路外，还应当备好有关药物，"保健盒"是绝不能忘带的。出行时间应注意饮食，要谨防因水土不服而导致不适。出行归来后应静养几日，之后再从事其他的体育锻炼。

　　老年人的生活也要与时俱进。不仅仅满足于吃饱睡好，也不要只限于在院子里散散步，更不好只靠电视打发日子。愿更多的老年朋友都能加入旅游行列中来。

论 娱 乐

> 有人生就有娱乐。老年人的生活需要有娱乐，犹如歌唱家的表演需要有乐器伴奏一样。知识性的娱乐多一些无害，运动性的娱乐应该常举行，联谊性的娱乐要精心组织。娱乐虽然也要讲究技艺，但比技艺更重要的是参与和情操的修养。

有人生就有娱乐。老年人的生活需要有娱乐，犹如歌唱家的表演需要有乐器伴奏一样。

当忧郁烦闷时，娱乐可以消遣；当娱乐是知识竞赛时，它可以增长智慧；娱乐是体力运动时，它可以增强体质；当需要联络沟通时，娱乐可以促进交往。所以，娱乐是老年人生活中不可缺少的组成部分。

关于娱乐，生活告诉我们的还有许多。

知识性的娱乐多一些无害，运动性的娱乐应该常举行，联谊性的娱乐要精心组织。但为了消遣的娱乐不可过多，因为过多的消遣不但会带来疲劳，而且会消磨人的意志。

有人喜欢娱乐，有人淡漠娱乐。喜欢娱乐的未必都很聪慧，淡漠娱乐的人也未必一定蠢笨。娱乐本身没有确定的对象，除了一些有组织的行动外，谁参加，谁不参加，参加什么样的娱乐，都应当由他们自己决定。

不能把娱乐只看作是热热闹闹，蹦蹦跳跳。娱乐也有高雅与低俗、崇高与卑下、健康向上还是颓废变态之别。如果你是娱乐活动的组织者，那就应当注意：对健康的娱乐要加以提倡，对平庸的娱乐要给予引导，对低级的娱乐要予以批评。

要尽可能地寓教于乐，在娱乐的同时，使品德修养和思想境界有新的提升。倘能给娱乐注入艺术的美感，在娱乐中得到美的享受，那更是值得称赞的。

经验表明，老年人所有的娱乐，都应当以健康快乐为宗旨，不管是活动内容还是活动方式，都要有利于自己的身心健康。否则，娱乐也可能变成痛苦。

不能把娱乐变成一种嗜好。即使健康的娱乐，如果变为一种嗜好，无所遵循，其后果也必定是不好的。所以，对于娱乐也要有所节制。正如饱食固然比禁食好，但如果吃得过饱，也是会引来麻烦的。

至于把赌博引入娱乐，那更是要严格禁止的。赌博是一种恶习，它渗透着欺骗与奸诈。如果说娱乐是一只活泼的羔羊，而赌博则是一条恶狼，它不但会吃掉羔羊，还会伤害其主人。如果说娱乐是一杯美酒，而赌博则是一剂毒药，它不但会使美酒变质，还会伤害人的身体。因此以为赌博能够增乐，实在是一种糊涂；借助赌博求乐，无异于自找苦吃。

经验还表明，由于娱乐带有浓重的自我色彩，所以，应时时注意不要放纵自己。高尚的人在娱乐中获得知识，卑下的人在娱乐中寻找刺激；文明的人在娱乐中彬彬有礼，粗俗的人在娱乐中不拘小节。同是

娱乐，不同的人却有不同的态度，这是由于人的素质不同所致。在这方面，老年人应当比青年人做得更好。

　　由于身体和年龄的因素，老年人，特别是高龄老人，更应该注意多一些自我娱乐。你可以放下长辈的架子，把自己扮作一个顽童，与孙子、外孙一起做游戏；也可以和知心朋友一起谈天说地。只要能够赢得一片笑声，你必定会乐在其中。如果你喜欢琴棋书画，那就应当倾心投入，即使你的技艺和作品还上不了档次，但只要自己满意，也会其乐融融。

　　总之，人不但要懂得娱乐，而且要学会娱乐。娱乐虽然也要讲究技艺，但比技艺更重要的是参与和情操的修养。人应当注意做到：以良好的心态参加娱乐，以健康的娱乐增强体魄。

论 幽 默

> 幽默是快乐的伙伴。它能够帮助你调整心态，排解失意，消除烦恼。幽默是一个人的高雅气质、渊博知识、敏捷思维、开朗性格、乐观态度等各种素质的综合体现。以为幽默会使人失去尊严和变得轻浮，都是一种误解。

幽默是老年人快乐的伙伴。你要保持快乐，就千万不要少了幽默这个朋友。

苏轼64岁被贬到海南时，曾写过一《纵笔》诗："寂寂东坡一病翁，白须萧散满霜风。小儿误喜朱颜在，一笑哪知是酒红。"这位诗人谪居天涯海角，又年老多病，晚景本已够寂寞凄凉了，但他却借小儿之口，把酒后潮红说成是脸色红润。人的一生不能事事如意，尤其到晚年，不顺心之事常常会接踵而来。面对各种烦恼和不快，与其无奈地被自卑与叹息所折磨，与其一味地遮掩和逃避，倒不如像苏轼一样，多来点幽默和自嘲。

须知，生活中的幽默要比讲坛上的幽默更加美妙。因为在讲坛上，幽默只是语言大师的工具，而在生活中，幽默却是人生中的一件珍宝。

前者固然能给听众带来欢笑，但后者则能给你的整个生活增添欢乐。在讲坛上，幽默多表现为一种艺术；而在生活中，他则更多地表现为一种情感。

请看看，生活中的幽默是多么的迷人。

在家庭中，它是欢乐的味精。丈夫一句幽默的话，可以使生气的妻子顿时笑出声来，儿女们也随之欢欣鼓舞。

在同事间，他是团结的润滑剂。它可以弥合人际关系的裂缝，使相互制气的友人又携起手来。

在政治舞台上，它是不可缺少的帮手。它能使你巧妙地摆脱窘境，给更多人以亲切平等的好感。

对于老年人，幽默则更加具有独特的魅力。

它可以使你乐观开朗，扫去沉沉之暮气，唤回不泯之童心，充满青春之活力。

如果你疾病缠身，它会像一位高明的医生，帮助你治愈那似乎难以医治的疾病。

如果你丧偶失子，他还会像一位尊师，给你以自信和力量，使你坚强地站起来。

幽默既能使你在笑声中惊醒，在笑声中沉思，也能使你在笑声中内疚，在笑声中惭愧，让步入晚年的你变得更加完美、更加成熟。

有的人说，幽默会使人失去尊严，这完全是一种误解。幽默不仅是活泼的，也是尊严所需要的。尊严需要幽默，犹如严肃需要活泼一样。如果缺少了幽默，即使极有尊严的人，也难免变成一座令人敬而远之的偶像。应当说，善于保持幽默，也是获得尊严的一种有效办法。

还有的人担心，幽默会使人变得轻浮。这也大可不必。幽默能使人发出笑声，但这种笑声绝不能与轻浮画等号。幽默可以使人轻松，但岂能把轻松视为轻浮！轻浮是不庄重的表现，而幽默则是老练的反映。担心幽默会招致轻浮，正像怀疑笑声会引来疾病一样不可思议。

当然，幽默并不是谁都能驾驭的。与其说幽默是一种艺术，更不如说它是一种智慧。幽默是一个人的高雅气质、渊博知识、敏捷思维、开朗性格、乐观态度等各种素质的综合体现。幽默不能与生俱来，只能靠修养去得到。

自然，也不必把幽默看得那么神秘，幽默也是生活中的一部分。社会发展到今天，幽默已不是少数语言学家、艺术大师的专利，而成为越来越多人的朋友。只要努力，用心去学，你就可以成为一个幽默的人。

论孤独

　　老年人应尽量避免孤独。但当孤独降临在你身上的时候，则应理智地对待它。能够做到欢乐而不孤独是最好的，能够做到孤独而不苦闷也是可贵的，若能够做到在孤独中创造出奇迹，则更是值得钦佩的。孤独不可怕，关键是不要失去信心。

　　孤独是人生中一个神秘的伙伴，有人赞美它，也有人反对它；有人渴望得到它，也有人极力避开它。

　　有人曾说，喜欢孤独的人不是野兽便是神灵。培根则认为，没有比这句话更是把真理与错误混合在一起的了。这两种看法各有各的道理。

　　孤独者是个矛盾的结合体。孤独者的心境有时候如同一片旷野，是既荒凉又苦闷的；但有时候又好像一块沃地，能开出美丽的花朵，结出丰硕的果实。所以，很多人认为，既不要一概地赞美孤独，也不要一味地斥责孤独。

　　孤独能够使人宁静。如果你是个极有进取心的人，在宁静中可以深入地思考一些问题。如果你又是个极为勤奋的人，还可以在孤独中把思考的问题归纳整理出来，奉献给社会，为知识的宝库增添一分智慧。

"淡泊以明志,宁静以致远。"深思慎独,往往会创造出意想不到的奇迹来。

孤独也容易使人苦闷。一个孤独的人,即使生活在闹市中,也仿佛身居于浩瀚的沙漠之中。沙漠有时候也是美丽的,但总是缺乏生机,给人以荒凉的感觉。所以,长久的孤独会使人感到窒息,尤其是对那些心胸狭窄、兴趣又少的人来说,孤独无异于自杀。因此,有的人像害怕魔鬼一样惧怕孤独。

对于老年人来说,问题不在于是否喜欢孤独,而在于孤独一旦降临的时候,应当如何正确地对待它、战胜它。

生活告诉我们,如果你被孤独缠身,那就应当正视它,并设法摆脱它。由于导致大多数人孤独的原因是失意或失去友谊,所以,摆脱孤独的最好办法是,唤醒自信和寻找友谊。

经验表明,没有比自信更能医治失意这一疾病的良药了。因为自信能够唤起奋进,而奋进则能够带来光明,光明则可以驱散失意的阴影。

经验同样表明,也没有比友谊更能够消除苦闷的圣物了。友谊对于人生,"真像炼金术所要寻找的那种'点金石'。它能够使黄金加倍,又能使黑铁成金。"如果说,苦闷是笼罩在心灵上的一片乌云,那么友谊则是吹散这片乌云的疾风;如果说,苦闷是压在心头的一块顽石,那么友谊则是冶炼这块顽石的熔炉。所以,人在苦闷中应当交友。朋友的诤言在平时可能一听而过,但在苦闷中却会发生神奇的作用。也不要担心朋友会嫌弃你,因为苦闷最能唤起朋友的同情。当然,如果你极端自私无理,以致无朋友可交,那就只好自认倒霉!

还有一点,对老年人来说也是至关重要的,那就是亲情。亲情是从血管里流淌出来的一种感情,由于血缘的关系,这种感情天然地具有

抗孤独之品质。古人云，老年得子为人生之大福，老年丧子为人生之大祸。为人父母，中年时多为爱子，老年时多为思子，做儿女的一定要懂得老人们的这一心理特点。工作再忙，也要常回家看看，与老人们聊聊天，帮老人们刷刷碗，这对驱散萦绕在他们心头的孤独之迷雾是极有好处的。要相信：亲情是爱的升华，爱是永久的抚慰。

对孤寡老人来说，要战胜孤独会更加困难一些。毫无疑问，社会应当给予他们足够的理解与关爱，使他们和其他老人一样，也能感受到生活的甜蜜与快乐。但即使如此，要真正战胜孤独，更多的还要靠他们自身的努力。如果你是个孤寡老人，你不妨这样去想：与其让灵魂整日在孤独中徘徊，还不如在有限的脑海里多保留一些往日的温馨，多增添一些对未来的憧憬，以此支撑自己去面对那各种"狰狞"，走完那不管多么艰辛的路。这样去想，你的孤独感与痛苦感也许会减少很多。每个人都应当学会调控自己的内心世界，作为孤寡老人，尤其要努力做到这一点。

道理是很清楚的：无论对哪种情况的老年人来讲，都应当尽量避免孤独，但当孤独实在无法避免的时候，则应理智地对待它。能够做到欢乐而不孤独是最好的，能够做到孤独而不苦闷也是可贵的，若能够做到在孤独中创造出奇迹，则更是值得钦佩的。

要记住：孤独不可怕，关键是不要失去信心。

论 独 处

> 独处是人进入老年后的一种特殊的生活方式。独处的首要秘诀是保持心静。独处的方法要因人而异。能够勇于面对独处是一种智慧，能够乐于面对独处是一种境界，能够善于面对独处则是一种艺术。如果你的内心就是一个花园，那你就会觉得自己也生活在美丽的花季里。

老年人要尽量避免孤独，但也应注意学会独处。独处不等于孤独，它是人进入老年后的一种特殊的生活方式。

作为老年人，特别是单身老人，恐怕谁也不想独处，因为独处的滋味不好受。偌大的屋子里只有一个人，天天面对四壁，经常会觉得心里空荡荡的。如果不能及时调适自己的心理，时间久了，还容易患上忧郁症。这是很可怕的。即使有儿有女的老人，或因儿女工作太忙，或因儿女出国深造，或因儿女身体欠佳，也难免会有独处的时候。所以对老年人来说，正确认识和善待独处，也是十分必要的。

现实生活中，有一部分老人是在独处中度过晚年的。他们当中，有的确实生活得比较压抑，比较痛苦，但也确有一些老人生活得比较充

实，比较愉快。这两个方面的事实启示我们，你要善待独处，有几点是必须予以注意的。

一、要乐于面对独处

你不要把独处视为一种无奈之举，相反，要把它当作一种积极的休闲方式。仔细想想，一个人在家，何时睡觉，何时起床，何时吃饭，何时散步，家里的东西如何摆放，自己的存款如何使用，所有这一切，全由你说了算，岂不自在！独处之时，没有应酬，无人干扰，你会拥有一片清静；独处之地，没人涉足，没有喧闹，你会拥有一片净土。如此种种，岂不也是一种难得的享受！

二、要把握独处的秘诀

表面看，独处只是"身处"，比"身处"更重要的是"心处"。如果你的心总是漂浮在半空中，要做到快乐的独处几乎是不可能的。所以，独处的首要秘诀是保持心静。经验表明，心不"静"则神不"宁"，神不"宁"则身难处。人要安于独处，首先必须调控好你那颗好动的心。如果你的心里总是乱糟糟的，要做到独处肯定是非常困难的。经验也表明，心静的至高境界是心乐，只有心里乐起来，你的心才会真正静下来。如果你真做到了心静如水，哪里还会有那么多的烦躁与不安！经验还表明，心静才能养心，而养心才可健身。古人云，人老心静才是养生之本。元代罗天益在其所著的《卫生宝鉴》中也指出："心乱则百病生，心静则百病息"。可见，心静不但有助于独处，而且非常有利于健身。

三、要学会善于独处

你应当如何去独处，谁也难以给你一个满意的回答。因为各人的情况不同，爱好与兴趣不同，独处的方法也会有所不同。应当说，能够让你快乐起来的方式都是可以采用的，能够让你得到美好享受的方法都是可以借鉴的。比如，你可以尽情地在记忆的海洋中游弋，用一支秃笔重现那激动人心的时刻；你可以挥毫泼墨，练字作画，自我欣赏，自我陶醉；你可以博览群书，浮想思索，填补那原本就存在的知识方面的空白；你可以翻阅日记，整理照片，从过去的记录中重温那久违的甜蜜；你还可以自斟自饮，静心品茗，在美酒与茶香中感受人生的美好与乐趣。如果你喜欢二胡，午睡起来，奏上一曲《喜洋洋》，内心里也会增添几分欢乐。如果你还喜欢"搓麻"，朋友来了，打上几圈，来个自摸"一条龙"，也会自感其乐无穷。

须知，独处既不是一个令人恐惧的怪物，也不是一个值得崇尚的圣物。我们只是要记住，当你必须独处时，就一定要勇于面对之，乐于面对之，善于面对之。勇于面对独处是一种智慧，乐于面对独处是一种境界，善于面对独处则是一种艺术。

末尾，请大家记住几句话：

独处也是对你的一种历练，尤其是对你意志的历练。

独处的快乐与痛苦，都首先来自于感受；会感受的人快乐多于痛苦，不会感受的人痛苦多于快乐。

独处同样是可以经营的。你应当把注意力全部集中在养护好你的那颗心上。如果你的内心就是一个花园，那你就会觉得自己也生活在美丽的花季里。

论 美 丽

　　美是一种追求，也是一种境界。美的真谛在于自然和纯真，美的精华在于优雅之动作。美不在部分而在整体。老年人要视健康为至美——爱美更爱健康。

　　人皆有爱美之心，但并非皆有纯真之心。这是一些人想美却得不到美的重要原因。老年人的爱美之心虽与青年人有所不同，但要真正获得美丽，也必须拥有一颗无比珍贵的纯真之心。

　　或许，你也有下列一些感受：

　　美丽不一定可爱，但可爱必定美丽。

　　美貌虽不排斥漂亮的服饰，但漂亮的服饰绝不代表美貌。

　　美德有时也需要美言，但美言绝不等于美德。

　　这是因为，只有质才能反映事物的本真。如同质是艺术的生命一样，它也是人的生命。质不但决定人的品质，也决定人的美丑。这个质，就是你的那颗心。心纯则质高，质高就会变得美丽。

　　如果你能细细地品味生活，必定还会有这样的感受：美具有无限的丰富性，关键在于你能否发现它，并巧妙地加以利用。

　　比如人的肤色，白自然是美的，但黑却未必一定就丑。再比如人的眼睛，大虽然讨人喜欢，但小也未必令人生厌。还比如人的头发，黑虽然好看，但能说满头银发就不美吗？如果为了迎合时尚，硬要把黑色皮肤涂抹为白色的，把银发染为黑色，甚至用大镜片遮住自己的小眼睛，难免适得其反。

生活无数次提醒我们，美的真谛在于自然和纯真。犹如河床里的圆石与石林中的怪石都是美的一样，人的相貌只要具有特点就可以引以为豪。因为在美的天平上，最富有魅力的是德行与个性。

美的精华在于优雅之动作。培根的这个观点是对的。人的动作绝不只是纯粹的外在形式，它是人的举止与德行的统一。它既包括了美的姿态、美的气度，也蕴含着内心的美、道德的美。美的姿态与丑的内心，或美的心灵与丑的姿态，都是不和谐的，都不能构成优雅之动作。诱人的风采与气度固然与体态有关，但它绝大部分是从心灵里流淌出来的。所以，谁想获得真正的美，就不能只倾心于外形的雕琢而忽视内在的修养。应当用九分的努力去美化心灵，而只用一分的努力去修饰外表。美化心灵，一半是陶冶情操，一半是修养品格。无论是陶冶情操还是修养品格，都是对你那颗心的哺育与滋润。

培根的另一个观点也是对的：美不在部分而在整体。大自然之所以美，绝不仅仅是因为它有花朵，倘若没有流水、高山、树木等相陪衬，也是不可思议的。大花园之所以美，绝不仅仅因为那里的花是红色的，如果没有黄、蓝、白等颜色的花相辉映，一定会给人以单调之感。人的美也是如此。一件漂亮衣服绝不能把你变成一个美人。即使美貌的女子，如果没有美德，也不会成为一个美人。自然，人由于性别、年龄和职业的不同，对美的追求也有所不同，人在某一方面获得的美更多一些，这不仅是一种现实，也是一种需要。工人的美蕴含着

创造，农民的美潜藏着朴实，战士的美洋溢着勇敢，儿童的美飘洒着活泼，老人的美充满着成熟，丈夫的美透露着坚定，妻子的美散发着温柔。人应当有意识地把部分的美变为整体的美，这样才能获得真正的美。但所有这些，都离不开你那颗心的支撑。

人到老年，应当视健康为至美。老年人要获得健康之美，更需要使自己的那颗心变得纯真一些。要学会养心、护心，千万不要让贪欲之心损害了你的美好心灵；要学会淡泊、宁静，千万不要让名利之心污染了你的良好心境；要学会理解、同情，千万不要让嫉妒之心给你的心窗蒙上阴影。要相信，只要你的心灵是美好的，心境是洁净的，心窗是亮丽的，你就会真正拥有一颗纯真之心，从而也就能获得你最需要的健康之美。

美既是一种追求，也是一种境界。你要获得美，那就首先要对美有个正确的理解。如果你对美的理解是不正确的，得不到美也就只能怪自己。

要相信：多一分纯真，才能多一分美丽；多一分美丽，才能多一分快乐。

论 忧 虑

> 生活既不是童话，也不全是美味。生活是一面镜子，你对它笑，它就对你笑；你对它哭，它就对你哭。老年人应当努力做到，无论事情是什么样的，你都能感受到它积极美好的一面。

除了傻子，要想没有一点忧虑，简直是办不到的。老年人只是要提醒自己，不要因忧虑而毁掉你心中的快乐，更不要因忧虑而失去对生活的信心。

忧虑是个无底的深海，把它比作没有尸体的坟墓也并不过分。《红楼梦》里的林黛玉，为什么小小年纪一身病？就因为她心思太重，忧虑太多，事事想不开，从来不觉得快乐。山水之乡的农村老人为什么多能长寿？就因为他们心性简单，心境敞亮，心态平和，没有那么多忧虑。经验表明，心轻者快乐，心重者痛苦；病由气得，气由忧生。有些人只以为躯体的疾病可怕，其实，躯体的疾病很多都是从心上蔓延出来的。要相信，忧虑多的人，心中的苦闷也多，脸上的皱纹长得也早，生命活力减得也快。对这一点，老年人务必明白，明白得越早越好。

对忧虑，应当从程度和时间两个方面加以节制。

"人无远虑，必有近忧"，这句话是有道理的。目光短浅的人容易忧虑，稍有一点不顺心，心里就结上疙瘩，终日闷闷不乐。殊不知，这点不顺心，与光明的未来相比，只是蓝天上的一块乌云，根本不妨大局。所以，当忧虑的时候，想想美好的将来，常能唤起人的信心，鼓起人的勇气，激发出继续前进的力量。拥有自信，希望明天，乃是解除忧虑的良药。

有人说，我也向往明天，而且美好得很，但忧虑却像神话里的魔鬼一样，总是缠着我不放。这又是何原因呢？一般地说，这往往与性急有关。希望立刻将忧虑消除得干干净净，这几乎是所有忧虑者的共同心理。但忧虑却像一种疾病，既已缠身，要除掉就需要一个过程。何况心病要比身病更难治愈，对于忧虑的人来说，性急不但不能消减痛苦，反而会像在大火上加了一杯水，想熄灭它，却使之更旺了。因此，人在忧虑的时候，性急是千万要不得的。

忧虑者所以必须切忌性急，还因为如果过于性急，往往会产生难以克制的怒气，一怒之下，失去理智，做出无可挽回的事来。在这种情况下，忧虑就可能引来罪恶，而性急则会成为罪恶的帮手。这是务必要引起注意的。

对意志坚强，富有进取心的人来说，消除忧虑的最好办法莫过于从事业上寻找乐趣，以其乐减其忧，以其乐压其忧，以其乐除其忧。事业的艰难，工作的繁忙，与其说会给他们的身体增添负担，更不如说能给他们的心灵带来欢乐。所以，他们总是高高兴兴而为之，每当事业上、工作上有所成就时，他们忧虑的脸上也会露出愉快的笑容。这种人是可敬的。他们也许会因操劳而折寿，但时间在他们那里要比普通人更为珍贵，价值也更高，因而他们更会感到生命的充实。

不同的人有不同的忧虑，节制和消除忧虑的路径也应因人而异。

如果你是因名利而忧虑，那就应当把名利看淡一些，把名利看作是"生不带来，死不带去"的身外之物。

如果你是因恩怨而忧虑，那就应当学会宽恕他人，把宽恕他人看作是宽恕自己。

如果你是因算计而忧虑，那就应当净化心灵，能够悟出算计他人难免被别人算计的道理是最好的。

如果你是因儿女的将来而忧虑，那就应当放眼未来，要坚信儿女自有儿女福，他们的明天会比你的今天更好。

生活还告诉我们，有一个办法，几乎可以适用任何人驱除任何的忧虑，那就是总能在生活中感受美好的一面。生活既不是童话，也不全是美味。但即使苦难的生活也有美好的东西。关键是你要学会发现，学会感受。正如一句谚语所云："乐观者于一个灾难中看到一个希望，悲观者于一个希望中看到一个灾难。"人应当努力做到，无论事情是什么样的，你都能感受到它积极美好的一面。这或许也是消除忧虑、赢得快乐的一个秘诀。

英国作家萨克雷说得好："生活是一面镜子，你对它笑，它就对你笑；你对它哭，它就对你哭。"的确，如果我们能以欢悦的态度对待生活，就会感到生活中的温暖与喜悦。如若总是以一种忧虑消沉的态度对待生活，那么，你就会时时感到生活的基调是灰暗的。所以，人应当永远保持乐观的态度。

我们还应当相信，忧虑虽然会使弱者窒息，但却能让强者奋起。人一旦能从忧虑中奋起，在他们面前等待着的往往是常人享受不到的喜悦。

愿你在忧虑面前永远是个强者。

论偏见

　　偏见愈深的人愈不承认自己有偏见,而愈不承认自己有偏见则愈加偏见。偏见加私心就会变为成见,成见是强化了的偏见。老年人要健康快乐地生活,不可不对它保持高度警惕。

　　偏见,也是人生中的一位不速之客。你极力避开它,它却变着法地想缠着你。老年人要健康快乐地生活,不可不对它保持高度警惕。

　　讨论偏见,应重点思考两个问题:一是为何偏见及偏见的害处,二是怎样防止和消除偏见。

　　先说第一点。

　　偏见,乃偏于一方面的见解。由于这种见解只是某一方面的、片面的,所以,带有偏见的人,常常把许多事情都看偏了,以致给工作和生活带来了诸多不良影响和后果。

　　偏见的害处可以举出很多很多。由于偏见,在执行政策时容易产生偏向,在依法办事时容易产生偏私,在开展工作时容易产生偏差,在讨论问题时容易产生偏执,在调节纠纷时容易产生偏袒,在处理人际关系时容易产生偏心,在对待儿女时容易产生偏爱,就连一日三餐也容易产生偏食。经验表明，凡偏即不正，而不正，就会贻害无穷。

偏见要比无知更坏一些。因为无知并不排斥真相，只要通过刻苦的学习和锻炼，无知可以变得有知。偏见则不同，它不但排斥真知，而且贬低真知。如果把无知和偏见都比作一种柔软的物质，那么，无知似海绵，而偏见则似橡皮。前者善于吸收，后者长于排它。不仅如此，偏见一经形成，就具有很强的顽固性。所以消除一种偏见，要比增长一种知识困难得多。

正因如此，许多人都有这样的感受，一个人即使有偏见也绝不轻易承认。偏见愈深的人愈不承认自己有偏见，而愈不承认自己有偏见则愈加偏见。这除了由于它本身就不知道什么是偏见外，还由于有的偏见有时也含有某些正确的成分，只是以偏概全、一叶障目，错误地把它夸大了、凝固了、真理化罢了。这也正是有的人虽然由于偏见已经走向了错误，但却紧紧抱住其不放的一个重要原因。

再说第二点。

防止和消除偏见，可以从以下三个方面做起：

要谨防偏见与私心联起手来。私心本身可以造成偏见，也能够援助其他一切错误，说私心是偏见和错误的帮凶绝不过分。许多事实证明，偏见加私心就会变为成见，成见是强化了的偏见。所以，你要消除偏见，就必须注意克服私心。私心重的人若有偏见，其偏见的危害性会更大，越应注意纠正。

要警惕嫉妒心与偏见结为盟友。嫉妒是一种特殊的羡慕。嫉妒最容易使人的心态扭曲。嫉妒心稍加膨胀，就会为偏见的诞生营造出舒适的温床。生活告诉我们，由于嫉妒而形成的偏见与由于私心而产生的偏见并无两样，因为说到底，嫉妒心也是一种私心。

纠正偏见的有效办法是让事实说话。事实是评判正确与错误的最好证人。真理在事实面前闪亮发光,谬误在事实面前百孔千疮,偏见在事实面前虽然也会强词夺理,但同时也必定伴随着失信的忧伤。我们只是应当注意,无论摆事实还是讲道理,都要客观、全面,正如不能以片面性去纠正片面性一样,也不能以偏见去纠正偏见,因为以偏纠偏会更偏。同时要明白,由于偏见常常带有世俗的性质,所以,纠正它也不是一个早上就能够做到的事情。世俗偏见的最终消除,要靠经济的发展和人类素质的提高。

一个人有无偏见,与年龄没有必然的联系。有人说老年人容易有偏见,这是欠妥的。但作为老年人,有一点应当意识到:人进入晚年后,由于活动空间相对缩小,也由于知识更新速度相对变缓,还由于思维能力相对减弱,对人对事形成的一些看法也就更具有相对的稳定性。如果你的看法本来就是正确的,这自然无妨。但如果你原来的看法并不全面,甚至带来某些偏见,纠正起来相对也更困难一些,这是应当引起注意的。此时要有意识地提醒自己,少一点自以为是,少一点固执己见,这对保持健康是大有好处的。

论 充 实

  人从工作岗位退下来后，要学会以变应变。在应变中重新找准自己的位置，演好自己的角色，充实自己的生活。面对新的生活，消极应付是不对的，以不变应万变也是不可取的，你应当为自己设计一个新的生活日程表。

  人从工作岗位退下来后，怎样才能远离空虚，使自己的生活日日充实，这是一个既现实且又重要的话题。

  不少老年朋友大概都有过这样的困惑：饭够吃，觉够睡，但除了吃饭、睡觉以外，其他的时光该怎样打发呢？工作的惯性依然存在，躺着难受，坐着心烦，自己还能做些什么呢？特别是那些年轻老人，耳不聋，眼不花，脑子也满好用，更是感到坐着不是，站着也不是，浑身不舒服；更有一些本来就在遗憾中退下来的人，因为某件事心愿未了，常常被往事所折磨，心里怎么也乐不起来。

  此类现象还有种种。

  所有这些，都应当算作正常，因为人生本来就是这样。但这正常之中也有不正常，因为人生并不应该只是这样。人生的大境界应当是做

好自己该做的事，老年人生活的大原则应当是健康快乐。

　　人从繁忙的工作转入退休生活，确有一个如何适应的问题。适者生存，不适者淘汰，生物界尚且如此，何况有情有义的人呢！不适应就会感到空虚，好像悬在半空中一样，没着没落，有时心里还会生出几分凄凉；适应了，就会感到充实，像步入了金秋的原野，随处都可以采摘，品尝那生活中的累累果实。

　　经验告诉我们，人进入老年后，随着年龄及境遇的变化，在心理状态、思维方法和生活方式等方面，也务必随之做一些调整。要以变应变，在应变中重新找准自己的位置，演好自己的角色。这样，才能适应新的生活，获得新的快乐，使自己再次变得充实起来。在这方面，消极应付是不对的，以不变应万变也是不可取的。

　　你应当这样去想：

　　能够使人充实的绝不是权力，比权力更珍贵的是人格，只要你的人格之树是常青的，你就拥有了值得一生骄傲的圣物。

　　能够使人充实的也绝不是金钱，比金钱更重要的是健康，只要你的体魄是强壮的，你就拥有了能够赢得更多快乐的基石。

　　能够使人充实的更不是奖杯，比奖杯更有价值的是老百姓的口碑，只要你在百姓心中的形象是美丽的，你就拥有了可为后人仰慕的资本。

　　能够使人充实的东西还有很多，比如老伴的体贴，儿女的孝敬，亲情的呵护，朋友的帮助，社会的关爱，等等。所有这些，你都应当想到，都想到了，你就会觉得心里踏实了许多，尽管自己的位置和角色与从前不同了，但眼前依然是一片美景。

　　思想理顺了，一切也就好办了。你可以这样去做：

　　重新设计自己的生活。过去忙于工作，很少有时间能尽情地去享受生活。现在不同了，生活的大门随时都敞开着，你完全可以自由进出。如果喜欢绿色，你可以到草原观光；如果喜欢交友，你可以放心地去"约会"；如果喜欢打牌，你可以愉快地去安排；如果偏爱孙儿孙女，你可以扮成一个顽童，与他们一起玩耍、做游戏。你应当有一个新的生活日程表。日程表怎样安排，要从自己的实际出发，既不过忙，也不过闲，要一切有利于健康快乐。

合理安排自己的工作。老年人多有一技之长，如果身体和其他条件允许，能把自己的一技之长发挥出来，既有利于社会，也有利于健康。搞社科研究的，不妨专门思考一下老年问题，思考得好，既能充实自己，也会对其他老年人有所裨益。搞自然科学的，不妨多关注一点环保问题；做党政工作的，不妨多关心一些社区工作。人离开工作岗位只是角色的转换，并非要与一切工作绝缘，你能够老有所为，那更是值得称赞的。

用心培养自己的爱好。有爱好者，要长期坚持下去，并努力使之锦上添花。无爱好者，最好能根据自己的特点，用心培养某种爱好。很多老年人是在退休之后才开始学绘画、练书法的，且颇有成效。书画之中有精气，它能使你凝神静气，也能让你开心不已。京城街头早晚常有一些老太太披红戴绿，在锣鼓声中跳起秧歌舞，她们很开心，周围看的人也很高兴。要相信，爱好不仅能够增加乐趣，而且能够提升人的生命价值。

许多幸福老人的经验告诉我们，面对晚年生活，一是要大度一些，一是要大气一些。大度就是要万事想得开，大气就是做人要放得开。只要你能多一点大度与大气，你的生活就必定会更为充实。

论意念

> 意念具有非凡的潜在力量。积极的意念可以催你向上,消极的意念则会拉你倒退,恶性的意念还可能将你引向死亡。意念虽然也是一种感受,但在更多的情况下,不是有什么样的意念才会有什么样的感受,而是有什么样的感受才会有什么样的意念。

意念具有非凡的潜在力量。老年人要生活得健康快乐,务须学会积极的意念引导。

意念,乃人的某种念头或想法。有意念是人的本能。人皆有意念,犹如人皆有欲望一样。

意念看似一种虚幻的东西,但它却是实实在在地存在着的。它既是一种神奇的意识,也是一种特殊的存在。它不仅具有一般意识的属性,而且还是人的一种心理状态。它的存在虽然不像其他事物那样直观,但却是你每时每刻都能感觉到的。

经验表明,积极的意念可以催你向上,消极的意念则会拉你倒退,恶性的意念还可能将你引向死亡。所以,一个人具有什么样的意念,不仅关系到你的心境,而且直接连着你的躯体。对老年人来说,尤其是这样。

生活中这方面的例子比比皆是。

有一位退休工人，因患癌症，被医院"判处死刑"，预计几个月内死亡。然而出乎人们的意料，十几年过去了，他至今还愉快地活着。据这位老人介绍，他出奇制胜的法宝就是意念引导——尽可能地保持心情愉快，对生活始终充满信心。应当说，在癌症患者中，很多人的医疗条件都不亚于这位老人，但由于缺少积极的信念引导，他们的治疗效果却又远比不上这位老人。意念的作用有多么重要，从中可见一斑。

反面的例子或许更有说服力。据媒体报道，有一个人进入冷藏室后被意外地关在里面，他顿时极度紧张起来，越想越怕，越怕越冷，最后被"冻"得缩成一团，死在冷藏室里。可是，当时冷冻机压根儿就没有打开，冷藏室的温度并没有冷到能冻死人的地步。应当说，这个人不是被冻死的，而是由于恐惧被吓死的。

无论正面事例还是反面事例，给我们的启示都是一样的：意念以及由意念而滋生的情绪，对人体健康具有极大的影响作用。积极的意念、良好的心境是健康的保护神，而不良的意念、恶劣的心境则会导致人的神经系统和内分泌系统紊乱，从而使人体的免疫力下降，严重的还会置人于死地。

经验还表明，人的意念既不是凭空而产生的，也不是孤立而存在的，无论其产生还是存在，皆与外界事物的影响密切相关。正因如此，在生活中，人的意念常常就是一种感受。但经验也同样表明，对一个人来说，在更多的情况下，不是有什么样的意念才会有什么样的感受，而是有什么样的感受才会有什么样的意念。它启示我们，你要善待意

念，就务必要善待感受，学会感受。

人在生活中需要正确感受的东西有很多。对老年人来说，在下列几个方面学会感受尤为重要。

学会感受幸福。不同的人对幸福有不同的理解、不同的追求，一个人怎样才算幸福，从来就没有一个统一的标准可衡量。你是否幸福，只有你自己最清楚；只要你感到幸福，你就是幸福的。幸福是一种追求，也是一种感受，只有善于感受幸福的人，才能理解幸福，也才能真正获得幸福。

学会感受快乐。你觉得快乐，你才会拥有快乐。快乐与幸福相比，其感受的色彩更加浓厚。不是有钱就能快乐，也不是有权就能快乐，因富有而痛苦者并不少见，因位高而烦恼者也屡见不鲜。在许多国家，受苦最多的莫过于农民，但享有快乐最多的也就数农民。快乐首先是一种心灵上的满足，只要你觉得满足，你就会享有快乐。

学会感受年轻。你不要总以为自己老了。年龄的增长并不是走向衰老的唯一标志，比生理年龄更重要的是你的心理年龄。心理年龄虽然是一个"虚拟世界"，但它却是客观存在着的，而且，一个心理年龄往往能够抵得上十个生理年龄。未老先衰者往往衰在心上，老当益壮者往往壮在心上。心不老人亦不老。如果你始终拥有一颗可爱的童心，你就会感受到自己依然年轻。

学会感受健康。人老了，难免小病不断，此时你不要把它经常放在心上。即使大病缠身也要坦然面对，既靠药物赶走疾病，也靠精神赢得健康。精神不是万能的，但它对保持躯体健康往往具有神奇的作用。人在患病时，最应当警惕的是不良心绪的入侵。有的人表面看是死于身病，但实际上是死于心病。这是值得引以为鉴的。你应当这样想，生命中的每一天都洒满了阳光,你能够感受到这种阳光,就说明你依然健康。

要记住,意念是一个既极为普通而又十分神奇的怪物,它既可辅佐你,又会捉弄你。你要保持健康快乐,你就必须做意念的主人。

养生与养心篇

论养心

> 养生首先要养心。养心贵在静心，静心的至高境界是乐心。养心务必要养德，德高才能神凝气定。养心重在养神，养神说到底是净化人的灵魂。如果你的灵魂始终是美丽的，那你就拥有了"不老之药"。

有研究表明，人类疾病的绝大部分都与不良心态有关。它提示我们，老年人养生，首先应当养心。

这里所谓养心，自然不是指保护好心脏，而是指调控好你的心态，包括思想、感情、情绪、意念，等等。人的心态需要保持平和，犹如人的体温必须保持正常一样。

仔细观察生活会发现，心理失控对老年人的健康以及生活会带来多么大的危害。

有的人由于过分怀旧，整日沉浸在那些残缺的、苍白的回忆里，以至于对眼前的一切都毫无兴趣，即使美好的生活也索然无味。

有的人由于盲目攀比，总觉得自己得到的太少，失去的太多，事事不如别人，以至于悲观丧气，经常闷闷不乐，甚至患上了精神抑郁症。

还有的人由于严重消极，老感到自己被社会闲置，被人们漠视，以致心灰意懒,颓废变态,自己毁蚀掉了自己的心灵和意志。

更有的人由于贪心作怪,总以为自己应当拥有更多的财物,应该比别人生活得更好,以至于放弃了对自己的约束,不该拿的也拿,落了个晚节不保的坏名声。

类似现象虽然大多事出有因,但不管哪一种,无不与心态失控有关,无不伤及身体健康,无不有损美好生活。由此可见,养心对养生是多么的重要。

讨论养心,除了需弄清养心的重要性外,还应当思考如何去养心。

何以养心,恐怕谁也难以开出一个一应俱全的药方来。在实际生活中,有很多问题并不需要具体的答案,提出问题只不过是想借此来达到沟通的目的。思考如何养心,也当如此。

我们不妨从下列几个方面进行沟通:

养心贵在静心。情绪乃一身之主。一个人如果终日思前想后、欲望不止,难免会百病丛生,说不良情绪是疾病的催化剂一点也不会过分。要消除不良情绪,重要办法之一,就是要学会静心。心静才能气顺,气顺才能健身。静心的最佳途径是炼心,静心的至高境界是乐心。如果你的心里每天都是快乐的,那就说明你在养心方面确实是个高手。

养心宜在养神。佛家有言,天有三宝日月星,地有三宝水火风,人有三宝精气神。在人之三宝中,精要化为气,气要化为神;神是精气之和,神乃人之灵魂。所以,养心、静心、乐心,最终要归结到养神上来。神凝才能气定,气定才能心静。养神,说到底就是要净化人的灵魂。如果你的灵魂始终是美丽的,那你就拥有了"不老之药",而且会成为被众多人羡慕的养心专家。

养心务必养德。生活中能使人动心的东西太多了。但凡能让你动心

的无不与自己的名利得失密切相关，许多人心难平、气难顺、神难凝，均与此有着千丝万缕的联系。它告诫我们，养心务必要养德。特别是面对物欲横流的"花花世界"，你更应当把养德视为养心之本。德高才能心静，德高才能神凝。养德最要紧的是去除那些束缚自己的名缰利锁，使自己不为名利得失所折磨。如果你能做到视名利为草芥，视得失为无物，那你就可以在快乐的天国里自由翱翔了。

养心虽然没有灵丹妙药可用，但还是有人提出了种种建议。美国心理卫生学会曾提出十条要诀，现摘录如下，供老年朋友参考。

对自己不苛求。

对亲人的期望不要过高。

不要处处和人争斗。

暂离困境。

适当让步。

对他人表示善意。

找人倾诉烦恼。

帮助别人做事。

积极娱乐。

知足常乐。

论 心 态

> 务必把保持平和作为处事的黄金法则。该冷静的要冷静,该回避的要回避,该放弃的要放弃。能够做到心静如水是值得赞美的,能够做到多一点糊涂是值得称颂的,能够把放弃也视为一种得到是值得钦佩的。

心态,乃人的心理状态。在人体的各种器官中,最具有标志意义的就是心脏,而在人生的各种状态中,最具有决定意义的则是心态。老年人要生活得健康快乐,再没有比保持良好心态更重要的东西了。

人心太重要了,人的心理也太复杂了。看看现代汉语中对人心及其状态的描述是多么地细致入微。用两个字描述的如:"心烦"、"心浮"、"心病"、"心寒"、"心悦"、"心悸"、"心急"、"心焦"、"心静"、"心盛"、"心酸"、"心虚"、"心重"、"心醉"、"心窄"、"心宽";用四个字描述的如:"心安理得"、"心不在焉"、"心驰神往"、"心宽体胖"、"心灰意懒"、"心慌意乱"、"心惊肉跳"、"心旷神怡"、"心有余悸"、"心平气和"等等。正因如此,有史以来,人类在研究自然、社会的同时,也十分重视对人自身的研究,而在研究人自身中,又特别看重对人的心理的研究。世界上许多国家都将心理学作为社会科学中的一门重要

学科，佛教界也将对人心的把握视为禅宗之精髓。

生活告诉我们，人的健康包括两个方面，一是心理健康，一个是躯体健康。"躯体"，是"心理"的载体，但"心理"无时无刻不在影响着"躯体"。所以，人要确保躯体健康，就必须首先保证心理健康。

生活也告诉我们，保证心理健康，贵在保持心理平衡。人生难得圆满，老年人最当忌讳的是一味地追求圆满。人心难得平衡，老年人最当警惕的是为了追求圆满而导致心理失衡。心理平衡，什么样的诱惑都将无碍于你，心理失衡，什么样的危险都可能发生。

人生中由于心理失衡而演出的悲剧太多太多了。有的人由于精神创伤，一夜之间就仿佛老了十几岁；有的人由于精神扭曲，不惜以失去晚节为代价铤而走险；有的人由于精神崩溃，宁可告别生命而走上不归之路。这里的"精神创伤"、"精神扭曲"、"精神崩溃"，无不与心理失衡有着内在的联系。

人心的重要、复杂及生活中的种种悲剧提醒我们，要善待生命、善待生活，就必须十分重视保持良好的心态。保持良好心态的至高境界是，无论遇到什么情况，你都能始终保持心理平衡。这一条的确很难做到，但我们必须认认真真地去做。

人到底怎样才能拥有良好的心态，这更多的不是一个理论问题，而是一个实践问题。你不妨先从下列三个方面做起。

一、把保持平和作为处事的黄金法则

人即使到了晚年也会遇到很多事情，其中有顺心的，也会有不顺心的。如果你遇到不顺心的事，一定要把自己的心态放得平和一些。该冷静的要冷静，能够做到心静如水是值得赞美的；该回避的要回避，能够做到多一点儿糊涂也是值得称颂的；该放弃的要放弃，能够把放弃也视为一种得到更是值得钦佩的。千万不要动怒，气大必定伤身。

二、学会安于人生边缘处

在你一生面对的东西中，究竟哪些是属于你的，包括权力、地位、金钱、名誉等，从来都是一个变数，谁也难以说得清楚。有些东西好像是属于你的，但它却与你擦肩而过。这类事常把一些人搞得痛苦不已。其实，这是大可不必的。世界上的事只有"不一定"是一定的，而"一定的"，往往是不一定的。你应当这样想，与你擦肩而过的东西原本就不是属于你的。如同山涧的小溪更清澈一样，安于人生边缘处不也挺好的吗？千万不要攀比，攀比难免招来隐痛。

三、谨防自信缺乏症

人的心理失衡多数与挫折和不幸有关。面对挫折与不幸，即使具有很强自信心的人也往往缺少足够的免疫力。所以，你要保持良好的心态，就必须拥有坚强的自信心。要记住，多一分自信，就会少一分失衡；自信不仅是获取成功的秘诀，也是防止心理失衡的良药。千万不要自卑，自卑会导致更多的不幸。

可以保持良好心态的路径肯定还有很多，但如果能在上述三个方面做得很好，也必定会大有益处的。君若不信，可先试试。

论 心 境

> 人的心境不仅系着人的心情和感情,也系着人的生命。心境既是人之心态的晴雨表、人之境遇的显示器,也是人体健康的保护神。你要保证身体健康,就必须保持心境敞亮。

人之心境,乃人之心情;人之心情,乃人之感情状态。人的生命与其他生命的最大区别在于,它具有极其浓厚的感情色彩。人的感情状态如何,直接关系到人的心情变化,自然也关系到人的整个心境。

所以,人的心境不仅系着人的心情和感情,也系着人的生命。正因如此,许多人在探究健康长寿的秘诀时,总是将拥有良好的心境列在首位。这无疑是正确的。

民间常说:"人活一口气",这自然不错,但我更想说:"人活一片情"。因为"气"与"情"虽然相辅相成——气盛乃能情浓,情浓方可气盛,但二者相比,"情"比"气"更具有人类生命的本质意义。所以,是"情"的本质意义,决定了人的心境对人所具有的特殊价值。

心境对人的特殊价值至少有下列三点:

(一)心境是人之心态的晴雨表。你的心态如何,最先能够敏锐感知的莫过于心境。在心境面前，即使最诡秘的心态也无法把自己的真相全部隐藏起来。正因如此，智者在察视人的心态时，总是首先看其心境如何，并能从其心境的某些微小变化中，了解他们内心世界的诸多秘密。

（二）心境也是人之境遇的显示器。你的境遇好坏，最早能够准确测试的也莫过于心境。在顺境面前，即使弱者，其心境也会是敞亮的；但在逆境面前，哪怕是强者，其心境也难免被种种迷雾所笼罩。所以，能够善对各种逆境的人，也往往都是能够保持良好心境的人。

（三）心境还是人体健康的保护神。你的健康状况怎样，既要看躯体，也要看心理，而心理健康又总是与良好心境密不可分的。如果心境是灰蒙蒙的，心理上必定是乱糟糟的，由此而来，躯体的健康也必将大受影响。因此，你要保证身体健康，就必须保持心境敞亮。

对老年人来说，最重要的是怎样才能保持良好的心境。这方面，生活也告诉了我们许多。

保持心理平静。犹如平静的湖水才能辉映蔚蓝的天空和朵朵白云一样，只有平和的心境才能折射出生活的美丽和人生的快乐。老年人要切忌心乱如麻，因为心乱必定导致神乱，心神乱了，什么样的烦恼都可能发生。如果你能在浮躁中保持一片宁静，那是值得称赞的；倘若你能做到每临难事有静气，那更是令人羡慕。兵法上的以静制动，在生活中也是可以效仿的。

努力开阔心胸。心胸是一种气量，人有无开阔的心胸，结果是大不一样的。有的人常因不可抑制的怒火而使自己的心境变得很糟，其重要原因，就在于心胸过分狭窄。心宽才能气顺，气顺才能有好的心境。人到老年，首先应当做到的是万事想得开。要记住赵朴初先生92岁

时写下的几句话："日出东海落西山，愁也一天，喜也一天，遇事不钻牛角尖"；"忙也乐观，闲也乐观，心宽体健养天年；不是神仙，胜似神仙。"

不断增强心力。心境与心力为伍，一个心力交瘁的人是绝不会有良好心境的。我们不能把心力的功效说得神乎其神，但也绝不能把心力的作用看得微乎其微。人在某些时候，特别是在面临厄运的时候，能否保持良好的心境，其心力如何，往往具有决定性的意义。多少老年人的心境就毁在心力过分脆弱上。经验表明，人的心境好坏与心力强弱，永远是成正比例的。因此，不断增强心力，也是老年人保持良好心境的重要途径。

还有一点，也是至关重要的：无论是保持心静、开阔心胸，还是增强心力，都应当把它作为人生的一种美德去对待。因为如果只把它视为一种方法，得到的最多也只会是一些皮毛，唯有将其当作一种美德去修养，才能真正培育出陪伴你健康快乐的至美心境。

论 心 力

人的力量有多大，不取决于体力，也不完全取决于智力，更多的是取决于心力。人心是人体的原子核，只要将它开发出来，其力量是无法估计的。对于老年人来说，比强壮体力更重要的是增强心力。

在现实生活中，很多老年人往往更多地关注的是自己的体力与智力，而对心力却缺乏应有的重视。这是需要引起注意的。因为许多事实表明，有的老人早逝，既不是缘于体力减弱，也不是缘于智力衰退，而是缘于心力交瘁。

人的心力虽然与其体力、智力密切相关，但绝不能简单地在它们之间画上一个等号。心力不仅是体力与智力的浓缩和反映，而且是直接调控你的健康水平的枢纽和砝码。一个人如果心力交瘁，其体力必然加速减弱，其智力必然加速衰退，其生命历程必然明显缩短。所以，对老年人来说，比强壮体力更重要的是增强心力。你一定要学会炼心，通过炼心，增强你对各种是是非非的适应能力和承受能力。

要坚信，人心是需要冶炼的。大凡40岁以上的人都会有这样的感受：看人看事，单靠眼睛是看不清楚的，必须借助于心灵的感应；处人

处事，单靠语言是不能奏效的，必须依赖于心灵的沟通。遭受委屈的时候，首先需要的不是他人的宽慰，而是保持自身心理的平衡；身处逆境的时候，即使挚友的帮助也只能快慰一时，要渡过难关，最终还是要靠你那颗心的支撑。人之心如树之根，树生长需要固根，人成长需要炼心。

要相信，人心也是可以冶炼的。困难、挫折、失意、病痛、逆境、战争，都是冶炼人心的熔炉或作料，都是伴你由幼稚走向成熟，由软弱变为坚强，到达人生佳境的曲径。君不见多少个刚听到炮声就发慌的孩童，由于战争的磨炼，后来竟成为视死如归的英雄！

人世纷繁，人心好动；人生难得百分之百的圆满，人心难得百分之百的平衡。谁能在纷繁中求得相对圆满，谁能在行动中保持相对平衡，谁就该算作"圣人"。"圣人"，包括伟人，也都不是完人，他们超乎常人的最可贵之点，不在于他们走了常人所不敢走的路，也不在于他们做了常人所做不到的事，而在于他们拥有一颗常人所不曾有的——经过千锤百炼的——因而超常的博大、超常的宽厚、超常的坚强的心。由于博大，他们能够包容一切；由于宽厚，他们能够承受一切；由于坚强，他们能够战胜一切。

不能要求所有的人都成为"圣人"、"伟人"，但只要你想生活得更好，就应当下工夫去炼心——勇敢地接受命运的挑战，沉着地应对未曾想到的事变，机智地跨越那些令人发怵的艰难险阻。人的力量有多大，不取决于体力，也不完全取决于智力，更多的是取决于心力。强者首先在于心强，心强才能命强，说心强命不强是没有道理的。人心是人体的原子核，只要将它开发出来，并合理地加以利用，其力量是无法估计的。不能说心力决定一切，但在许多情况下，心力的确制约着体力和智力。体力和智力的最佳状态总是与心力的最佳状态结伴而行、相辅相成的。生活反复证明，人的崩溃，首先是从心理上的崩溃开始的。心理战的发明者所以常常能够得手，就是因为他们巧妙地利用了人性的这一弱点。心理医生是值得钦佩的，他们的高明之处就在于，懂得心病与身病的密切联系——病在身上，根却在心上，去心病方能除身病。这些都提醒我们，通过炼心以增强心力，是何等的必要和重要。

老年人应当怎样增强心力，自然也是仁者见仁、智者见智，但下列几点大概是无可争议的。

千万不要自私。因为自私的心理永远是脆弱的，它不仅在公正面前不堪一击，即使在邪恶面前也十分苍白无力，以至于当你还没有开始说话做事，就已经陷入了被动的泥坑。

千万不要狭隘。因为狭隘的心理最容易窒息敏锐的目光，以至于表面上好像看得清清楚楚，实际上却全然不是那样。

千万不要软弱。因为软弱的心理常常会招来自我的懈怠，以至于"对手"还未发起进攻，自己就早早败下阵来。

你一定要记住：人心也是一个世界，心有多大，你心中的世界才会有多大。倘若你能有这样的胸怀："我心则宇宙，宇宙则我心"，那你就一定会拥有一颗无比坚强的心，从而赢得更多的健康和快乐。

论 童 心

> 人生是一条单行线,谁也不能走出去再调过头走回来。人不能返老还童,但做到童心不泯则是可能的。童心是心灵的一种感受,它可以抚平心头的皱纹,去除心上的"老年斑"。只要找回了这种感受,你就会变得年轻。

人生是一条单行线,谁也不能走出去再调过头走回来。无论是谁,童年只能有一次。

然而,童心并非只是儿童们的圣物。因为不管你的年龄有多大,都是从孩童时代走过来的,你拥有过童心,你的内心世界中留有童心的印记,只要你努力,做到童心不泯仍是可能的。即使历尽艰辛的老年人,也可以成为童心的受益者。南宋诗人陆游便是一例。

陆游一生坎坷,但直到古稀之年,还常同自己的曾孙一起骑竹马。他曾写诗记趣:"整书拂几当闲嬉,时取曾孙竹马骑。故之小劳君会否,户枢流水是我师。"也许正是得益于这类游乐,得益于不泯之童心,陆游竟活到85岁高龄。

经验告诉我们,人进入老年后,其体力、智力、心力都不可避免地会逐步减弱。但经验也同样告诉我们，虽然这种"减弱"谁也无法阻挡，但延缓这种"减弱"则是可能的。这是生命的一种抗争，也是人类的一种本能。经验更告诉我们，能够延缓这种"减弱"的途径虽然多种多样，但能够重新唤回童心，保持童心不泯，则是其中最好的办法之一。

童心，乃孩童之心。孩童与其他各种年龄段人的最大不同之处在于，即使缺吃少穿、一无所有，他们也总是那样天真烂漫，总是那样轻松愉快，总是那样活泼可爱。这一切，皆由于他们拥有一颗无忌之童心。孩童们是很幼稚，但这种幼稚恰恰是已经很老辣的老年人所不具备的；孩童们是很不成熟，但这种不成熟恰恰也是已经很成熟的老年人所缺少的。静下心来想想，一些老年人烦恼多多，痛苦多多，不正是由于"成熟"与"老辣"所致吗？换个思路想想，假如老年人也有孩童们的那种不成熟，那种幼稚，他们的烦恼与痛苦会减少多少，他们的快乐与幸福会增加多少！

生活忠告我们，任何事物均具有两面性。过分幼稚可能是孩童们的缺点，但过分"成熟"也可能是老年人的缺憾。如果老年人成熟到连一点点儿生活情趣都没有的地步，那就很可怕了，至少，值得引起注意。一位智者的话是对的："生活不能没有情趣，否则，日子就会过得像那忘了放盐的菜，乏味得很。"

因此，老年人也应当像孩童们学习。要多一点孩童们那样的纯真，对人心无芥蒂，尽可能把一切都看得美好一些；多一点孩童们那样的快乐，对事不要过分认真，即使面对巨大伤感也能很快转忧为喜，破涕为笑；多一点孩童们那样的无忌，对人对事都能从善意出发，哪怕吵翻了脸，也能很快忘掉，和好如初。倘能做到这些，那就意味着：早已远去的童心又回到了你的身边。

童心无价，童心不泯，其乐融融。

你可以用童心抚平那心头的皱纹。沧桑岁月，谁都会有遗憾，正是这些遗憾，让一些人的心上也增添了许多的皱纹。但如果你用童心去审视那些遗憾，就会有一种全新的感觉；或者会觉得它本身就不是什么遗憾，或者会觉得它已经变成了自己的财富，或者还会觉得那不过是一个动听的故事。这样，你心上的皱纹就必定会舒展开来。

你也可以用童心去除那心上的"老年斑"。人老从心开始，脸上的"老年斑"并不可怕，但心上的"老年斑"则绝不可小看。如果你的心上也长出了"老年斑"，那就一定要注意用童心去医治。你可以池畔垂钓，你可以外出旅游，你可以与孙子、外孙们做游戏，你应当努力使自己成为一个"老顽童"。童心也是一种心灵的感受，只要找回了这种感受，你就会变得年轻，你心上的"老年斑"就会减少许多。

你还可以用童心去召唤那孩童时代的美感。孩童时代的美感是无与伦比的。这种美感，人即使到了晚年也应努力去享用。你应当尽情地去回忆你的童年生活。不管你的童年生活是甜是苦，其中必定浸透着那份天真，那份乐趣，那份温馨。有人曾这样赞美童年的回忆："它是柳芽，是花蕾，永远鲜嫩，永不衰老。想到童年，便是一种美好，一种幸福。"这是颇有道理的。

请记住吧，童心是无比珍贵的，童心也是你的"不老之药"。

请你经常问问自己吧，你有无童心和有多少童心。如果你还缺少童心，那就一定要想办法将它找回。倘若你是一个童心的富有者，那你必定会拥有更多的快乐。

论 心 窗

你想最先感受春光,那你就要准备最早领略霜寒;你想向蓝天拓展一片迷人的风景,那你就必须甘愿坠入幽暗的深谷;你想让自己的心窗永远敞亮,那你就务必看清看透生活的方方面面。要记住,天亮是从自家的窗户开始的。

家有门窗,人有心窗,二者追求的都是敞亮。

人如何才能让自己的心窗始终保持敞亮呢?一位智慧老人的话是对的:"人生有喜剧也有悲剧,有成功也有失败,有欢乐也有痛苦,你不能只推开一扇窗户,只看一面的风景。"

他讲的是生活的哲学。

人生的风景线并不都是蔚蓝色的。生活中的很多事情,都既"相克"又"相连"。"相克"表现为对立,"相连"表现为统一,"相克"与"相连"融为一体,才构成了整个生活。

你看,生活中的现象是多么有趣:

一束花是一种美,但花太多了,又会为其所累。

自由是件好事,但自由太多了,反倒会变得不那么自由。

掌声是一种鼓励，但如果是"鼓倒掌"，就会变为一种讽刺。

在上级面前，你是下级，但在下级面前，你又是上级；在客人面前，你是主人，但在主人面前，你又是客人。

得到是一种快乐，但有的人不正是由于得到的太多而导致了过多的痛苦吗？

所有这些现象，都会映入你的心窗。它告诉我们，生活中处处充满哲学，哲学与生活同在，哲学也与心窗为伍。

经验表明，哲学驾驭了生活，生活就富有意义；哲学一旦被生活所扭曲，生活就会失去光泽。为了使你的心窗更加敞亮，就应当学会用哲学指导自己的生活，这也是人生中一门极为高深的学问。

如果你是个有远大抱负的志士，就应该学会把成功作为攀登的起点，永远用你的谦逊去回答同事的夸赞，用微笑去回敬别人的嫉妒，用更大的努力去回报人民的期待。

如果你是个坚强有力的汉子，就应该学会把失败作为走向成功的台阶，永远用你的自信去辅佐那必胜的勇气，用坚定去扫除那心头的疑云，用理智去规范那繁复的言行。

在生活中，你所追求的与你所惧怕的，往往连在一起；好事与坏事，常常相互引发。以为好则一切皆好，坏则一切皆坏，这不是一种无知，便是一种误会。做事情有时要注意不及，有时又要防止过头，因为"不及"与"过头"，都会给你的生活蒙上阴影。要知道，生活中的"度"，绝不像气温表上的"度"那样容易把握。

对于生活中的诸多问题，比如金钱、权力、荣誉、地位，等等，都不要看得过重。你多一分荣誉，也多一分险峻；多一分喜悦，也多一分烦恼；多一分权力，也多一分责任；多一分金钱，也多一分诱惑。

只有完全成熟的人，才能真正懂得生活中的哲学，也只有真正懂得生活中的哲学，才能够成为一个心窗敞亮的人。

作为老年人，为了使自己的心窗多一些敞亮，有两点最当注意：

一是要善于知足。知足才能常乐，知足也才能知福。即使"命大福大"者，也不可能事事如意。为了健康快乐，你宁可视失为得、视忧为喜。假如你能事事知足，你就必定会成为一个没有烦恼或烦恼最少的人。这样，你的心窗就始终会是敞亮的。

二是要善待挫折。老年人在生活中的挫折具有特殊的杀伤力，你一定要成为一个强者，将其踩在脚下，而不要为其所阻挡，更不要使之变为让你停步不前的绊脚石。挫折给你的不应当是沮丧，而应当是顿悟——从红尘之纷繁中品味人生的真谛。如果你真能明白了人生的真谛，那么，无论怎样浓厚的阴云，也都不会遮挡住你敞亮的心窗。

在人生的征途上，你应该经常想到事情的两个方面——不仅"相克"，而且"相连"；不仅"相连"，而且"相克"。你想最先感受春光，那你也应该准备最先领略霜寒；你想向蓝天拓展一片迷人的风景，那你就必须甘愿坠入幽暗的深谷；你想让自己的心窗永远敞亮，那你就务必看清看透生活中的方方面面。

要明白："天亮是从自家的窗户开始的"。

论 公 平

　　人人都有追求公平的权利。但公平只是相对的，而不是绝对的，世界上没有分毫不差的公平秤。你想找回公平，你就要多一点豁达与大度。豁达是催生公平的产婆，而大度则是化解不公平的良药。

　　老年人乐于回忆过去。在回忆过去中，你会想到自己交往过的许多人，也会想到自己经历过的许多事；会想到自己曾经创造过的辉煌，也会想到自己曾经有过的失误；会想到自己曾经拥有过什么，也会想到自己曾经失去过什么。所有这些，都是十分自然的，都在情理之中。

　　人生路上岔道多，人生处处有荆棘。由于人生纷繁复杂，天下世事纷扰，几乎所有老年人走过的都是一条不平坦的道路。这样，当你在回忆过去时，会有欢乐，也难免伴随着苦痛；会焕发出新的激情，也难免生出这样那样的抱怨。所有这些，也都是十分正常的，也都顺乎情理。

　　人们只是在观察这一社会现象时发现，有的老年人在回忆过去时，常常因为感到对自己不够公平而萌生了诸多的烦恼。有的因某次未加薪而感到不公，有的因某时未提职而感到不公，有的因未安排子女而感到不公，还有的因未安排自己出席某次会议或未能出国访问而感到不公，等等。由于这些"不公"，心里感到很不舒服，有的人由于长时间郁闷，还损害了自己的健康。这是需要引以为鉴的。

追求公平不是错。有史以来，大凡有识之士，都是公平的倡导者，有的还能够付诸实践。追求公平是人类的美德，是社会进步的标志。公平出人才，公平出业绩，公平出和谐，公平出稳定。所以，人人都有维护公平的义务，人人也都有追求公平的权利。

但我们应该明白，公平与其他事物一样，它只能是相对的，而不会是绝对的；公平中有不公平，不公平中有公平，这均属于正常现象。电视连续剧《军人机密》中的贺子达将军曾说过这样一段话："自古以来，军功是最抢眼的，也是最伤心的。一百个人冲锋，子弹没钻到你身上，那是因为钻到别人身上了，军功章最后挂在你的身上，但那原本很可能应该挂在别人身上。当兵的，只要上一回战场，即使你活下来，也算死了一回，别人替你死了，你再活着，就该替别人活着，这个军功是没有公平秤的。谁要是没有这个度量，谁就不要当兵。"这番话讲得何等好啊！在军功上没有"公平秤"，在其他许多事情上也何尝不是如此！

生活中类似的例子也有很多。兄弟二人，哥哥上学，最后进城当官了，住在高楼大厦；弟弟在家种田，照顾父母，至今住着小土房。两个大学同班同学，一个成绩好，一个成绩差，阴差阳错，成绩好的下了基层，成绩差的反倒留在了上层机关。同一个单位的两位同事，一个工作平平，一个业绩突出，但平平者被调到另一个机关，并很快晋职，突出者却依然在原地踏步，待遇也没有新的变化。为什么会如此？原因可能有很多很多，有些现象可能是谁也无法说清楚的。生活

告诉我们，如果你想追求绝对的公平，那本身就是一种错误，人在一生中能得到相对的公平就应当知足。军功没有公平秤，许多事情也没有公平秤。这不是因为世界上没有公平，而是因为公平本身就是一种带有相对性色彩的东西。

"公平"与"不公平"之所以容易使人产生困惑和烦恼，是因为其总是与"得到"和"失去"联系在一起："公平"意味着"得到"，"不公平"意味着"失去"。所以，贺子达将军的话是对的，在对待"公平"的问题上也要有度量。许多事实表明一个人度量大一些，即使"不公平"也会不以为然，更不会感到这就是一种失去；反之，如果度量很小，即使已经比较公平了，也会感到很不公平，感到自己失去的太多。因此，老年人无论在面对现实还是在回忆过去时，都应当多一点豁达与大度。要记住，豁达也是催生公平的产婆，而大度则是化解不公平的良药。

当然，作为某一级组织来说，在对人对事上，应当尽可能地做到公平公正，尤其是对那些做出突出业绩、深受群众拥戴的人，一定要给他们一个实实在在的公正。否则，不仅这些奉献者会感到伤心，连周围的人也会失去继续奋斗的信心。在用人问题上要谨防一种现象发生："不用的骂你，用了的还坑你"。

论平常

平常是一种美丽，也是一种深邃，更是一种境界。对于一个拥有平常心的人来说，没有一个地方是荒凉偏僻的，即使在逆境中也有能力充实自己。人性的弱点在于，往往来自平凡而又鄙视平凡，往往本为平凡却自命不凡。这是应当引起注意的。

稍有一点儿文化知识的人，都认识"平常"二字，但即使身处高位的人，也未必都能明白"平常"二字在人生天平上的分量。这不是咬文嚼字，也不是故弄玄虚，而是生活中一个既较为普遍又颇值得深思的事实。

看看你的周围，有多少人因不能善待平常而在生活中吃了苦头。有的人因误解平常而被生活所捉弄，也有的人因鄙视平常而被生活所折磨，还有的人因远离平常而被生活所抛弃，更有的人因亵渎平常而被生活所惩罚。

上述情况，在年轻人中有之，在老年人中也有之。

可悲的是，一些人吃了诸多苦头还不知其原因所在。

可喜的是，正是这些人的教训为我们敲响了警钟——你要多一些快

乐，你就必须拥有一颗平常之心。

仔细观察生活，我们不难发现，一些老年人，特别是一些曾经手握重权、地位显赫的人，其退休后的快乐所以往往少于普通的职工干部，一个重要原因就是，他们还缺少一颗平常之心，由于觉得自己不平常，导致自己比普通人更难以适应平常人的生活。毫无疑问，这是应当引起注意的。

其实，在浩瀚的宇宙中，人如同天上之繁星，再平常而不过了。也如同地上之小草，再普通而不过了。即使在人世间，哪怕是"伟人"、"圣人"，其之始，其之终，也均与常人完全一样。严格地说，在人群中本来就没有常人与非常人之别，有所区别的，只是在人类繁衍和社会发展中扮演的角色不同而已；而无论你扮演什么角色，又都是暂时的，而不是永恒的。人来自平常，最后还要回到平常。

生活中的情形也与此极为相似。生活的图画虽然是五颜六色的，但无论是谁，有生活就有衣食住行，就有七情六欲，就有生老病死，其"底色"都是一样的，都是既平常而又普通的。生活所以变得繁复，全都是由于人自身不同的把握而造成的。每一天的生活都是全新的，但其"底色"却是不变的。它一次又一次地忠告我们，平常，乃人之生活的基础；平常之心，乃人之心理的基石。

人的生活如果失去了平常就会离谱，人的心理如果缺少了平常就会失衡，而无论是离谱还是失衡，都会给你的人生带来不幸。

平常的重要性是不言而喻的，人练就一颗平常心也是能够做得到的。在这方面，英国前首相撒切尔夫人倒颇让人敬佩。

有报道称，这位做了十一年首相的"铁娘子"，在退出政治舞台、痛失挚爱的人之后，"过着和平民寡妇一样孤独、凄凉的生活"，她在

2003年生日的时候只收到了四张贺卡,人们只能感叹世事无常。但撒切尔夫人却不这样认为,她针对上述报道回应道:"如果贫困、孤独的生活对平民寡妇来说是正常的话,为什么当过首相的人过几天就不正常了?什么是'常'?在台上风光无限,下台后还什么好处都占着,这才叫正常吗?"这三问,的确问得有理,问得很好。它让人更多地感受到的是,这位"铁娘子"安于平民生活的怡然胸襟。

经验告诉我们,你要拥有一颗平常心,就应当从多方面加强自身的历练。

要净化心灵。生活中有垃圾,人体中有垃圾,人的心灵中也有垃圾。有的人只看到了前两种垃圾而忽视了心灵中的垃圾,以至于烦恼多多却不知其原因何在,这实在是一种悲哀。在位时想着风光无限,离职后还想着多得好处,得不到就感到不正常,这不正是一些人烦恼的根源所在吗?它启示我们,所有的非分之想,所有的私心杂念,都应当被视为心灵中的垃圾,都应当及时地加以清除,清除得越早越好,越彻底越好。你应当这样想,自己已经得了很多好处,自己也是个普通的人。平常心容不得心灵中的半点污垢。要相信,只要你的心灵是洁净的,你的平常之心必定会茂盛起来。

要提升境界。境界是一种深邃,对于一个思想深邃的人来说,没有一个地方是荒凉偏僻的,即使在逆境中也有能力充实自己,你从领导岗位上退下来,只是因为年龄到限,并非是对你的惩罚;你融入的是充满亲情的生活,既不荒凉偏僻,更不是什么逆境。相反,你还可以比过去任何时候都能尽情地去享受生活,这岂不是一件天大的好事!从长远看,尤其从健康的角度看,你更应当想得开,或许将来有一天你会发现,正是由于你早几年摆脱了劳累,而使自己有限的生命比某

些人得以更多的延长。如果你能这样想，你的平常之心自然也会升腾起来。

要视平常为一种美丽。平常也是一种美。平常如生活中之饮用水，看似平淡无奇，实则珍贵无比。人性的弱点在于，往往来自平凡而又鄙视平凡，往往本为平凡而却自命不凡。环顾生话，多少人的烦恼与痛苦，不正是由于鄙视平凡与自命不凡所导致的吗？其实，即使伟人、"圣人"，又有谁最终不是凡人呢？即使亿万富翁，谁又能顿顿都吃鲍鱼海参而一概拒绝萝卜白菜呢？平凡的日子正像生活中的大白菜一样，虽然并不昂贵，但却不可缺少。如果你能这样想，你的平常之心或许还能飞舞起来。

经验还告诉我们，人的平常之心应当在青年和中年时就开始养育。如果你能经常把这件事挂在心上，并身体力行，在身处高位时就拥有了一颗平常之心，那更是值得称赞的。如果你真的做到了这一点，可以肯定，当你离开岗位之后，心中的烦恼必定会比别人少得多。

自然，有一点是不可忘记的：平常之心只能靠自己去养育，而不能靠别人赐予；如果你直到临终前也缺少这种至美之心，那只能怪你自己。

论 失 落

失落，乃丢失之意。人的失落均缘于人的拥有。退休离职后，你是否丢失了些什么，或者丢失了多少，关键在于如何看待人生的价值。要懂得，人生的价值是可以用多种方法计算的。要记住，最解渴的是白开水，平凡的日子最美丽。

人退休离职，特别是从领导岗位上退下来后，尤其要注意的一个问题是，不要有失落感。

人的一生来去匆匆，如白驹过隙；人的一生跌跌撞撞，如雾里下山；人的一生也会有上来下去，如电梯之升降，飞机之起落。不同的是，白驹过隙，依然面临广阔天地；雾里下山，即会踏上平坦道路；电梯降下来还会升起，飞机落地后仍将起航；而人从岗位上退下来后则不会重返。正因如此，一些人退休离职后难免会有失落感。从某种意义上讲，这是可以理解的，但如果从人生的大视野去看，产生这种失落感则是完全不应该的。

失落，乃丢失之意；失落感，乃精神上产生的空虚或失去寄托的感觉。无论失落还是失落感，其核心是一个"失"字。所谓精神上的空虚或失去寄托的感觉，均缘于这个"失"字。

当你离开工作岗位或不再担任领导职务后，是会失去许多，比如，会失去一些"待遇"，会失去一些"资源"，会失去一些"机会"，但真正让一些人感到不好受的是，失去了手中曾经拥有的一些"权力"。然而，所有这些失去，不都是很正常的吗？试想，如果你的前任未曾失去，又何会有你当初的得到呢？同样，你今日之失去，不是又为别人之得到创造了机会吗？人类要繁衍，社会要发展，新陈代谢不可抗拒，有谁能长生不老呢？又有谁能终生为官呢？

你是否失去了些什么，或者失去了多少，关键在于如何看待人生的价值。要相信："人生的价值是可以用多种方法计算的"。人活一生，你的价值究竟如何，不在于你手中的权力有多大，不在于你掌权的时间有多长，也不在于你手中的金钱有多少，而在于你为国家、为社会、为百姓的奉献怎么样，也在于你自身的总体生活状况如何，包括你的家庭是否和睦，婚姻是否幸福，儿女是否成才，朋友是否真诚。你活到今天是否成功，还要特别看你有没有一个健康的身体。如果你整日疾病缠身，痛苦不堪，即使重任在肩，手握大权，你又能有多少作为呢？又会有多少幸福可言呢？有的人从工作岗位上退下来后被失落感压得透不过气来，一个重要原因，就是由于没有从人生的大视野去看问题，没有从多侧面、多角度去计算自己的人生价值。在他们看来，衡量人生价值的砝码也许只有一个，那就是权力，或者是地位，或者是金钱。这不仅是一种糊涂，而且是一种愚蠢。经验表明，人的失落均缘于人的拥有，一个人如果把权力、地位与金钱看得过重，他的快乐必定会减少许多。

我们应当明白这样一个道理：可口可乐好喝，冰红茶好喝，但最解渴的永远是白开水。有的人不明白这一点，总是要往白开水里加点"咸盐"，诸如即使年龄到限了，还要求多工作几年，有的还期盼在职务上再上级台阶，结果越喝越渴，胃口越吊越高。但制度是无情的，到头来所期望的一条也未能实现，结果，在已有的失落中又增添了几分新的失落。这实在是非常不合算的。

我们还应当明白一个道理：不管在位时多么风光，待遇有多么丰厚，只有平凡的日子才是最美丽的。在其位就要谋其政、司其职，你既是快乐的，也会是很劳累的。如果你的地位很高，官当得很大，出门还要请假，探亲访友也不是那么方便，其他方面的一些自由也会因此而缩减不少。自古以来，不为权力所诱者有之，不为钱财所役者有之，不为名利所累者有之。他们看重的是人生之本真，而非身外之物；他们追求的不是功名利禄，而是平凡的日子。他们应当算作是智者，我们应当向他们学习。

人生活在社会中总会遇到许许多多的事情，尤其从工作岗位上退下来后，更会有意无意地想到许多东西，如房子、车子、津贴、奖金、晋升、加薪、职称、待遇、出国，等等。为了使我们的生活过得更精致一些，更自在一些，不妨也借用一下电脑上的"删除键"，将这些容易使人烦心的东西，统统删除，统统置之脑后。这不是假装糊涂，更不是自我欺骗，而是一种识时务的聪明与智慧。这样做，至少有利于自己的健康。

论 失 意

> 无论对谁来说，重要的不在于是否会有失意，而在于如何对待失意，特别是如何在失意之后重新扬起希望的风帆。失意不能失志。坚强的意志不仅是震慑失意这一魔鬼的战士，而且是把你由失意之深渊引向得意之峰巅的天使。

世事纷扰，人生不易。在人生旅途中，谁都难免有心情抑郁、沮丧失意的时候。对绝大多数老年人来说，重要的不在于是否会有失意，而在于如何对待失意，特别是如何在失意之后重新扬起希望的风帆。

如果你也有过失意，那你一定品尝到了它的滋味——轻则伤怀颓唐，重则失去希望。由于失意，心中的乐趣消失了，平静的心理紊乱了，对一切都淡漠了，除了眷恋美好的过去外，剩下的只是哀伤与叹息，有时脑海里甚至会闪现出与人生告别的念头。可见，失意不仅是痛苦的，弄不好也是危险的。

如果你不仅有过失意，而且战胜了失意，那你就会比别人更加懂得何为失意以及应该如何对待失意。

失意不是天外之物，它也是过往人生中的一位常客。它虽然不是

"嘉宾"，但也并非一定是"刺客"。对失意应像对待所有的不快一样，既要正视它，又不必过分看重它。神经过敏对谁都不是好事，失意者尤其要加以提防。面对一个小小的失意就惊恐万状、惶惶不可终日，那只能说明你本来就是一个极端脆弱的人。一个极端脆弱的人，不仅经受不起失意的考验，即使在得意的时候，也可能演出失意的悲剧。

生活告诉我们，失意与得意之间并不隔着一座万里长城，得意可能引来失意，失意也可能引来得意。人在失意的时候，最重要的是应有坚强的意志。坚强的意志不仅是震慑失意这一魔鬼的战士，而且是把你由失意之深渊引向得意之峰巅的天使。想想看，大凡称得上成功的老人，有谁没有经过失意的历练呢？

其实，对于人的成长来说，失意也并非就是绝对的坏事。倘若你是个很善于从挫折和教训中学习的人，失意还会成为你的一位老师，使你学到许多得意者学不到的东西。倘若你是个非常顺利、从未受过打击和挫折的人，偶尔的一次失意，不仅有助于你更好地感知失意者的忧伤，而且能使你更加懂得人生的艰难，更加珍惜往后得意时的甜蜜。即使在晚年生活中，有些失意也并不可怕，你不把它当回事，它也就对你无可奈何。一些老年人坎坷不断，不也生活得很快乐吗？

生活告诉我们，失意虽然是难免的，但也是完全可以战胜的，而且，战胜失意之后再次崛起的人，往往要比那些一帆风顺的人更富有忍耐力和承受力，这正像从低谷走出又登上峰巅的人，要比常人更能深刻地感受高峰的壮丽景色一样。所以，偶尔的失意并不可怕，可怕的是由于失意而失去信心。

因为失意而一蹶不振是可叹的，因为得意而招致失意是可悲的，由于失意而迎来得意是可敬的。

失意者要振作起来，除了需要自身的努力外，还需要周围的人尽可能地给予关心和温暖。对因失意而处于痛苦中的老年人来说，尤应如此。马克·吐温曾说，我可以靠着别人对我说的一句好话，快活上两个月。这是颇有道理的。失意者比任何人更需要他人的慰藉。应当相信，一句恰当的鼓励，一声适时的赞许，一个小小的帮助，都可能重新唤起他们自信的勇气和追求的热望。这是晚辈们和所有善良人都应当经常注意的。千万不要冷落他们，更不要歧视他们。对失意者不仅要将心比心，而且要用人类的良知和美好的天性来宽慰他们。作为老年人，也务必要多一点同情心。如果你对失意的人一点儿同情心也没有，那你在失意的时候得不到别人的帮助，就只能自认倒霉。

当然，对失意者的同情与帮助，只是就亲人、朋友与同事之间而言，至于少数因逆潮流而动陷入困境、失去希望者，那就只能咎由自取或靠他们自己下决心改邪归正了。

论委屈

> 人既不要惧怕委屈,也不要期望没有一点委屈。要正视委屈,战胜委屈。人只能做委屈的主人,而绝不可成为委屈的奴隶。不要轻易去报复,因受委屈而去报复别人,极有可能给自己招来更大的不幸。

人受到不应有的指责或待遇,就会感到委屈。它是正常人在一定条件下所产生的一种心理表现。人进入老年后,由于心理上相对脆弱等原因,更容易产生委屈感。所以,怎样对待委屈,也是老年朋友值得重视的一个问题。

有一点是可以肯定的:谁也不想受到委屈,但人在一生当中却又很难不受一点儿委屈。即使恩爱夫妻之间、挚友之间,也会因某句话说得不当或某件事办得不妥而使对方感到委屈。委屈之所以难以绝对避免,归根到底是因为世界上没有"圣人"。你的上级、同事、朋友,即使非常高明,也会有失误的时候;就连由众多优秀分子组成的集体,也难免发生失误。这种失误一旦降临到哪个人的头上,就可能使其受到委屈。没有委屈,就不会有冤案,也就不会有所谓"平反"。

老年人在下列情况下容易感到委屈。

退休离职时，看到曾经多方关照过的某些下级或同事，马上对自己另眼相看。

回忆往事时，想到某级组织或某位领导曾经对自己的不公正待遇。

与朋友聊天时，听到新任领导对自己过去的工作说长道短。

与家人相处时，老伴及儿女对自己缺少应有的理解。

参加社交活动时，周围人对自己缺少应有的尊重。

上述种种情况，虽然很难同时发生在某一个人身上，但极有可能会发生在某些人身上。这当中，虽然有些也算不上真正的委屈，但确有一些人在事实上已将其视为一种委屈。由于感到委屈，郁闷者有之，烦恼者有之，焦虑不安者有之。它启示我们，一方面，无论个人或组织，应尽量防止和减少失当之处，以免使他人受到委屈；另一方面，作为老年人也应学会如何正确地对待委屈，包括那些不是委屈的"委屈"。

在委屈面前常有三种态度。一种是因受委屈而一蹶不振，有的甚至痛不欲生。另一种是因受委屈而怀恨在心，千方百计寻找机会报复，有时还会干出一些鲁莽之事来。还有一种是想得开、放得下，"既来之则安之"，除积极说明情况外，该做什么还继续高高兴兴地做什么。前两种态度都是不可取的，唯有第三种态度才是可效仿的。

受委屈是件坏事，但一旦受到委屈就应设法从中引出好的结果来。委屈可以使人沉睡，可以使人胡来，也可以使人奋起。因受委屈而磨炼出非凡意志、鼓起非凡勇气最终成大事者屡见不鲜。屈原放逐，乃赋《离骚》；孙子膑脚，兵法修列。受委屈而不丧志，经磨难而不退缩，在委屈和磨难中艰苦跋涉过的人，会比在正常情况下生活的人更加不怕困难，更加有能力战胜困难。能在委屈中奋起的人，是了不起的人；能在委屈中成就大事的人，是值得仰慕的人。

老年人经受过许多成功与挫折的考验，在思想的成熟性方面，具有青年人不可相比的优势，更应当理智地面对委屈。你应当这样去想，与那些为了国家利益而长期甚至一辈子隐姓埋名的秘密工作者相比，自己的这点委屈根本算不了什么；与那些为民族的翻身解放而献出生命的人相比，自己的这点委屈根本算不了什么！从有利于总结经验的角度讲，如果能以自己的委屈减少更多人的委屈，不也是很有意义的吗？从尊重人性的角度看，如果自己的委屈能给别人带来快乐，不也是一种特殊的奉献吗？

至于那些本来就不是委屈的"委屈"，就更不应当放在心上了。如果你总是被这样的"委屈"所折磨，那只能怪你自己的心胸还过于狭窄。

最后，我们还应该记住以下几点：

委屈是一面镜子，它能把强者与弱者区分得清清楚楚。

委屈又是一剂良药，它能把强者变得更加坚强，把弱者也变得坚强起来。

委屈还是一所学校，无论是强者还是弱者，都能从这里学到在顺境中学不到的东西。

既不要惧怕委屈，也不要期望没有一点委屈。要正视委屈，战胜委屈。人只能做委屈的主人，而绝不可成为委屈的奴隶。

不要轻易去报复，因受委屈而去报复别人，极有可能给自己招来更大的不幸。

论 抱 怨

为不可避免之事而抱怨是一种糊涂，为自己无力改变之举而抱怨是一种无知，为你无法预测之举而抱怨更是一种愚蠢。对待这几类事的最好办法是装聋作哑，一笑了之。千万不要抱怨，抱怨不但会把自己的心情搞得很糟，连朋友也会觉得你烦人。

有的人之所以缺少快乐，不是由于烦恼太多，而是由于抱怨太多。老年人要保持健康快乐，必须学会坦然面对生活中的一切不顺心之事。

你周围或许有这样的朋友："他好像从来就没有顺心的事，你什么时候与他在一起，都会听到他在不停地抱怨。高兴的事被抛在了脑后，不顺心的事总挂在嘴上。见人就抱怨自己的不如意，结果他把自己搞得很烦躁，同时也把别人搞得很不安。大家都对他避而远之。"抱怨的害处显而易见。

抱怨的害处还有许多：它会使心上的垃圾越堆越高，它会使嘴上的牢骚越挂越多，它会使脸上的乌云越布越密，它会使亲人越听越烦，它会使朋友越来越少。

抱怨的最大害处是，容易破坏人的心境。你需要宁静，但抱怨却会招来烦躁；你需要热情，但抱怨却会导致冷漠；你需要自信，但抱怨却会使你感到自卑；你需要快乐，但抱怨却会给你带来郁闷；你需要希望，但抱怨能使你看到的却只是一片荒凉的沙漠。一个人如果整日烦躁不安，以冷漠的眼光看待生活，以自卑的心理去面对不顺，以郁闷的心情去做人处事，以荒凉的心境去对待明天，其痛苦是可想而知的。

有的人以为抱怨也是烦恼时的一种倾吐，这是不对的。倾吐是一种诉说，是一种释放，是一种排解，同时也是一种吸纳，它吐掉的是痛苦，吸入的是快乐。抱怨则不同，它是一种痛苦的呻吟，是一种悲凉的乞求，是一种无奈的发泄，更是一种多余的怨恨。它怨恨的是不顺心之事，而招来的却是更多的烦恼与失意。如果说，倾吐是一种机智的选择，那么，抱怨则是一种不良的习惯。如果有人硬要把抱怨与倾吐等同起来，那我们只能说，抱怨不过是一种变了味的倾吐，是一种被颠倒了的倾吐。

还有的人以为抱怨是沉默后的喊叫，这也是不对的，因为抱怨者总是喋喋不休，他们极少沉默，即便有时嘴上不说，心里也在不停地喊叫。沉默需要伴随着喊叫，但这种喊叫与抱怨者的喊叫完全不同。前者是为了快乐才去喊叫，而后者只是为了喊叫而喊叫，其结果也大不一样，前者迎来的是快乐之友，而与后者相伴的则是痛苦的影子。

经验表明，爱抱怨、常抱怨，实际上也是一种心理疾病。青年人患上此种疾病会影响工作与进步，老年人患上这种疾病还会损害健康与快乐。所以，老年人要比青年人更加注意克服抱怨的毛病。

其实，生活中并没有多少了不起的事值得你去抱怨，你所抱怨的十之八九都是日常生活中经常发生的一些小事。这些小事不仅你会遇到，

别的许多人也都可能遇到。比如，原来对你嘘寒问暖的下级慢慢变得不那么热情了，当初答应为你办的事久拖不办了，你的后任对你在位时议定的事情又有什么新考虑了，等等。这些事都是再正常不过的了，因为这些事而抱怨实在是没有必要的。

人生的繁复决定了谁都会遇到烦恼。有没有烦恼并不重要，真正重要的是如何对待这些烦恼，聪明人对待烦恼的态度应当是坦然面对，既来之，则安之。回避是不对的，惧怕是不必要的，抱怨也是多余的，因为有些事原本就是不可避免的，有些事是你无力改变的，有些事是你无法预测的。所以，为不可避免之事而抱怨是一种糊涂，为自己无力改变之事而抱怨是一种无知，为你无法预测之事而抱怨更是一种愚蠢。对这几类事的最好办法应当是装聋作哑，一笑了之。

人要做到坦然面对生活中的各种不如意之事，并不那么容易，但只要你努力去做，总会有所收益的。

下列几点可供你参考：

你一定要从心底里明白，有人生就会有烦恼，有烦恼才是正常的，一点儿烦恼也没有反倒是不正常的。期望人生中没有一点儿烦恼，就如同企求农田里没有一株杂草一样，都是一种不切实际的幻想。

你如果遇到了不如意之事，能够补救的应该尽力补救，无法改变的就将其放下，要紧的是抓紧调整好自己的心态，去做该做的事情。只要做了该做的事情，你的心里就应该感到踏实。

千万不要把不顺心的事经常挂在嘴上。因为这样做不但不能改变事情本身，还会增加许多新的烦恼，不但会把自己的心情搞得很糟，连朋友也会觉得你烦人。

能够从根本上治愈抱怨这一心理疾病的最好药方是扩展胸怀。一个人的心有多大，他心中的世界才会有多大。倘若你的肚里能行驶万吨巨轮，哪里还会让不顺心之事把你搞得不是自己！

末尾，请君记住一句话："日出东海落西山，愁也一天，喜也一天；遇事不钻牛角尖，人也舒坦，心也舒坦。"

论猜疑

> 猜疑之心犹如蝙蝠，总是在黄昏起飞。人心境不好的时候，往往也是最容易发生猜疑的时候，老年人为了避免猜疑，除了要扩展胸怀之外，还应十分注意保持良好的心境。

有人说，人老疑心大，这话虽有片面之处，但也含有某些正确的成分。

说其有片面之处，是因为并非所有的老年人均是如此。君不见有那么多六七十岁甚至八九十岁的老人还成就了许多令人钦佩的大事业吗？说其含有某些正确的成分，是因为一些老年人，特别是一些高龄老人，由于种种原因，比如长时间在家闲居，与外界接触少了，与周围的人沟通少了，获取到的信息少了，加之有的老人由于身体欠佳，耳朵不那么好使，思维能力相对减弱，也容易变得多疑。由于多疑，烦恼也多，忧虑也多，痛苦也多，这自然是应当予以警惕的。

生活中的"疑"有两种：一为怀疑，二为猜疑。

怀疑，是人在认识世界中经常发生的一种精神现象，它是一切能够正常思维的人的本能之一。一生中对任何事情、任何人没有发生过一点儿怀疑的人,也许是没有的。有哲人说过:"没有怀疑,就没有科学的起点。"鲁迅说得更明确:"怀疑并不是缺点。总是疑,而并不下断语,这才是缺点。"所以,我们不应当一概地否认怀疑精神,我们反对的只是那种"怀疑就是一切,目的是没有"的怀疑主义哲学。

猜疑则不同,它是一种无根据的怀疑,是一个地地道道的缺点,应坚决地予以避免。因为猜疑不能给人带来任何好处,它能为你酿造的只是一杯又一杯的苦酒,这种苦酒,青年人不应该喝,老年人尤其喝不得;青年人喝了难免会伤神,而老年人喝了不但会伤神,而且还会伤身。

经验表明,心胸狭小的人容易猜疑,无端的猜疑又会使其心胸更加狭小。而无论心胸狭小还是无端的猜疑,都会招来思想的偏执,导致心理的失衡,并由此而增添许多新的烦恼,严重的还可能引出后悔莫及的悲剧。

猜疑者往往以自我之心度他人之腹。如果他常在背后说别人的坏话,他也就猜疑别人在背后说他自己的坏话,如果他有抄袭的毛病,当他看到别人发表了好的文章时,也就怀疑这是抄袭别人的。所以,聪明人能从猜疑者的行踪中察视出其内心世界。

猜疑者常常把想象当作事实,用想象做出判断,他们的判断本来是错误的,但却非常自信,只有把铁的事实摆在面前时,他们才会变得张口结舌、目瞪口呆。怀疑不仅意味着对别人的亵渎,而且意味着对自我的嘲弄,不仅会为别人带来不幸,而且会给自己造成痛苦。

因此,人对猜疑之心要像对待病毒一样加以警惕。当猜疑之心刚要萌动的时候,你应当马上想到,这是一个危险的信号。当因猜疑之心困扰使你无法解脱的时候,你应当以最大的毅力保持平静,并想方设

法将其去除。如果因猜疑而酿成悲剧，那就只好自食其果。

经验同样表明，猜疑虽然难以绝对避免，但减少和防止一些猜疑，则是可以做得到的。

对于因猜疑而吃了苦头的人来说，至关重要的是总结好经验与教训。因为人在自食因猜疑而酿成的苦果的时候，往往也是最该悔悟的时候，猜疑之心酿成的苦果，也许正是医治猜疑之病的良药。

对于大多数人来说，为了避免猜疑，最重要的是扩展胸怀。开阔胸怀不仅可以为你构建高瞻远瞩、运筹帷幄的基地，而且能够帮你找到一条消除杂念、净化心灵的捷径。如果你的胸怀是宽广的，猜疑之心就必定会失去很多存在的土壤。

对于老年人来说，为了避免猜疑，除了应扩展胸怀以外，还要十分注意保持良好的心境。要多一点与外界的联系，多一点与朋友的交往，多一点与亲人的沟通；应多参加一些体育锻炼，多参加一些有益的社会活动，多做一些助人为乐的事情。这些都有利于为你营造一种好的心境。

先哲们的话是对的：猜疑之心犹如蝙蝠，总是在黄昏起飞。人心境不好的时候，也是最容易发生猜疑的时候。它提醒我们，作为老年人，一方面，应当尽量创造一个良好的心理环境，另一方面，当自己心境不好的时候，要格外注意警惕猜疑之心的侵扰。

论 嫉 妒

在嫉妒者的眼里，天空永远布满着乌云；在嫉妒者的心里，人间一切美好的东西都属于自己。正因如此，嫉妒者所受的痛苦比任何人遭受的痛苦都大，他自己的不幸和别人的幸福都能使他痛苦万分。

有人说，嫉妒是人的一种天性；也有人说，嫉妒是人性的一种弱点。这都不会错。因为一辈子也没有嫉妒过别人的人几乎没有，即使有，也不会很多。这样讲，丝毫没有要宽容嫉妒的意思，相反，是为了更加有意识地防范嫉妒心理的入侵。

一位百岁老人在谈及自己的长寿秘诀时，曾用六个字来概括："活得简单一点"。这话说得真是太棒了。仔细想来，生活原本是很简单的，只是由于人自身的原因，才使其变得复杂起来。有的人因私心太重而活得很累，有的人因欲望太高而活得沉重，有的人不也因嫉妒心太强而活得很苦吗？

经验表明，人进入老年后，首先应当守护好的是自己的心态。拥有健康的心态，才能拥有幸福的晚年，而要保证你的心态健康，就必须时时警惕嫉妒心理的侵扰。你宁可有十分的同情心，也绝不要有一分

的嫉妒心。

嫉妒的害处与同情的好处都是显而易见的，嫉妒容易使你对他人的幸福感到痛苦，而对他人的灾祸感到快乐。同情则不是这样，它会使你对他人的幸福感到快乐，而对他人的不幸感到痛苦。前者导致的是道德上的缺憾，而后者赢得的是精神上的充实。

嫉妒与同情还有种种不同：

嫉妒是心灵的扭曲。它容易使人颠倒过来看人看事，把是当作非，把非当作是。同情是心灵的舒展，它能使人通情达理，对是报以热情，对非提出指责。

嫉妒是心理的错位。它容易使人戴着有色眼镜看人看事，把白的看成黑的，把黑的看成白的。同情是心理的正常活动，它能使人直面现实，是白的就是白的，是黑的就是黑的。

嫉妒是心态的失衡。它容易使人在摇摇晃晃中看人看事，因而总是看不清，看不准。同情是心态的良性反应，它能使人冷静客观，由于心态是平和的，对人对事都能顺乎常理。

嫉妒的害处所以如此之多，其源概出于一个"我"字，嫉妒者的心经常被"我"字的阴影所笼罩，这种阴影不仅蒙蔽其眼睛，而且堵塞其胸怀。在嫉妒者的眼里，天空永远布满着乌云；在嫉妒者的心里，人间一切美好的东西都属于自己。所以，当天空出现光明，当好事落在别人身上时，他们就愤怒、怨恨、烦恼、懊悔，有时甚至充满敌视和不满的情绪。正如巴尔扎克所说："嫉妒者所受的痛苦比任何人遭受的痛苦都大，他自己的不幸和别人的幸福都能使他痛苦万分。"

同情则不是这样。同情是善良的使者、友谊的桥梁、快乐的朋友。富有同情心的人绝没有嫉妒者那么多的烦恼与痛苦。你为别人增乐，别人也会为你添喜；你为别人分忧，别人也会为你解愁；你同情别人，别人也会同情你。同情不仅是感情的投入，而且是心灵的沟通。同情也不只是一种失去，有时候还恰恰是一种得到。正因如此，善于同情别人的人，最能得到别人的理解和尊重，也最能获得众多朋友和亲人的帮助。

可见，嫉妒不如同情。人应当少一点嫉妒，多一点同情。在五光十色的现实生活中，各种欲望对我们的诱惑太多太多，而这太多太多的诱惑最容易唤起人心理上的嫉妒，一不留神就会为嫉妒心的入侵打开方便之门。这是应当引起老年人警惕的。

许多智慧老人的经验表明，要防止嫉妒心的侵扰，除了应不断地提升思想境界外，还应当注意在以下几个方面把握好自己的心态。

当某件好事落在别人身上时，你应当为之高兴，能够在别人的快乐中分享快乐是最好的，能够在别人的成功中感知自己的不足更是值得称赞的。

当某种不幸落在别人身上时，你应当为之分忧，即使他曾经是你的对手，也绝不要幸灾乐祸。你应当做的是，用真诚去感知真诚，用善良去感知善良。

当你的某种幸运为别人所嫉妒时，你千万不要在意。你应当这样想，嫉妒也是一种特殊的羡慕。你需要注意的是，不要沾沾自喜，更不要忘乎所以。否则，幸运也会转化为不幸。

当你受到某种委屈而又不被别人所理解，甚至被个别品德低下者用来取乐时，你不必痛苦，也不必烦恼。你应当相信，历史是公正的，时间老人将陪伴你前进，它会用事实把你介绍给一切不了解你的人的。

论豁达

　　山不在高，有仙则灵，人不在得，有神则安。"纷纷谤誉何劳问"，自信历史有高论。生活中百分之九十的烦恼都是自找的。倘若你能做到如人饮水、自知冷暖，那你就必定会拥有很多的快乐。而这一切，都需要多一点豁达与大度。

　　人生中总有许许多多的坑坑洼洼，比如某种希望的破灭，某种利益的失去，某种灾难的降临；再比如成功后的挫折，掌声后的讥讽，失意后的痛苦；还比如说不明的怨气，理不清的火气，压不住的怒气，等等。正是这些坑坑洼洼，常把一些当年的"英雄好汉"也搞得自己不是自己，以至于朋友感到不好理解，有时连家人也觉得莫名其妙。

　　这该怪谁呢？怎样才能填平这些坑坑洼洼呢？

　　答案应当是清楚的。由于生活中的坑坑洼洼而烦恼不已，不怪天，不怪地，只能怪自己；填平这些坑坑洼洼，不靠天，不靠地，只能靠自己。因为生活中的酸甜苦辣均与自己的心态密切相关。你之所以烦恼什么，是因为心态还不够平和，你的心态之所以不够平和，是因为你缺少豁达与大度。著名国画大师刘海粟年高百岁，他在谈到自己的人生体验时说:"我没有什么特别的养生之道,最重要的是做人要宽宏大量,豁达乐观,宠辱不惊。这样自然就会随遇而安、心旷神怡了。"此话乃精辟之言。它告诉我们,人要不为生活中的坑坑洼洼所烦恼,就必须多一点豁达与大度。

豁达是一种精神境界。山不在高,有仙则灵;人不在得,有神则安。人贵在有精气神,倘若你能把精化为气、气化为神——时时处处以平常之心对人对事,那你就会是一个享有充分自由的人,一个能在自由王国中快乐翱翔的人。

豁达更是一种高尚品德。品德是人生之本,人之德行重于一切。只有品德高尚者才懂得人生之乐趣,也才能真正做到豁达大度。倘若你小肚鸡肠,总是患得患失,那就必定会被忧虑所缠身,被痛苦所折磨,在生活的坑坑洼洼中越陷越深。

豁达也是一种人生艺术。对待生活不仅有个态度问题,以什么方法对待生活也十分重要。生活像个情人,你对她笑,她就会对你笑;你冷落她,她也会冷落你。生活中的烦恼有百分之九十是自找的。倘若你能做到如人饮水、自知冷暖,那你就必定会拥有很多的快乐。这不只是一种方法,也不只是一种技巧,而应当视为一种艺术。

"竹密岂妨流水过,山高哪碍野云飞"。作为老年人,要多一些豁达与大度,有三点尤应予以注意:

一是学会自信。"自信人生二百年,会当击水三千里"。你奋斗了几十年,已经做了你该做的事。你有理由自信自慰,有资本自娱自乐,也应当有能力面对一切。退休了,一身轻松,还有什么大事能难得住你呢?一路跋涉,崇山峻岭都走过来了,生活中的坑坑洼洼还算得上什么呢?在功与过、是与非的问题上更要想得开,一个人做了自己该

做的事就当满足，别人如何评价，你大可不必在意。"纷纷谤誉何劳问"，自信历史有高论。

要记住，自信不仅是成功的秘诀，也是快乐的法宝。

二是学会宽容。遇到不顺心的事，不要老是耿耿于怀，更不要非争个你高我低不可。要多一点宽厚与忍让，少一点尖刻与计较。夫妻相伴、父子相处、朋友相交，即使蒙受一些误解与委屈也算不了什么。如果某件事使你实在难以忍受时，不妨来个"退一步想"。只要不涉及大的政治是非，"退一步"往往就能"进两步"——退出的是生活中的坑坑洼洼，进入的是内心世界的宽广天地。生活中千万不可只进不退。你应当懂得，退也是一种境界，也是一种需要，它既能抚慰自己，也能温暖他人。

要记住，宽容不仅是一种大度，而且是化解烦恼的一剂良药。

三是学会放弃。人生中需要得到的有很多，需要放弃的也有很多。

人性的弱点往往在于喜欢得到而不愿意放弃，人生的悲剧也往往在于因为得到的太多而导致了失去的也太多。人的烦恼和苦痛大多与失去伴随在一起。一些人只是在吃了苦头后才明白，某些失去本来就是应当的，某些得到本来就是该放弃的。经验表明，在不少情况下，放弃比得到更加重要；尤其对老年人来说，你要得到快乐，就必须学会放弃。一个人被"得到"压得喘不过气来实在是不应该的，一个人为了"得到"而不顾一切实在是愚蠢至极的。你应当这样想：放弃的只是身外之物，得到的却是健康快乐，一万个值得。

要相信，放弃不仅是一种豁达，放弃有时候恰恰也是一种更好的得到。

论 从 容

一个人是否具有从容的心态，彰显的不仅是其对生活和生命的态度，而且包括对社会和历史的责任；袒露的不仅是其目光与智慧，而且包括胸怀与气度；折射的不仅是其心境与心力，而且包括心灵与品格。暮色苍茫看人生，酸甜苦辣仍从容。人，千万不要自己打败自己。

从容是老年人最应当具有的一种良好心态。如果你能以从容的心态面对晚年生活中的一切，那你就必定会比别人拥有更多的幸福和快乐。

你在生活中一定看到了这样的现象：一些人从工作岗位上退下来后，心里总是乱糟糟的，有的思前想后，坐卧不宁；有的怕这怕那，惶恐不安；有的自叹老矣，无所事事。在他们的眼里，天上好像突然布满了乌云，连太阳也不再露出笑脸。由此而来，原有的热情没有了，应有的追求没有了，多年养成的兴趣也没有了，有的似乎只是无可奈何，只是等待"夕阳"下山。想一想吧，这些人在生活中还会有多少乐趣？

许多幸福老人的经验告诉我们，假如他们具有一种从容的健康心态，情况就会大不一样。

有报道介绍，几名中国老年游客曾在法国参观过一个花园。这个花园太美丽了：小路清洁，青草吐绿，花儿娇艳，空气清新，这一切都归功于一个老年花匠，他就是法国前总统密特朗。这位曾经权倾一方的总统，退休后乐此不疲地呵护花园，不但不失落，反以"老花匠"自称。据说，一位丹麦人曾想高薪聘请他到国外发展，可他却说，我在自己的国家生活得很好，我很爱我的工作，我不想离开这里。仔细想想，这位老人的晚年生活如此悠闲自得，靠的不正是一种从容的良好心态吗？

康德说过："老年时像青年时一样高高兴兴吧！青年，好比百灵鸟，有他的晨曲。老年，好比夜莺，应该有他的夜曲。"我们应该意识到，老年人的夜曲与青年人的晨曲，虽然其韵律有所不同，但都是人生中美丽的歌曲。我们更应当意识到，老年人要唱好自己的夜曲，就应当像密特朗这位"老花匠"一样，对生活始终保持一种从容的心态。

经验表明，从容对老年人的重要性无论怎么估计都不会过高，它既是一种镇静剂，也是一种兴奋剂。它虽然不是"不死之药"，但却堪称"不老之药"。

从容的魅力至少有以下几点：

从容是一种成熟。面对退休离职，唯有从容才能使你不为权力的丢失而感到困惑，不为地位的下滑而感到失落。相反，你会以一种知足和快乐的态度对待之，认为这是合乎新陈代谢规律的事情。

从容是一种智慧。面对"人走茶凉"，唯有从容才能使你不为遭遇冷漠而感到失意，不为丢掉面子而感到郁闷。相反，你会以一种豁达和坦然的态度对待之，认为这是社会生活中的正常现象。

从容是一种悟性。面对日渐衰老，唯有从容才能使你不为年龄的增长而感到忧伤，不为疾病的增多而感到失望。相反，你会以一种通达和宁静的态度对待之，认为这是人生中谁也绕不开的问题。

从容是一种镇静。面对晚霞暮色，唯有从容才能使你不为生命历程在缩短而感到恐慌，不为死神总会降临而感到恐惧。相反，你会以一种忘我和超然的态度对待之，认为这是由生命逻辑推导出的必然结论。

从容归根到底是一种境界。一个人是否具有从容的心态，彰显的不仅是其对生活与生命的态度，而且包括对社会和历史的责任；袒露的不仅是其目光与智慧，而且包括胸怀与气度；折射的不仅是其心境与心力，而且包括心灵与品格。所以，你要拥有从容的心态，最当紧的是不断地提升自己的境界。

你不妨从下列几点做起。

第一点，学会欣赏暮色。要相信，暮色虽然伴随着苍茫，但它的确也是一种美景。如果把人生比作一本书，那么，暮年，就是书的结尾，而结尾往往是最精彩、最感人的。如果把人生比作一场戏剧，那么，暮年就是戏剧的最后一幕，而这最后一幕往往是最迷人、最令人难以忘怀的。暮色苍茫看人生，酸甜苦辣仍从容。如果你做到了这一点，你就会发现，老年与少年一样，都是那么美丽。

第二点，学会改变心态。人生中的许多坎坷与不幸，有时真的是无法改变的，但你应当相信，自己的心态是可以修改的。不管遇到什么样的麻烦，只要你不把它当回事，它就对你无可奈何。但如果你整日把它装在心里，就会使你备受折磨。

所以，当你遇到麻烦的时候，首先需要改变的不是麻烦本身，而是你自己的心态。心态好了，一切都会好起来的。人，千万不要自己打

败自己。

第三点，学会拥抱希望。真正可怕的不是年龄的增大，而是希望的减少。希望是半个生命，希望少了，生命的活力也就少了。希望就是你的太阳，只要你的希望不减，你的心窗就会洒满金色的阳光。要记住当代大提琴演奏家帕波罗·卡萨尔斯在他 93 岁生日那天说过的一句话："我在每一天里重新诞生，每一天都是新生命的开始。"

第四点，学会充满自信。生命的力量首先来源于自信。一些人的生命之所以过早地衰竭，与其说是因为躯体上的疾病，不如说是由于自信心的丧失。世界上没有包医百病的灵丹妙药，如果有，那就是自信。自信是守护心灵的卫士，是引你远行的天使；它比黄金宝贵，它与你的生命一样重要。生命的延续本身就是一种抗争。必须坚信，只要你的自信心不倒，你的生命空间就不会缩小。

最后，还有一点应当说及，人要做到从容地面对生活中的一切，绝不是一件容易的事情。有的人可能一辈子也做不到这一点，生活中一有风吹草动，他们就会心慌意乱。如果真是这样，那么，随之而来的苦头，也就只能由他自己去品尝了。

论 休 息

> 坐着是一种休息，但坐得久了，站起来也是一种休息；躺着是一种休息，但躺得久了，你就想坐起来，还想站起来，因为久躺后的坐与站都是一种休息。休息，乃人的存在方式的改变。你要学会休息，就应当懂得休息的哲学。

从哲学的角度看，休息就是人的存在方式的改变。老年人要过好退休生活，从哲学深处理解休息的含义是大有必要的。哲学是深奥的，也是简单的。其所以深奥，是因为作为哲学的理论是灰色的，其所以简单，是由于哲学本身也来源于生活。休息的哲学也完全如此。

生活是个矛盾的海洋。休息是生活的重要组成部分。关于休息的哲学，生活中无时不有，无处不在，它既是那样的深邃，又是那样的浅显。思索罢了，如果你还没有发现它，只是缺少认真的思索罢了。

你看，坐着是一种休息，但坐得久了，站起来也是一种休息；躺着，是一种休息，但躺得久了，你就想坐起来，还想站起来，因为久躺后的坐与站都是一种休息。坐着、站着、躺着，都是一种存在方式，人的体力就是在这些存在方式的改变中得以休息的。

大脑的休息也何尝不是如此！大脑的运动在于思考，如果你专心致志地思考某个问题，思考得久了，难免会有疲劳的感觉；思考得再久了，你甚至会感到头痛，严重的还会伴随着烦闷与失眠。但此时倘若你有意识地把这个问题暂时放下，去思考另一个问题，你就会感到轻松一些、舒坦一些。何以如此？就是因为你思考的内容有所改变，而这些思考的内容就是大脑的一种存在，改变思考的内容就是改变大脑的存在方式。可见，人脑的休息也是在其存在方式的改变中得以实现的。

你或许有过这样的感受：因为玩牌坐得久了，腿和脚竟会浮肿起来，用手指头一摁，还会有一个深深的坑，几分钟后才能恢复原状；因为在病床上躺得久了，初次下地时竟迈不开双腿，甚至连站立也感到困难；因为迎候客人站得久了，两腿就会感到发麻，有时还会有眩晕的感觉。这些都从反面告诉我们，人体的某种存在方式持续得太久了，都会产生有损健康的不良效果，静止是有害的，变化才是有益的。

你或许还有这样的体验，连续几个小时读一本内容深奥的理论书籍后，会感到头脑发胀，记忆力也随之下降，但此时如果改读一本内容轻松的小说，那种大脑发胀的感觉马上就会消失去很多，而且对小说中一些生动的故事情节还会记得清清楚楚。喜欢读书而又有经验的人，在案头总是放着多种书籍，还有各类报刊杂志等。这种情形从正面启示我们，即使大脑也是喜欢变化，而排斥静止的。

人们在谈到养生时常有两种说法，一为动养，二为静养。

动养重在养身，静养重在养心。但无论是动养还是静养，无论是养身还是养心，都无不伴随着休息。有效的养生总是与良好的休息相伴随的，因为休息就是同有损养生的劳累抗争，就是同不利于健康的诱惑作战。所以，老年人要学会养生，就应当学会休息。

休息的本质在于存在方式的改变。但在日常生活中，人的存在方式的改变是异常纷繁复杂的。你应当怎样去"改变"，怎样去休息，谁也不能开出一个适用于任何人的药方来。你能够做的只是选择——选择适合自己的方式——适合自己的就是最好的。

在这方面，生活提示我们可供参考的有下列诸点：

要多培养一些爱好和兴趣。因为每一种爱好和兴趣都是一种存在，你的爱好与兴趣多了，存在的方式也就多了，改变起来也就更多一些，效果也会更好一些。

要学会有规律地生活。人生有韵律，生活有规律。人生的韵律和生活的规律追求的都是和谐。规律是一种力量，和谐是一种力量，只要你的生活是有规律的、和谐的，良好的休息也就会融于其中。

要倾心做你愿意做的事情。与其说休息是一种自我的放松，更不如说它是一种自我的欣赏。你做好了自己想做的事，你就拥有了自我欣赏的资本。你在自我欣赏的过程中，就会感受到一种特别的快乐，而这种快乐，正是一种极为甜蜜的休息。

要艺术化地调控你的各种存在方式。生活有艺术，人的存在也有艺术。坐如钟，是坐的艺术；站如松，是站的艺术；走路挺胸，是走的艺术；严肃著作读久了，改读休闲书籍，是读书的艺术；一个问题思考得久了，改换另一个问题思考，是思考的艺术；脑力活干久了，去干一些体力活，是工作的艺术；麻将打久了，去散散步，是休闲的艺术；与老伴吵嘴了，找机会开个玩笑，是夫妻相处的艺术；与儿女们闹翻了，想想他们再大也是自己的孩子，是父子相处的艺术；与这个

朋友生气了，找另一个朋友去倾诉，是朋友相处的艺术，等等。所有这些艺术的奥秘只有一个，就是变紧张为松弛，变烦恼为快乐。只要你在精神上是轻松而愉快的，你就能得到充分而有效的休息。

愿更多的老年朋友都能学会休息。

家庭与生活篇

论家庭

家庭是以婚姻关系为基础、以血缘关系为纽带的生活共同体。人可以退休,但不能退离家庭,家庭是你唯一可以终身厮守的地方。老年人应当把家庭视为安度晚年的人间天堂,将居家养老作为首选的生活方式。

家庭是社会的细胞。人只要来到世界上就生活于一个家庭之中。家庭是那样的平凡,因为它对谁都不陌生,但家庭又是那样的神秘和复杂,因为连智者也惊呼:"高官好做,家务难断。"

人都需要有个家。这不只是为了生活,而且是为了事业。不要以为家庭与事业毫无瓜葛,更不要以为二者只是相克而不相容。温暖的家庭固然也会使人陶醉和沉湎,但和谐的家庭更能给人以信心和力量。幸福的家庭具有长久的、不可抗拒的吸引力,无论你散落到天涯,还是漂流到海角,你都会被这块磁铁不断地吸引回去。所以,无论是平民还是伟人,无不期望有个幸福美满的家庭,很多人为此甚至费尽心血,付出沉重代价。

生活告诉人们,家庭像个舞台,它能演出喜剧,也能演出悲剧;家庭也像盏油灯,拨亮了能给人以光明,熄灭了则给人以黑暗;家庭又像条船，它能把你载入宁静的港湾，也能把你推向激流和险滩。和睦的家庭使人幸福，纷争的家庭使人烦恼，离异的家庭使人痛苦。最没有希望的是失去爱的家庭，最使人困惑的是失去信任的家庭，最令人羡慕的是和睦而又充满活力的家庭。

从生活的意义讲，人到晚年，再没有比家庭更重要的舞台了。因为人都需要亲情，但相比之下，老年人比青年人和中年人更需要亲情。老年人的亲情，可以来自朋友，也可以来自社会，但更多的则来自于以婚姻关系为基础、以血缘关系为纽带的家庭。一位老年学家的话是对的："没有一个领域跟我们的关系比我们与家庭的关系更密切，我们可以退休，却不能退离家庭。"

正因如此，即使在现代社会，居家养老仍是绝大多数老年人首选的生活方式。据统计，选择居家养老的老年人在各国均占很高的比例：美国为96.3%，英国为95.5%，日本为98.6%，瑞典为95.2%，新加坡为94%，菲律宾为83%，越南为94%，泰国为87%，马来西亚为88%，印度尼西亚为84%。我国绝大多数老年人也喜欢在家里度过晚年，北京、上海和天津的抽样调查表明，90%以上的老年人选择在家养老。可见，家庭对老年人是多么的重要。

托尔斯泰说过，幸福的家庭是相似的，不幸的家庭各有各的不幸。仔细观察生活可以看到，凡幸福的家庭都是用爱心将信任、理解和尊重连接起来的。它像一架算盘，各成员之间尽管经常磕磕碰碰，但无论在什么情况下，都是一个谁也离不开谁的、井然有序的完整集体。不幸的家庭则不同，由于缺乏爱心，由于失去信任、理解和尊重，或夫妻不和，或父子绝情，或婆媳相争，以至于有的貌合神离，有的名存实亡，有的分道扬镳。一些能够主宰自己命运的人却往往主宰不了家庭，一些身体本很硬朗的老人被折磨得心力交瘁，过早地离开了人世。

经验忠告人们：

家庭是人唯一可以终身厮守的地方，幸福的家庭是老年人的人间天堂。你要安度晚年，你就必须倾心去建设自己的幸福家庭。

能够使家庭幸福的不是金钱，能够造成家庭不幸的也不是贫困，幸福与不幸的根源都在于情感。保持真情就能获得幸福，失去真情就会招来不幸。

生活的艺术在于和谐，和谐的秘诀在于理解，理解的魅力在于奉献。多一分理解就会多一分奉献，多一分奉献就会多一分和谐，多一分和谐就会多一分幸福。

家庭无大事，即使大事也应化小；夫妻无高低，即使你高也要低些；父子无对错，即使你对也要忍让。在亲人之间，屈从不仅本身就是一种爱，而且能唤起别人的爱。

无论长辈还是晚辈，都要学会忍耐和糊涂，应把家庭成员之间的忍耐视为一种美德，把面对烦琐事务的糊涂视为一种聪明。

当然，对于那些无儿无女的孤寡老人来说，到敬老院养老也是一种很好的选择。作为社会，应当努力把敬老院办得更好，使老人们在这里也能感受到幸福家庭的温馨。

论 婚 姻

> 爱情与婚姻不是少数浪漫者的宠物，也不是青年人的专利，它是人类共同拥有的天性。老年人需要爱情与婚姻，犹如老树也需要阳光和雨露一样。对于离异或丧偶的老人来说，再婚比不再婚好。老年人择偶应与青年人有所不同，德高者为最好，德高而健康者当首选。

无论对谁来说，婚姻都是人生中的一件大事。对于老年人而言，拥有美满婚姻更是大事中的大事。

爱情与婚姻不是少数浪漫者的宠物，也不是青年人的专利，它是人类共同拥有的天性。人人都需要爱情与婚姻，正如人人都需要穿衣、吃饭、睡觉一样。

有爱情才有婚姻，有婚姻才有家庭，有家庭才能有一个完全属于自己的"天堂"。老年人需要爱情，需要婚姻，需要家庭，不只是个生理问题，也不是个一般性的生活问题，更重要的是个生存问题。

经验表明，老年人最怕的是孤独，尤其是那些身有残疾或身有疾病的老人，如果长期独处，是会很痛苦的。它会像有害气体每时每刻都笼罩在你的周围一样，让你感到窒息，甚至觉得生不如死。

也许有人会说，他还有儿女、亲戚吧！且不说不孝子女毫无用处，也不说亲戚中势利者大有人在，即使十分孝敬老人的儿女，始终如一的亲戚，其作用也是有限的。在生活中，每个人都有自己的角色，谁也不能代替谁，这正如象棋中的棋子，各有各的作用一样。"马"不能当"车"用，"车"也不能当"马"用，"马"走"日"字，"车"走直线，即使"帅"与"将"，也只能在那个"田"字方格内挪动。试想，即使最孝敬的儿女，即使最热情的亲戚，有谁能替代那日夜厮守的老伴呢？难怪有人叹息："千金难买老来伴"啊！

围绕老年婚姻，应该重点思考以下两个问题：

一、要珍惜美满婚姻

夫妻双方能够恩爱如初地步入晚年，是最值得称颂的美事。但即便如此，在婚姻问题上也不应有任何的疏忽大意。因为生活像个矛盾的海洋，即使风平浪静也可能面临着颠簸。生活又像个五味瓶，即使你精心调剂也会有酸甜苦辣。因此，即使美满的婚姻，也难免会不时地奏起磕磕碰碰的交响曲。这并不奇怪，因为生活本来就是这样。重要的不在于生活中是否会有波浪，而在于如何在波浪中把婚姻之船稳稳地驶向彼岸。

没有爱情的婚姻是不道德婚姻，但婚姻仅有爱也是不够的。美满的婚姻应该是两颗心的相互渗透、两个人情感的相互给予、夫妻双方灵与肉的和谐统一。而要如此，除了相互之间的爱心以外，还必须有相互之间的理解。在婚姻之船上，理解的魅力不仅不亚于，而且要远远超过爱心。因为爱心固然能召唤理解，但只有在理解的基础上才能更深刻地呵护爱心；失去了爱心固然会难以理解，但如果失去了理解，爱心就必定会大打折扣。所以，聪明的夫妻在培育爱情之花时，总要格外地关注灌入理解之水。用理解弥补缝隙，用理解消除误会，用理解赶走纠纷，用理解驱散迷雾，用理解洗刷烦恼，用理解化解痛苦，用理解升华爱情。如果说爱情是婚姻的上帝，那么理解则是上帝的上帝。在婚姻问题上也值得喊一声"理解万岁"。

　　要有收获就须付出代价，婚姻也是如此。如果说恋爱是惬意的享受，结婚便是沉重的责任。得到一个人，你也就属于一个人；一个人变为两个人，两个人却只有一个生命。要让这个生命始终充满活力，就必须各尽其责——关心对方、体贴对方、照顾对方、给予对方、满足对方。只考虑自己而不顾及对方，是绝不会成为好夫妻的。以为结婚几十年了就不会有任何问题了，更是不对的。感情的仓库是一个无边无际的仙境，他需要崇尚，需要珍惜，更需要不断地填充。婚姻贵在美满，美满贵在情意，情意贵在长久。这一切，只能在双方尽责中实现。不懂得尽责是愚蠢的，不愿意尽责是荒唐的，懒得尽责是危险的。

　　二、关于老年再婚

　　老年离异或老年丧偶，都是很不幸的，弥补这一不幸的最好办法莫过于再婚。倘若能选择一个称心如意者结为伴侣，那将是你晚年生活中的一大幸事。

　　然而，再婚，特别是老年再婚，又实在是人生中的一道难解的试题。除了世俗与偏见的束缚和干扰外，还会有儿女问题、财产问题等与之相伴随。有的老年人为了逃避这种种麻烦，宁可选择独居而不愿再婚。这既是可以理解的，也是颇让人遗憾的。

　　可喜的是，随着时代的变迁，特别是到了今天，更多的老人已不再甘愿承受那种独居的苦痛，勇敢地选择了再婚。由此而来，许多原来

独居老人的生活也过得有滋有味，有的人还戏称自己又一次步入了人间仙境。这是应当赞美和称颂的。

自然，再婚也有失败的，失败的原因也多种多样。

成功的再婚与不成功的再婚，给我们种种启示：

再婚比不再婚好。再婚的最大好处是，能为你重新组建一个温暖的家庭，帮助你拯救那孤独徘徊的灵魂。许多事实表明，勇敢而机智地选择再婚是一种聪明，害怕失败而不敢再婚是一种愚蠢，屈服于偏见和他人的阻挠而放弃再婚则是一种软弱。

婚姻无戏言，再婚当谨慎。再婚是一座花园，也是一道险关。弄得好，它会使你充满欢乐。弄得不好，它会让你陷入深深的苦痛。当你打算再婚时要三思而后行，当你就要付诸行动时，须做好应对各种情况的准备。

老年人择偶应与青年人有所不同。不要过分追求对方的长相，也不要刻意为自己设计某一种偶像。德高者为最好，德高而健康者当首选。无爱不成婚姻，但老年人的爱应尽可能地多一点深邃。要坚信，只有建立在相互深刻理解基础上的爱，才是最牢固也是最有价值的。

要正确处理好儿女和财产问题。老年再婚中的烦恼，有的来源于双方自身，但更多的往往来自于儿女和财产。要保证再婚长久圆满，就须臾不可小视儿女和财产问题。经验告诉我们，要处理好这两方面的问题，男女双方，包括各自的儿女，都要注意做到多一点公正，多一点大度，多一点理解，多一点糊涂。要做到这些，既要靠高超的艺术去调控，更要靠高尚的品德去支撑。

祝愿老年朋友都能拥有幸福美满的婚姻。

论 敬 老

> 养老重在养心，敬老重在敬心。关爱今天的老年人，就是关爱明天的自己。只有孝敬自己的父母，才能得到子女的孝敬。怎样关爱自己的儿女，就应该怎样关爱自己的父母。
>
> 老年人要学会养老，青年人要学会敬老。养老重在养心，敬老重在敬心。

幸福老人与不幸福老人的显著区别之一是，前者能够得到儿女的关爱，而后者则不能。幸福老人的喜剧有一半是由儿女导演的，而不幸福老人的悲剧则有一半是由儿女酿成的。这样说不会过分，因为生活中这两方面的事例都并不少见。

老年人需要儿女的关爱，这不仅是由于他们因体弱在行动方面有所不便，也不仅是由于他们因钱少在花销方面有所欠缺，而是由于他们因步入晚年在心理上有诸多的渴望。为儿女者要真心地去关爱老人，明白这一点是至关重要的。

老年人要生活得幸福，固然首先应当在衣食住行方面确有保障，但在当今物质生活水平普遍提高的情况下，对多数老年人来说，比衣食住行更重要的是精神上的慰藉。金钱不能代替亲情，老年人需要儿女的关爱与儿女需要父母的呵护一样重要。所以，敬老至少应当包括三个方面：一是经济上供养，二是生活上照料，三是精神上抚慰。一些晚辈们往往只记住了前两条，却忽视了第三条，这是应当引起注意的。

孔夫子有言："今之孝者，谓之能养，至于犬马，皆能有养，不敬，何以别乎？"这里，孔圣人讲到了"养"，但更强调的是"敬"。只管吃和穿，只能谓之养，不管喜与忧，不能谓之敬。敬是一种亲情，是一种眷恋，是一种温馨，是一种孝心，更是一种美德。养是物质上的保障，敬是精神上的慰藉，只有敬养兼备，才算是真正的关爱。所以，以为"老人有钱花、有吃有穿就行了"的想法是不对的，以为"自己不是医生，回家看看也没啥用"的想法更是错误的。

敬老务必敬在心上。要知老人之心，顺老人之意，解老人之惑。人到老年，既是思想上最成熟的时候，也往往是心理上最脆弱的时候。他们有荣誉感，也容易有自卑感；有宁静感，也容易有孤独感；有恋子之情，也容易有厌世之心。对这些，为儿女的都应当有所了解，从心底里给予理解，从精神上给他们以慰藉。如果有的老人还遇到了不幸，比如疾病缠身，或丧偶失子，其心境会更差一些。在这种情况下，儿女和亲人更应当多加体贴和关心他们，即使儿女的朋友，经常去看看他们，也是大有好处的。

需要提醒的是，一些晚辈们至今并不能完全理解关爱的意义。须知，老年人有无关爱，不仅关系到他们的生活质量，而且还会影响到他们的基本生存。孤独的老人不仅容易生病，而且容易早逝，其重要原因就在于缺少亲情，缺少关爱。一项又一项的研究表明，关爱是一剂真正的良药。青年人决不要把与老年人共度时光看作是一件可有可无的小事，而应该把它视为关乎老年人幸福与生存的重要因素。

儿女对父母的关爱可以是多种多样的。尊敬是一种关爱，体贴是一种关爱，假日探望、住院陪护、生日祝福、电话问候，也都是一种关爱。"儿行千里母担忧"，儿女们堂堂正正做人，行得端，走得正，也是对父母的最好慰藉。对已婚子女来说，夫妻之间还要注意相互敬老，夫妻双方都应当像孝敬自己的生身父母一样孝敬对方的父母。

敬老不仅要成为一种良好的家风，还应当成为一种良好的社会风气。所有的青年人都应当视老人为父母，视敬老为一种责任。倘若大家都能这样去做，不仅今天的老年人会生活得更加幸福，连现在的年轻人也会在将来品尝到这种幸福。

最后，请晚辈们记住一位老年工作者讲的几句话：

关爱今天的老年人，就是关爱明天的自己。

只有孝敬自己的父母，才能得到子女的孝敬。

怎样关爱自己的儿女，就应该怎样关爱自己的父母。

家家有老人，人人有老时。我今不敬老。我老谁敬我？

论 儿 女

> 如同人在社会生活中各有各的角色一样，人在情感世界中也各有各的角色。儿女之情所以不能为别的任何亲情所替代，不仅由于血缘，还缘于养育。对老年人来说，儿女之情的重要性无论怎么估计都不会过高；对儿女们来说，为了父母的健康快乐，你无论怎么努力都属理所应当。

老年人需要亲情，而在各种亲情中，最重要的又莫过于儿女之情。

如同人在社会生活中各有各的角色一样，人在情感世界中也各有各的角色。夫妻之情是重要的，但它不能替代儿女之情；朋友之情是不可或缺的，但它也不能替代儿女之情；兄弟之情、姊妹之情虽然也具有血缘的色彩，但也都不能替代儿女之情。

儿女之情之所以不能为别的任何亲情所替代，这不仅由于血缘，还缘于养育。难怪有人曾这样自问自答："谁是你最亲的人？一是养你的人，一是你养的人。"

视儿女之情为各种亲情中的重中之重，既不是一种自私，也不是一种狭隘，相反，它是人类的一大美德，也是人性的一大优点。试想，如果天下的儿女都能这样去想，都能竭尽全力地去孝敬父母，那么，全社会的老人都会是怎样的其乐融融，老年世界的阳光将会是多么的温暖灿烂！

让人忧虑的是，直至今天，还有那么一些儿女们对父母的"亲情期望"了解甚少，理解甚浅，特别是一些少男少女们，或是由于天真无知，或是由于过分自私，或是由于尚未为人父母，不但不能履行自己的"亲情义务"，还经常在老人面前使性子，耍脾气，欠下"亲情债务"，弄得一些老人自己不开心，还得经常为他们操心。

生活告诉我们，儿女们在这方面需要明白的道理确实很多很多。

老年人最怕的是孤独，最应当提防的也是孤独。有的老人与其说是死于疾病，更不如说是死于孤独。因为疾病折磨的只是躯体，而孤独折磨的则是他们的心灵。一个精神世界极度脆弱的人，无病也会变得有病，小病也会酿成大病，能够治愈的病也会成为不治之症。

幸福的老人与不幸福的老人虽然有诸多的不同，但最主要的不同只有一点，那就是前者拥有亲情，而后者则缺少亲情。大凡幸福的老人都是亲情的富有者，他们虽然年事已高，有的身体也并不那么结实，但由于生活的缝隙中经常流淌着亲情之水，他们的内心世界里总是荡漾着温馨与甜蜜。不幸福的老人则不是这样，由于缺少亲情，心里经常空荡荡的，时间久了还会感到郁闷，有的因此而患上了抑郁症；最不幸的是，有的老人既缺少亲情，又身患疾病，他们有多么痛苦，是谁都能想象得到的。

老年人需要金钱，但金钱绝不能代替亲情。对老年人而言，一分亲情远远胜过一打钞票，以为老年人有钱就会幸福，这不仅是一种浅薄，而且是一种愚蠢。尤其在现代社会里，许多老年人首当警惕的不是营

养不良，而是亲情匮乏。把亲情比作老年人的阳光、雨露和空气，是绝对不会错的。

生活还告诉我们，儿女们需要记住的也有很多很多。

人皆为儿女，也皆为父母。但不为人父母，就很难真正理解父母。在人生繁衍的长河中，儿女总是父母的亏欠者，一代欠一代，代代相欠。这不是人类的缺点，恰恰是人类的美德。

情义无价，亲情无价。儿女为父母报以真情，不是为了还债，也不是为了洁身，更不是为了索取。亲情是一种需要，是一种寄托，同时也是一种责任。在儿女之情的"字典"里，从来就没有"得"、"失"二字。老年人需要儿女的呵护，犹如儿女需要父母的呵护一样。

父子无高低，母女无是非。父母与儿女之间即使亲情无限，生活中也难免会有磕磕碰碰。此时，儿女们最当施以的是糊涂，最应忌讳的是争辩。如果父母说得对，你顺从就是了；如果他们说得不对，你能报之以笑是最好的，对年迈的父母尤要如此。生活更告诉我们，儿女们千万不要因为父母曾经的不当，哪怕是严重的过失，而对他们施以仇恨。

你与父母之间，可能因为相互不宽容而失去了和睦，但你应当意识到，这首先是由于你自己缺少对父母的宽容。

你有今天，是父母养育的结果，如果你不爱他们，那么，你也就不可能真正爱自己。

你不能只热爱结果而仇恨原因，仇恨你的父母就意味着仇恨你的生命。

你应当及早相信，有一天当你的父母面临死亡时，你对他们的所有怨恨，都会在其无助和虚弱面前消失得无影无踪。

要记住：对老年人来说，儿女之情的重要性无论怎么估计都不会过高。对儿女们来说，为了父母的健康快乐，你无论怎样努力都属理所应当。

愿更多的老年朋友都能成为亲情的富有者。

愿更多的儿女们都能成为亲情的奉献者。

论 教 子

> 教子要切忌溺爱。溺爱儿女的父母,犹如没有经验的农夫,往往会由于施肥过多,竟使良田荒芜。老年人在教子问题上负有双责任:既要教育自己所生子女,还要帮助儿女教育他们自己的子女。

望子成龙,大概是所有做父母的共同心愿。然而,怎样才能教子成"龙",却并不是所有父母都清楚的。由于溺爱而导致放纵,便是一例。

做父母的都会爱自己的孩子,但绝不能溺爱。爱与溺爱的区别在于,前者是赤诚的慈爱,而后者是过分的宠爱。前者与严教相成,而后者与任性为伍;前者扶着孩子走,而后者捧着孩子行。因此,慈爱能使儿女感奋,溺爱则使儿女放纵;感奋能使人进步,而放纵则会使人荒废。所以,教子要切忌溺爱。溺爱儿女的父母,犹如没有经验的农夫,往往会由于施肥过多,竟使良田荒芜。

对儿女的偏爱也是要不得的。一母所生的两个孩子,其中一个总受偏爱,另一个心里肯定是不舒服的。偏爱的结果常常是,优越者娇嫩,冷遇者离心。有时由于父母爱得不公,儿女之间也会闹起矛盾来。如果父母双方的偏爱又有不同,儿女之间的矛盾还会酿成父母之间的不和。可见，对儿女的偏爱，确有害而无益。其实，被偏爱者往往由于娇惯，既不能成才，也缺乏孝敬父母之心，而被冷遇者反倒由于较早产生自立之心，常常学有成效，德有所养。这一点，不少父母只有到晚年或临终前，才会明白过来。

在子女小时，勿用小钱去哄着他们做某件事情。金钱能使人在物质上富裕，也能使人在精神上贫乏。如果在儿女幼小的心灵里就埋下无钱不干的种子，其后果不但是无钱不干，即使有钱也会不干。因为他们的责任心已被金钱所吞噬。须知，在教子方面，金钱的魅力要远差于道德之威力，更差于父母美德之影响力。

不要总怕孩子吃苦。在保证身体健康的前提下，孩子们在十几岁的时候吃点苦并无害处。温室里的牡丹远不像高山上的雪莲能够抗寒，蜜罐里生长的孩子远不如苦水里泡大的孩子那样刚强。苦能使人早熟，苦能使人自立，苦能催人奋进，苦还能磨炼人的意志和品格。因此，凡有条件的家庭，有意识地安排孩子到艰苦的环境中锻炼，是完全必要的。

护短对子女的成长绝无好处。聪明的父母发现自己孩子的过失时，总是循循善诱，娓娓规劝。只有头脑简单者才会不分青红皂白地站在孩子一边，为之撑腰壮胆。要知道，护一个短，就可能多一个短。护一次过失，就可能多一次过失。尤其在孩子们之间发生矛盾时，父母一般不要亲自出面，更不要为自己的孩子护短。

当儿女取得成绩时，父母给予鼓励是必要的，但不可轻易夸赞。即使别人夸赞时，为父母的也要及时提醒儿女，不要骄傲自满。因为儿童的自满比成人的自满更加有害——成人自满贻误的只是后半生，而儿童自满影响的则是整个人生。

此外，人是应该有一点个性的。在严教的同时，对子女应多一点了解与理解，少一点压抑与束缚。因为驯服的羔羊并不理想，驰骋千里的总是扬蹄飞奔的骏马。

老年人在教子问题上负有双重责任：既要教育自己所生子女，还要帮助儿女教育他们自己的子女。人是隔代亲。爷爷奶奶对孙儿孙女的爱往往超过自己所生子女。这既是十分正常的，也是需要稳妥把握的。为了后代的健康成长，你既不能放纵自己的儿女，也不要放纵儿女的儿女。尤其在你的儿女管教他们的子女时，你千万不要站出来充当"好人"，否则，好心也会引出相反的后果。

经验表明，为了培养儿女成才，要尽可能地增强那些有利于他们成长的因素。例如，放任与引导，还是以引导为好；宽教与严教，还是以严教为好；享乐与吃苦，还是以吃点苦为好。

古人云，子不教父之过。愿所有的父母都能成为孩子们的最好老师。

论 生 活

> 人一定要热爱生活，厌倦生活与应付生活，均无异于浪费生命。生活绝不只是衣食住行，对老年人而言，充实的精神生活远比富裕的物质生活更加重要。

一位很有经验的长者说过："人一定要热爱生活，否则是会被生活抛弃的。"这话是很有道理的，值得老年朋友们回味。

多少人都在思考：生活到底是什么？自然，也是各有各的看法。

有人说，生活就是一种受用；也有人说，生活就是一种快乐；还有人说，生活就是一种痛苦；更有人说，生活就是快乐与痛苦的综合。类似的说法还有很多。

生活到底是什么，恐怕很难有一个确切的回答。你应当怎样认识生活，更多的要靠自己去感受。

你大概也看到了，我们身边的生活常常是这样的：

生活像一幅多彩的画卷，它五彩缤纷，但因为太杂，有时也会失去光泽。

生活像一个巨大的五味瓶，它充满甜蜜，但也常有酸苦辣相伴随。

生活像一棵挂满了果实的树，它欢迎人们采摘，但更希望人们去耕耘。

生活像一块肥沃的土地，它富有营养和活力，但污垢和浊水也往往掺杂其中。

正因如此，在现实中，有人热爱生活，有人应付生活，有人厌倦生活；有人开始热爱生活，但后来变得讨厌生活，也有人由讨厌生活变得热爱生活。也正因为这样，有人被生活托起，有人被生活抛弃，也有人在生活中跌倒后又重新奋起。

如果你是个善于思考的人，你还会发现：

生活总是喜欢热爱生活的人。这是由于热爱生活的人乐意创造——用自己的智慧和双手，不断地为生活的大厦添砖加瓦。随之而来，他更热爱生活，生活也更喜欢他。

生活往往捉弄应付生活的人。这是由于应付生活的人过分懒惰——既不愿意投入热情，也不愿意花费精力。结果，他应付生活，生活也应付他。

生活常常抛弃厌倦生活的人。这是因为厌倦生活的人往往过多地贪图享受——只想着得到，而很少想到付出。这样，一旦当享受的美梦破灭后，就宁肯与生活告别，生活也即随手将他抛弃。

经验告诉我们，厌倦生活常常是从生活中的烦恼开始的。由于烦恼，觉得一切都没有意思，一切都失去了希望。所以，你要热爱生活，就务必及时地消除心中的烦恼。要相信，心中的烦恼犹如农田里的杂草，是完全可以去除的。关键是你要成为一个强者。对强者来说，烦恼只是生活的作料，只有对弱者来说，它才是窒息心灵的毒药。

经验也告诉我们，是否热爱生活与事业心强弱有很大的关系。那些想干一番大事业的人，生活总是十分充实的，即使有什么不快，他们也可以用事业上的追求将其冲淡，直到彻底赶跑。事业上的每一点进步或成功，都能使他们从内心里发出微笑。所以，他们可以失去一切，但决不能失去事业。事业乃是他们的精神支柱、生活的主调、力量的源泉。这提示我们你要热爱生活，那就首先应当热爱你的事业。你的事业之心是灼热的，生活之树才会是常青的。

经验还特别提醒我们，作为老年人，一定要更加热爱生活，既不能厌倦生活，也不能应付生活，厌倦生活与应付生活均无异于浪费生命。

要知道，生活绝不只是衣食住行，充实的精神生活远比富裕的物质生活更加重要。你的目光不仅要盯着今天，对明天也要充满信心，因为只有寄情于明天，才能更加自觉地珍惜今天。不管你的年龄有多大，都要成为生活的主人，而决不可沦为生活的奴隶。老年人的生活要始终坚持以健康为本，以快乐为上。这一点，老年人自身要明白，做儿女的也要明白。

请记住吧：

热爱生活的人是值得赞美的。

应付生活的人是可以鄙视的。

厌倦生活的人是会很可悲的。

你要生活热爱你吗？那你就要首先热爱生活。

对于生活，坚强与随遇而安同样重要。

生活应当是一支和谐的歌。

论 热 情

失去热情的人好像久旱的禾苗，最需要热情之水的浇灌。而雨露能使枯萎的禾苗舒展，热情能使冷漠的人心振奋。寻找回失去的热情，无异于拯救了自己的半个生命。你要珍惜生命，就务必善待热情。

生活好比绿树，热情好比流水，要让生活之树常青，就必须时时注意用热情之水来浇灌。

热情不仅是对生活的渴望，而且是人之生命力的象征。一个人有无热情、有多少热情，不仅能够测试其对生活的态度，而且可以折射出你生命力的强弱。正因如此，生活一次又一次地告诫我们，你可以失去权力，可以失去地位，可以失去金钱，但决不能失去对生活的热情。

静下心来想想吧，热情对你的生活及整个生命是多么的重要。

如果说生活是沙漠，那么热情就是绿洲，它能使生活充满生机。如果说生活是幅画，那么热情就是颜料，它能使生活更加富有色彩。如果说生活是条船，那么热情就是高悬于船上的帆，它能使生活乘风破浪，一往无前。

生活不只是吃饭、穿衣、睡觉、娱乐，学习、工作、劳动也是生活，而且是更加重要的生活。生活是否快乐，不只在于吃的、穿的、住的、玩的如何，更重要的在于学习、工作、劳动得如何。这一切，无不需要热情的辅佐。

热情是一炉烈火，它能温暖人冷漠了的心，使你重新对生活充满希望。如果你本来就是有希望的，它会使你沸腾起来，激发出更大的力量。

热情是一块砺石，它能磨砺人钝化了的心，使你又一次对生活充满激情。如果你本来就是有激情的，它会使你刚强起来，变得更加坚毅、敏锐。

热情是一座灯塔，它能照亮人黯淡了的心，使你在黑暗中看到光明。如果你的心境本来就是亮丽的，它会使你的目光更加远大，对今天和明天始终怀着美好的憧憬。

热情永远是一种前进的、向上的，因而是不可抗拒的力量。它意味着：

你有明确的目标。虽然有时也走弯路，遭受挫折，但眼睛总是盯着那闪光的前方。

你有健康的心志。即使有不顺心的事，也能想得开，放得下，决不烦恼，决不消沉。

你有坚强的自信心。哪怕困难重，也奋斗不止，相信自己一定能够做好想要做的事情。

你能勇敢地去行动。把第一次行动看作获取成功的第一个起点，把第一次失败看作走向成功的第一个台阶。

你能自觉地去修养。刻苦学习，用心思考，不断地提高自己，完善自己。

你决不会自卑，你会视自卑为自杀。

你决不会偷懒，你会视偷懒为偷窃。

热情是人内心世界里散发出的光亮。它虽然是一种精神的东西，但却能产生巨大的物质力量。这种力量好像摸不着、看不见，但它时时处处在起作用。表面看，热情是虚幻的东西，而在实际上，却是实实在在的。热情是人的"精神空气"。

人没有空气就会窒息，而人没有热情则会失去知觉。忽视热情的作用，犹如忽视空气一样愚蠢。

可惜的是，在大千世界中，总有一些人对生活缺乏应有的热情。他们对工作、对事业、对人生冷冰冰的，对什么都没有兴趣。他们不相信别人，也不相信自己；不钟情于现在，也不希冀于未来。他们像水中的一片树叶，随风荡来荡去；像天上的一块浮云，随风飘来飘去。自己不舒服，别人看了也难受；对个人没好处，对社会也没好处。这实在是不应该的。

这种现象，青年人中有之，老年人中也有之。对这种现象，青年人要予以注意，老年人尤当警惕。因为由于身体与年龄的因素，老年人比青年人更需要对生活充满热情。

一个人从懂事起，就对生活毫无热情，这大概是极少见的。对于一些老年人来说，不是从来就没有热情，只是后来由于某种原因而失去了热情。

是什么原因使你失去了对生活的热情呢？你一定要静下心来去查找。老，不应当是原因，因为谁都会老的，生活中比你年长而又热情洋溢的人比比皆是。权力的丢失也不应当是原因，因为谁也不能在权力的巅峰上久居不下，生活中曾经比你位高而又热情快乐的人有很多很多。金钱的短缺更不应当是原因，因为钱财毕竟是身外之物，生活中那么多比你困难的普通百姓，不也整日很自在很快乐的吗？如果是上述几种情况使你失去了对生活的热情，那是很不应该的。

不能否认，生活中的某些事情确实可能给你带来了不幸，重如丧偶失子、疾病缠身，轻如家庭不和、儿女不孝，但即便如此，你也应当振作起来。你应当把事情看得透一些：生活原本就充满酸甜苦辣；你应当把问题想得深一些：人生道路原本就弯弯曲曲。你能够这样看、这样想，你的心境就会好一些，对生活的热情也就会多一些。

失去热情的人好像久旱的禾苗，最需要热情之水的浇灌。雨露能使枯萎的禾苗舒展，热情能使冷漠的人心振奋。寻找回失去的热情，无异于拯救了自己的半个生命。你要珍惜生命，就务必善待热情。

人跌倒了是可以爬起来的，即使失去了知觉也是可以治愈的。你应当相信，失去的热情也是能够寻找回来的。只是需要记住：寻找热情本身也需要热情——它不是别的什么，它首先是自信。热情能够唤起自信，自信也能招来热情。自信的神灵一旦温暖了你的心，热情的火花就一定会迸发出来，为你的生活披上美丽的盛装。

总之，鄙视热情是浅薄的，缺乏热情是可悲的，珍惜热情是可敬的。你要愉快，你要幸福，那就用热情来呵护你的生活之树吧！

论不幸

有不幸才有幸运。你眼前的不幸,很可能正孕育你未曾想到过的奇迹。人在不幸中首先要战胜的不是别人,而是你自己。幸运就是战胜自己。生活赐予你的并非就是不幸,很多事都在于你如何去看待。你的态度不同,也许就是两种截然相反的结果。

生活天天在问:你将怎样对待不幸?老年人要生活得健康快乐,不可不对这个问题多做些思考。

人不是天天有不幸,但在一生中难免遇到不幸,即使幸运儿,也会有陷入不幸的时候。所以,在人生的词汇表上,不幸与幸运总是同在的。

人生中的不幸纷繁复杂,千姿百态。但大体可以分为两类,一类是生活中的不幸,如疾病缠身、婚姻破裂、老年丧子、中年丧妻,等等。另一类是事业上的不幸,如错误、挫折、困难、失败,等等。这些不幸,有的是自身造成的,有的是从天而降的;有的是自身可以驾驭的,有的是不可抗拒的;有的是可以预测的,有的是出乎意料的;有的是暂时的,有的是久远的。但不管何种不幸,它都能给人带来烦恼、忧伤和痛苦。因此,人人都害怕不幸,极力避免不幸。

然而，无论你怎样谨慎，无论你如何努力，也只能减少不幸，防止大的不幸，要做到没有一点不幸，几乎是不可能的。人不得全，谁也不可能万事如意。所以，生活总是忠告我们，重要的不是你有无不幸，而是如何去战胜不幸。

自然，生活也告诉了我们许多战胜不幸的方法。

不幸一旦降临，你不必去抱怨。因为你越是抱怨，越会觉得痛苦。这正像你要喝下的苦药，越担心它苦，反而会更觉得它苦。怨气是浮在人心灵这一池清水上面的一层油污，它不仅不能使你的心境变得明亮，反而会使你感到更加昏暗。

对待不幸的最好办法是正视它，迎战它，超越它，使一切不幸向你低头称臣，使所有的痛苦化为你生活的作料。

正视不幸需要勇气。勇气是守护心灵的卫士，也是排除不幸的尖兵。勇气不仅本身就是一种力量，而且能够再生出更大的力量。充足了气的轮胎富有弹力，具有勇气的人充满活力。人有了勇气，才能迎战不幸，压倒不幸，使你避免沦为不幸的奴隶，而成为生活的主人。

迎战不幸需要自信。自信是能够帮你战胜不幸的第一位朋友。不幸给人的打击，并非仅仅是疾病的增多或财产的减少，它还能对你的自信心造成创伤。最严重的不幸莫过于对自信心的毁灭。所以，迎战不幸，应从那些最能鼓起你信心的方面入手，使你一点一点地增强自信，一步一步地走出痛苦。战胜不幸的标志不是马上赢得幸运，而是建立起坚强的自信心。

超越不幸需要气度。气度是心灵上的由胆识编织而成的一只巨大的网，它能容纳一切，化解一切。有了这只网，即使大难临头，你也不会惊慌失措。实际上，也并不是所有的不幸都能立即置人于死地，更

多的不幸只是延缓了你赢得幸福的时日。有些不幸你完全可以不放在心上，如行路跌倒了爬起来，继续往前走就是了。有些不幸虽然经常困扰着你，但如果你能变教训为经验，化痛苦为力量，仍会扬起前进的风帆。即使严重的不幸，也不要使你人生的航船发生颠簸，要相信，天阔地广，脚下总会有路的。只要有气度，你就一定能不断地划动生命的双桨，驾一叶小舟驶向人生的远方。

不幸只能征服弱者。在强者那里，有时不幸也是一种幸运，因为只有经受过不幸的人，才能获得真正的幸运，只有品尝过不幸苦果的人，才能真正领略幸运的风采。

老年人一定要记住：千万不要被不幸扰乱了你的心智，动摇了你的意志，解除了你的武装。你一定要相信：自己能够战胜不幸，并在不幸的缝隙中寻找到幸运。

最后，再送给大家几句话：

不幸之外也有幸福，关键是你要学会发现和感受。

有不幸才有幸运。你眼前的不幸，很可能正孕育着你未曾想到过的奇迹。

人在不幸中首先要战胜的不是别人，而是你自己；战胜了自己就战胜了不幸，幸运就是战胜自己。

生活赐予你的并非都是不幸，很多事情都在于如何去看待，你的态度不同，也许就是两种截然相反的结果。

论 烦 恼

> 多思是优点,但多心则是缺点。怀疑并非全无必要,但猜疑则是越少越好。敏感是需要称赞的,但过分敏感则会使人神经脆弱。老年人最应当注意的是,不要自寻烦恼。

有人说,智者多烦恼。其实,即使愚者也会有烦恼的。人有舒畅的时候,也就会有烦恼的时候。这是生活中的必然现象。

烦恼是多种多样的。有的人因工作不顺心而烦恼,有的人因同事关系、上下级关系处理得不好而烦恼,有的人因夫妻不和而烦恼,有的人因子女不争气而烦恼,有的人因失意而烦恼,有的人因嫉妒而烦恼,还有的人因体胖或身体过瘦而烦恼,等等。

烦恼的原因各不相同,其结果也大相径庭。现实生活中,有的人因烦恼而失去前进的信心,有的人因烦恼而被生活抛弃,有的人因烦恼而孤注一掷。这些人被烦恼所困惑,充当了烦恼的奴隶。但也有另一些人,他们在烦恼中思考,在思考中消除烦恼;他们不为烦恼所驱使,而是将烦恼赶跑。在他们那里,烦恼成为新的智慧和新的思想的助产婆。犹如乌云被驱散后天空显得更加晴朗一样,烦恼被消除后,他们

的心情也随之变得更加舒畅。

老年人为了不因烦恼而痛苦，影响健康，应当思考两个问题：一是如何尽量减少烦恼，二是一旦产生烦恼，应如何将其尽快消除。

先说第一点。

减少烦恼的最佳途径是开阔胸怀。古人说："宰相肚里能撑船。"如果一个人的肚子里能撑得开船，还有什么事情放不下呢？还有什么疙瘩解不开呢？宽阔的胸怀不仅能装得下一切，而且能使心灵保持宁静。无论是谁，假如胸怀是狭小的，区区小事也会带来无穷的烦恼；而如果胸怀是宽阔的，即使面临大灾大难，心里也会是坦然的。健康老人决不可像一个精神恍惚的人那样，听到过去的同事或儿女说了自己一句什么话，夜间就连觉也睡不着了。

烦恼有的来自外界，但有不少是来自自身，即所谓自寻烦恼。仔细品味生活，一些人的烦恼有不少是来自多心和猜疑。多心容易造成心理失衡，猜疑容易导致思想混乱，这都会给人带来烦恼。因此，人一定要注意：多思是优点，但多心则是缺点；怀疑并非全无必要，但猜疑则是越少越好；敏感是需要称赞的，但过分敏感则会使人神经脆弱。

如果你能在上述几个方面都做得很好，那么，你心中的烦恼就必定会减少许多。

再说第二点。

消除烦恼的办法应因人、因事、因时而异，但在通常情况下，可以从下列四个方面做起。

（一）要善于制怒。人在烦恼的时候最容易动怒，而动怒往往又加深烦恼，这正如火上浇油会使烈焰更加凶狠一样。所以，你在烦恼的时候，要切忌动怒。这并不难办到，只要有较强的自制能力就可以。

（二）尽量往远看。把眼光放得远一些，把事情想得深一些，心中的烦恼就会少一些。如果你能把眼前的烦恼之事与美好的未来联系起来考虑，就更有助于消除烦恼。因为美好的未来犹如火红的太阳，是完全可以将烦恼这个心中的冰块融化掉的。

（三）多和朋友交心。把心中的烦恼说出来，要远比藏在心里好受得多。如果你不但说了，而且还得到了朋友的帮助，烦恼必定很快就会消除许多。如果你的烦恼本来就是多余的，朋友的劝说更会明显地起到消减之作用。

（四）务必保持冷静。人在烦恼的时候，必须努力做到以下两点：

不可因烦恼而悲观。因为悲观容易窒息人的精神，它能使病人的病情加重，也能使烦恼的人更加烦恼。

不可因烦恼而胡来。以为一时痛快可以消除烦恼，这实在是一种无知妄说。烦恼中的胡来，无异于绝望中的挣扎，是一定不会有好结果的。

要相信，烦恼既是可以减少的，也是可以消除的。能否做到这一点，重要的不在于环境，也不在于别人，而在于你自己。

论倾吐

> 即将爆发的火山堵不住，长期闷在肚里的话藏不住，不通过语言表露，也要通过行动体现。聪明人不是不倾吐，只是注意什么时候去倾吐，对谁去倾吐，以及怎样去倾吐。

人需要倾吐，犹如加温的高压锅需要排气一样。

在生活中，谁都需要倾吐，但相比之下，老年人更需要倾吐。因为，在通常情况下，老年人，特别是一些孤寡老人，心中的烦闷、忧伤和不快会相对更多一些。

倾吐不排除发泄。即使发泄，也应做具体分析，不要一概否定。比如，冤屈后的发泄还不值得同情吗？

在平时，大家的外表都装扮得那么漂亮，实际上，不少人心里都有一些难言之苦，家家都有一本难念的经，人人都有许多心底里的话，只是不说罢了。

为什么不说呢？有心理障碍，也有环境制约等方面的原因。

自然，做什么事都会有障碍，从某种意义上讲，做事就是在扫除障碍。但心理障碍不同于工作中的障碍，人因心理障碍而不倾吐，把苦闷长期憋在肚里，难免有一天要出问题的。即将爆发的火山堵不住，长期闷在肚里的话藏不住，不通过言语表露，也要通过行动体现。所以，聪明人不是不倾吐，只是注意什么时候去倾吐，对谁去倾吐以及怎样去倾吐。

生活告诉我们，孤独的人需要倾吐，倾吐可以唤来快乐；受委屈的人需要倾吐，倾吐可以招来同情；弱者需要倾吐，倾吐可以赢得支持；空虚的人需要倾吐，倾吐可以变得充实。对这几种人来说，一吐为快不仅是必要的，也是大有好处的。

吐气伴随着吸气，倾吐的魅力不只在于吐，而且在于吸，是吐与吸的统一。所以，倾吐要获益，不仅要考虑吐什么，还要注意吸什么。善于倾吐的人，总是选择那些确有见解、能给自己精神上以慰藉的人去诉说。

一般地说，应该向理解自己和自己所相信的人去倾吐，因为理解与信任本身就是一种力量，它可以帮助你化解忧愁，消除痛苦。如果他是你忠实的朋友，他不但可以为你解忧，而且可以为你分愁。如果他是你的领导，他不但可以为你开导，而且可以为你出谋。如果他是你的亲人，他还会说："有我和你在一起。"这一切，都会收到好的效果。

所以，老年人有烦恼，不要长期憋在肚里，找机会向朋友和亲人倾吐是非常必要的。倾吐不仅是精神的需要，也是躯体的需要。要知道，精神健康与躯体健康之间有着非常密切的联系。倾吐与沉默，都应当成为你人生方程式中的因子。

倾吐的方法有多种多样，应因人而异。诉说是倾吐，喊叫是倾吐，哭也是倾吐。在悲苦难耐之际，大哭一场，可以让烦恼随泪水一起流出。精神分析学家认为，哭能将体内过剩的压抑物质甲状腺或三碘甲状腺氨酸随泪水流出，使人体物质保持平衡，从而消除压抑。一些老年人的经验表明，写信与记日记也是倾吐的有效方法。写信给自己的知心朋友，把烦恼写在纸上，烦恼也好似随信而去。在日记中写下你的苦痛，抒发上一些感慨，写完后也会有痛快淋漓之感。

　　人不仅需要倾吐，而且要学会倾吐。女人的平均寿命高于男人，除了生理等方面的因素外，与她们比男人们更乐于倾吐、善于倾吐，也是有关系的。这也从一个侧面告诉我们，倾吐是多么的重要。

　　愿所有的老人们都能学会倾吐。

　　愿你永远把微笑写在脸上。

论 糊 涂

　　糊涂是彻悟的宠儿，是快乐的产婆。人到老年，与其精明一些，反倒不如糊涂一些更好。老年人所剩时光已不是很多，为了你的健康快乐，生活中还有什么事情不可以少一些精明而多一些糊涂呢？

　　人到老年，与其精明一些，反倒不如糊涂一些更好。这不是说人老了就应当变得糊涂，而是说，就老年人而言，多一些糊涂，恰恰是一种更加机智的精明。

　　人的精明也大体可以分为两类。一类是"大聪明"，为人处事都能以"大"为先，以"本"为真，顺应时势，坦然面对；另一类是"小聪明"，待人处事常常目光短浅，主次不分，乐于计较，精于算计。两类聪明思路不同，结果也完全不同。前者不怕失去西瓜却得到了西瓜，后者只想得到西瓜，而在实际上得到的却多是芝麻。自然，人们赞赏大聪明，而鄙视小聪明。

　　经验告诉我们，老年人多一些糊涂正是一种大聪明，多一些糊涂，就少一些烦恼；少一些精明，就多一些快乐。

　　生活中由于缺少糊涂而招致烦恼的事例举不胜举。

有的人因一句话不入耳，便与老伴怄气，一僵就是几天，心里憋得难受，不得不到药店买"开胸顺气丸"吃。

有的人因几元钱的药费未能及时报销，便牢骚满腹，横生闷气，当单位派人把药费送到家里时，自己又感到很不好意思，使原本平和的心绪又躁动起来。

还有的人看到老下级对自己不像过去那样热情，心里就感到不舒服，一次又一次地叹息道："人走茶凉啊"！叹息倒不要紧，遗憾的是在叹息中心里又多了份伤感。

上述三件事中，没有一件是可以称为大事的，均小得不足挂齿，但就是这些不足挂齿之事，常把一些人搞得自己不是自己。这怪谁呢？就怪自己还缺少糊涂。这也从反面告诉我们，老年人多一些糊涂是多么的必要。

郑板桥说过，人难得糊涂。老年人不但要乐于糊涂，还应当学会糊涂。

怎样才能学会糊涂，恐怕谁也没有什么锦囊妙计，我们的办法只能是积极地去尝试。根据许多老年朋友的感受，你不妨试着从以下四个方面做起。

（一）自己提问自己。你可以经常这样问自己：既然健康比什么都重要，为了保证健康，自己还有什么事不可糊涂一些呢？还可以这样自问：在你的生命历程中所剩时光已不是很多，为了使自己的晚霞多一些灿烂，还有什么事不可以少一些精明呢？如果你能经常这样提问自己，那你在该糊涂的时候就可能不会去精明，至少可以做到少一些精明。

（二）调整生活坐标。每个人都要有自己的生活坐标，并随着年龄和境遇的变化不断地进行调整。老年人的生活坐标应该以健康为主旨，以心灵自由而不越轨为准则。当你的所思所想、所言所行与这一"主旨"和"准则"相背离时，那你就应当果断地进行调整，该修正的要及时修正，该放弃的要坚决放弃。你修正得越及时，放弃得越坚决，心中的烦恼就会越少。

（三）珍惜精彩空间。如同一位智者描述的那样：一个人离开领导岗位之后，就像一叶小舟，从奔流湍急的峡谷驶入与人无争、与世无争的大海，进入海阔天空的世界。在这个世界里，荣辱得失的迷惘、是非恩怨的纠葛都离你而去，从而拥有一片无忧无虑、无拘无束、自由自在的精彩空间。这个空间是过去不曾有的，在今后也不会永远存在的，谁都应当倍加珍惜。倘若你能把这种"精彩空间"看得与生命同等重要，那你就会心甘情愿地多一些糊涂，少一些精明。

（四）乐于自装糊涂。谁的生活中都免不了有各种各样的小麻烦，倘若事事都要丁是丁、卯是卯，搞个一清二楚，那就难免把小麻烦变成大麻烦。此时如果你能自装糊涂，倒可以将麻烦消弭于无形，犹如玻璃上的污垢，用钢丝球擦会越擦越糟，但用棉布轻轻一擦，便没有了。自装糊涂，绝非自我欺编，有的人将之喻为"不战而屈人之兵"，这是很有道理的。可以断言，在小事情上装装糊涂，必定能收到意想不到的好效果。

要记住：人难得糊涂，但也可以做到糊涂；糊涂是彻悟的宠儿，是快乐的产婆；你想多一些快乐，就要多一些糊涂。

论忍让

> 得理也要让人。忍让只有在得理的时候才更加富有魅力。因为得理而寸步不让,往往会导致得理而又失理的后果。老年人决不要轻易与别人怄气,一次怄气所付出的代价,要远远大于十次忍让。

忍让是一种美德,也是一种境界。生活告诉我们,在朋友之间、同事之间、夫妻之间,应当提倡忍让,老年人尤其要学会忍让。忍让不是软弱可欺,恰恰相反,它是有力量的表现,也是有修养的反映。

忍让所以值得提倡,是因为忍让比不忍让好得多。忍让可以息怒,不至于大伤感情;忍让可以创造商讨的气氛,在平静中沟通思想、解决矛盾;忍让还可以留下退避的余地,防止些本来不该发生的意外事故。假如不忍让,就会是另外一种情况:轻则伤害感情,重则激化矛盾,再重还可能演出悲剧。

所以,在生活与工作中发生纠纷和矛盾时,忍让是绝不可少的。对朋友之间来说,忍让是保持友谊的补药;对同事之间来说,忍让是合作共事的伙伴;对夫妻之间来说,忍让是和睦协调的润滑剂;对老年人来说,忍让更是静心养生的极好办法之一。

不要以为只有弱者才需要忍让，相比之下，强者更应该注意忍让。因为弱者若不忍让，固然也会伤己以至伤人，但强者若不忍让，其后果往往会更糟一些。比如，因其强，容易变得蛮不讲理，无理也要争辩三分。再比如，因其强，容易变得为所欲为，毫不顾忌事情的严重后果。还比如，因其强，容易变得失去理智，事情虽小，却引出大的乱子。弱者忍让有利于保护自己，强者忍让不但有助于保护自己，也有助于保护弱者。因此，一般地说，强者更需要忍让。

　　当然，弱者也决不可因其弱而放松对自己的要求，因为弱者愤怒到极点，也会破釜沉舟，做出无可挽回的事情来。

　　需要注意的是，无论在社会上还是在家庭中，老年人有时候可能是强者，有时候则可能是弱者；他们既需要忍让别人，也需要得到别人的忍让。经验表明，忍让作为一位人间的美好天使，它尤其偏爱老人，特别是偏爱那些德高而又体弱的长者。所以，作为社会和家庭的每一位成员，都应当更多地注意忍让老年人。

　　自然，作为老年人自身，也应注意以平等的态度待人。不要倚老卖老，更不要动不动就发火，即使有理，也犯不着与别人去怄气。须知一次怄气所付出的代价，要远远大于十次忍让。

　　人只有在失去某种东西的时候，才能感受到这种东西的重要。忍让也是如此。只有吃过不忍让苦头的人，才会更加懂得忍让的珍贵。回味生活中忍让与不忍让的种种情况，可以使我们明白以下两方面的道理。

　　其一，一些人为什么不愿意忍让，原因主要有三点。

　　怕忍让吃亏。朋友之间、同事之间、夫妻之间，也有是非，但不应争你高我低。怕吃亏的人常常就是怕因忍让而低了自己。其实，忍让

者的形象总是要高于不忍让者。正如勇于做自我批评的人，总是要比拒绝做自我批评的人更受人尊重一样。

得理不让人。以为只有理屈才可忍让，殊不知，忍让只有在得理的时候才更加富有魅力。要知道，得理而让人，更能感动人、说服人，在这个时候，忍让的作用与威力要比平时大得很多。经验表明，假如因为得理而寸步不让，往往会导致得理而又失理的后果。

缺乏自控能力。特别是在发生争吵的时候，为了图一时痛快，竟不顾后果。许多事实表明，如果你在怒气冲天的时候能马上控制自己的感情，情况一定会比预想的好得多。这启示我们，即使在感情最为激动的时候，也务必要用道理和原则左右自己，而决不能用感情支配自己。

其二，在忍让中应当注意些什么，也有三点。

不可嘴让心不让。忍让必须是诚心诚意的。嘴上不说什么，而心里依然打着算盘，只是以守为攻，并非真正的忍让。

不可把"忍让"挂在嘴上。如果双方都在气头上，一方说"现在我忍让"，这样往往会刺激对方，并不能收到忍让的效果。

如果双方的争吵确实包含一些原则性的是非，那么，在忍让以后的平静中，双方应当促膝谈心，沟通思想，不可因忍让而失去原则。

愿老年朋友都能学会忍让，也愿老年朋友都能得到更多的忍让。

论 财 产

> 所有的财产均生不带来，死不带走，但即便如此，人们都极为看重和珍惜财产。这既是人的天性，也是人的禀性，还可称作是人的习性。自然，也有挥霍浪费财产的，这应当算作是人之品德中的一种劣性。

有人生，就有财产。讨论老年人生，不能不涉及财产这个话题。

所有的财产均生不带来，死不带走，但即便如此，人们都极为看重和珍惜财产。这既是人的天性，也是人的禀性，还可称作是人的习性。自然，也有挥霍浪费财产的，这应当算作是人之品德中的一种劣性。

世界上的财富可分为两个部分，一部分是物质的，一部分是精神的。两者均是人类生存中必不可少的食粮。拥有幸福生活的人，应当同时拥有这两方面的财富。因为物质财富可以使人生活无忧，精神财富可以使人思想充实，这是人生中的常识。不懂得这一常识的人至少不多，但真正在这方面能够达到至高境界的也不是很多。

经验表明，老年人要生活得幸福快乐，在不断提高精神境界的同时，加强物质财产方面的历练也是颇为必要的。因为物质财产虽然也是身外之物，但如果处置得不好，也会使你的心头经常蒙上一层厚厚

的阴影。

生活中，因财产问题而备受折磨的绝不是少数，情形也多种多样。

有的人因取财不当而招来不幸，有的人因用财不当而导致损失，有的人因缺钱少物而感到不安，有的人因财产甚多而心存忧虑，还有的人因财产处置欠妥而引来儿女纷争、家庭不和，闹上法庭者有之，闹出人命案的也有之。这种种情形都会给老年人造成痛苦。所以，如何对待财产，也是老年人在生活中必须认真面对的一个问题。你要善待自己，善待生命，就必须善待财产。

老年人应当怎样对待财产，生活昭示我们的有下列几点：

（一）要十分珍惜财产。你的财产毕竟是你一生辛劳的果实，你自己，包括你的家人，谁也没有半点理由将其挥霍浪费。珍惜财产就是珍重劳动，珍重创造。浪费财产不仅是对财产本身的亵渎，也是对你自己，包括对你的劳动和创造的嘲弄。对财产的珍惜应当看作是对高尚品德的一种维护，因只有品德低下者才会挥金如土。

（二）要合理使用财产。你的财产的第一使命，应当是保证你的健康快乐。人生的一切手段，都是为着实现你的目标，尤其是首要目标而施展的。既然健康快乐是你的第一需要，你的财产就首先应当用来为之服务。人要想得开：生命比财产重要，惜财不如惜命。节约是必要的，但对自己过分刻薄则是不应该的；"穷"快乐值得赞美，但对有条件的人来说，花钱"买"健康、"买"快乐，也不失为一种明智的选择。只要你的快乐是高尚的、有益于健康的，花费一些钱财是完全合算的。

（三）要妥善处置遗产。在你的生命终结之前如何处置所剩遗产，既不是一件很大的事情，也不是一件很小的事情。办好这件不大不小的事情，最要紧的有两条：对儿女要讲公平，对社会要讲责任。前一条是所有老年人都要注意的，后一条是拥有较多财产者要认真考虑的。对于子女，千万不要因为偏心而厚此薄彼，那样不但会伤了孩子们的心，而且还会在他们之间生出矛盾。对于拥有较多财产的老人来说，留给子女一部分是自然的，但拿出相当部分用于社会公益事业也值得提倡。讲公平是一种德行，讲责任是一种境界，在这两方面都能测试出一个人的心灵。

关于财产，生活提醒我们要注意的还有下列各点：

不要因为财产偏少而烦恼。一个人有多少财产才算得上够了，从来没有、也永远不会有一个统一的标准。钱够花就行，东西够用就行，即使手头不宽余，东西破旧一些，也不要太当回事。钱多有钱多的活法，钱少有钱少的活法，老百姓能过你也就能过，清贫的日子更能使你的心灵保持一种美好的宁静。

不要总想着为儿女聚财。对儿女关爱是一种美德，但溺爱则是一种缺点，要相信儿女的明天会比你的今天更好。也不要以为留给儿女的财产越多越好，遗产也是一把双刃剑，它能使儿女生活无忧，但也容易使他们变得懒惰。古往今来，躺在父母遗产上过日子而能够成就大事者极为罕见，相反，因靠遗产过日子而日渐衰落者倒屡见不鲜。这是那些拥有较多财产的老年人应当引以为鉴的。

最应当注意的是不要贪财。生财之道不可无，但贪财之心不可有。无论对谁来说，财迷心窍都是极其危险的。贪财之心给人们带来的危害往往是始料不及的。因为贪财，使自己经常处于困惑中者有之，使自己成为金钱的奴隶者有之，使自己越轨而晚节不保，甚至失去自由者也有之。不是只有钱少的人才有可能贪财，钱多者更应时时提醒自

己谨防贪欲之心。因为在许多情况下，金钱对富人的诱惑力反倒大于穷人。

在财产面前最值得推崇的是高尚品德。财产也具有两面性，它有时候是个圣物，但有时候却是一种罪恶，而且在二者之间也没有隔着一座不可逾越的城池。经验告诉我们，你要让财产远离罪恶而永葆其圣洁的面孔，就必须时时注意加强品德的修养。财产也是人生道路上一个关口，而品德则是人生世界的总开关。只有把好品德这个总开关，你才能过好包括财产在内的其他各个关口。

要记住，即使在法制十分健全的情况下，品德的重要性也丝毫不会减弱。因为只有法治与德治相辅相成，才能构建和谐社会，也才能拥有和谐人生。

情感与性格篇

论 情 感

> 人生也是个大世界。人生的大世界是由两个部分组成的：一个是外部存在的客观世界，另一个就是你自己的情感世界。只有在这两个世界中都感受到美好的人，才能真正算得上是拥有幸福生活的人。

人生也是个大世界。人生的大世界是由两个部分组成的：一个是外部存在的客观世界，另一个就是你自己的情感世界。只有在这两个世界中都能感受到美好的人，才能真正算得上是拥有幸福生活的人。青年人和中年人如此，老年人也如此。

生活忠告我们，谁也不应当低估了情感的重要性。

身体缺乏血液就会干瘪，人若缺乏情感就会变得冷漠，人需要情感犹如躯体需要血液一样。

情感是一位潜藏在心灵深处的天使，它看不见，摸不着，却时时处处在起作用。

情感是一种极具魔力的诱惑，它能激发出生命的活力，也能迸发出令人失望的痉挛。

情感是一种乔装打扮后的意志，它有时是希望的摇篮，有时又会变为希望的坟墓。

爱慕是一种情感，仇恨也是一种情感。爱慕能给人以温暖，仇恨能给人以力量。

人不能没有爱，也不能没有恨。没有爱是一种痛苦，没有恨是一种糊涂。

生活也同样忠告我们，谁也不应该把情感看得太简单了。

情感犹如流水，总有源头。没有无缘无故的爱，也没有无缘无故的恨。谁也不能爱一切，谁也不能恨一切。爱什么，恨什么，往往泾渭分明。

且不说没有永恒的爱，也没有永恒的恨，一切都在变化之中。

且不说细腻的人看重情感，粗犷的人也十分珍重情感。

且不说青年人的情感色彩斑斓，老年人的情感也是丰富多彩的。

且不说情感是一种意志的体现，它与个人乃至国家、民族和人民的利益也密切相关。

且不说青年男女之间的情感高深莫测，就连朋友之间、夫妻之间、父子之间的情感也是非常复杂的，必须审慎对待。

人的情感世界所以如此纷繁复杂，与外部世界的影响有关，与人的天性也息息相关。人性的最大弱点在于自私，而人的自私性在情感上要比在金钱上表现得更为具体、更为充分、更为鲜明。金钱买不来情感，权力换不来情感。人看重情感，是优点，而绝不是缺点。

在情感方面，老年人与青年人的不同之处在于，青年人乐于表现，而老年人善于隐藏；青年人多是炽热的，而老年人多是深沉的；青年人往往冲动多于理智，而老年人常常理智多于冲动。正因如此，青年人的情感世界如何，是可以用眼睛去观察的；而老年人的情感世界怎样，则更多的要靠心灵去感受。一个人身上的优点与缺点之间的界限

有时是模糊不清的，而且可以互相转化，在情感世界这个深不可测的天使身上尤其如此。

明白这一点至关重要。作为老年人，要警惕由于过多的"隐藏"、"深沉"与"理智"，而导致心理上的压抑、苦闷和孤独。作为儿女及其亲人，则应当有意识地为老年人创造释放情感的机会，使他们从精神上感受到更多的幸福、快乐和满足。

老年人还应当明白，情感也带有艺术的色彩，其秘诀是"双向运行"。

朋友之间最需要的是理解，夫妻之间最需要的是信任，父子之间最需要的是关心。无论理解、信任还是关心，都不是单方面的，而是相互的。善于理解别人，才容易为别人所理解。你对别人信任，才能换来别人对你的信任。一个从不关心别人的人，绝不会得到别人的关心。一个很少宽容别人的人，很难得到别人的宽容。朋友翻脸多来自误解，夫妻争吵多来自猜疑，父子不和常常是由于缺少关爱。所以，互相理解、互相信任、互相关心，是最为重要的。任何单方面的苛求，都是一种无知，也是一种自私。

自然，还应该注意到情感的两面性：一方面，它能使人振奋，为生活增添光彩，为生命注入活力。另一方面，它也能产生惰性，使人变得痴呆、守旧，而且带上情感色彩的惰性，要比一般的惰性更加顽固与可怕。前者如对新生活的向往，后者如对旧事物的留恋。所以，对情感也要经常地进行分析，理智地将其驾驭。

我们应当记住：人不能没有情感，但也不能乱用情感。对青年人来说，要更多地意识到情感应该是一匹驯马，而决不能成为一匹野马。对老年人来说，要更多地注意到情感也是生命的象征，务必像珍惜生命一样去珍惜情感。

论 情 绪

　　人的情绪像血液伴随着人的生命一样伴随着人的精神。体温能测试一个人躯体健康与否，情绪能反映一个人的精神状态如何。情绪不仅是精神的显示器，也是人体的晴雨表。保持良好情绪，是老年人健康长寿的重要秘诀之一。

　　情绪是一种心理，也是一种情感，但归根结底是一种精神。它有时表现为兴奋，有时又表现为烦恼；有时平静得像游泳池里的清水，有时又汹涌得像大海里的波涛。情绪会对人的言行及躯体产生影响，犹如气候会对植物的生长发生作用一样。所以，保持良好情绪，也是老年人健康长寿的重要秘诀之一。

　　生活告诉我们，人在兴奋时固然也需要提醒自己，不要因头脑发热而想入非非，但尤其需要在苦痛时善于把握自己，不要因情绪不好而使自己的心理失去平衡。

　　生活更告诉我们，老年人的情绪最容易遭受到苦痛的破坏，你要保持良好的情绪，就必须及时化解心中的苦痛。

　　这方面，一些幸福老人为我们提供了可资借鉴的经验。当遇到苦痛

时，你不妨这样去做：

你可以向老伴诉说。他（她）会深情地叮咛你："不要太当回事，大风大浪都走过来了，想开点吧"，使你渐渐得以平静。

你也可以向儿女们倾诉。他们会告诉你："不要难过，有我们和你在一起"，使你顿时快慰起来。

你还可以向朋友倾吐。他们会报以理解之心，伸出友谊之手，使你增添对生活的信心和勇气。

但是，更多老人的经验表明，苦痛既然在自己的心灵深处，最终也只能靠自己去消除。别人只能为你引路，而不能替你走路。钟情别人不如相信自己，听别人劝导不如自己思考。自己应当救出自己。

要相信，自我思考的魅力绝不亚于亲人的关爱。它不但能够增加智慧，而且可以开阔胸怀；不但能够消除烦恼，而且可以增添欢乐；不但能够制约自己，而且可以激励他人。因为只要你把问题想透了，把事情看穿了，心里就自然会踏实一些，苦痛就必定会减少一些。所以，当你被苦痛缠身时，最好先坐下来冷静地思考一番。思考得愈深，你心中的苦痛就会愈少，你的情绪也就会变得愈好。

经验还表明，为了保持良好情绪，从性格方面加强修养也是很有必要的。

一个性格外向的人，其优点是直率得可爱，但同时也存在着一个缺点——情绪容易波动，一件小事就可能使之变得不是自己。同样，一个性格内向的人亦有其优点和缺点，优点是由于较少言谈而显得比较冷静，缺点是由于较少外露而不易为人理解。当情绪不好时，前者多表现为愤怒，后者多表现为忧伤。在这种情况下，前者应该多一点克制，少一点急躁，注意保持理智；后者应该多一点表露，少一点深沉，注意敞开心扉。一个性格内向的人与一个性格外向的人相处，最重要的是双方都要多一点坦诚。坦诚的流水不仅可以滋润干涸的心田，洗刷心灵上的污点，还可以驱散萦绕在心头的迷雾，化解互相之间结下的隔阂。

要知道，人的性格虽然具有相对的稳定性，有时甚至是很顽固的，但它毕竟只是漂浮在人生江面上的一片树叶。它虽然也是一种存在，但决不能让其左右你的一切。如果由于性格而搞乱了你的情绪，是很不应该的。这不仅是一种遗憾，而且是一种悲哀。

人的情绪像血液伴随着肉体一样伴随着人的精神。所以，体温能测试一个人的躯体健康与否，而情绪则能反映一个人的精神状态如何。也正因如此，智者在观察别人的时候总要先观察其情绪，在调整自我的时候总要先调整自己的情绪。

老年人，特别是高龄人，一定要学会把握自己的情绪。

当你特别高兴时，应注意做到喜之有度，不要因过分激动而引出相反的结果。

当你特别悲伤时，应有意识地调整自己，不要因过分忧伤而损害了自己的健康。

当你特别愤怒时，应务必保持清醒和理智，不要做出无法挽回的事情来。

应当记住，情绪不仅是精神的显示器，也是人体的睛雨表；老年人的情绪以相对稳定为好，要切忌大起大落。

论 人 情

> 人情犹如夏日之凉风，自然而生，如山间之小溪，缓缓而流，如晨曦之漫雾，悄悄而去。人情既不能施舍，也不可强求。人情与理为友，与义为邦。欲同人情相识相随，最好的途径，便是保持你内心的真诚。

人在一个单位工作得久了，必定会产生感情。如果你曾经是个领导者，回想起过去在你带领下成就的事业，必定还会生出几分眷恋之情。这并非人性的弱点，恰恰是人性的优点。

然而，人性的优点与弱点又常常是结伴而行的，谁想把它们彻底分开都很难做到，所谓"人走茶凉"便是一例。

其实，人走久了，茶总是要凉的，世界上没有不散的筵席，也不会有永远不凉的茶水，因为"人走茶凉"而伤感是大可不必的。"人走茶凉"，并非就是对人情的一种亵渎，而是生活中的一种正常现象。

生活早已提示我们，茶水如同泪水一样，都具有双重属性，是凉是热，不能仅凭你的感官去体验，而要用你的心灵去感悟。心热茶亦热，心凉茶亦凉。如同一双眼睛中既能流出痛苦的泪水，也能淌出幸福的热泪一样，一杯凉茶既能折射出已去的人情，也会充满着盛情的期待。

客人虽未到，但主人早已把茶水斟好了，这不就是一种期待吗？要相信，人间确有真情在。

关于人情，生活告诉我们的还有很多：

人情是十分微妙的，它有时轻得像一张纸，有时又重得如一座山。凡属人情均错综复杂，没有幻想中的纯而又纯，也没有理想中的简单化一。

万物皆繁皆变，连我们自己可能也是异常繁杂多变的。今日所思所盼，到明朝或许已荡然无存；明日所爱所慕，或许恰是昨日所嫌所弃。

人间之情，如日月之辉，晨昏之雾，光照着生活，也朦胧着生活。世态炎凉，人情冷暖，永远如此。

不要期望追索到既洁白又永久不变的情谊。明智之举是，当我们得到一分真情的时候，就应当百倍地加以珍惜，而万万不可亵渎它，亵渎真情无异于嘲弄人性。

如果你一旦失去了真情，也不要陷入无尽的苦闷之中，此时最重要的是平静。对他人要多一些宽容，对自己要多一点反省。倘能在宽容中唤回真情，那就会一扫你心中的阴云；即使唤不回真情，能在宽容和自省中新增一分悟性，那也是值得称颂的。

人到老年，是最当有悟性的时候。我们回想自己的全部经历会感到：人情，乃人之常情；人有人情，乃人之天性。生活需要人情，乃生活之特性。想想吧，在这个大千世界上，芸芸众生中，谁不需要理解、帮助、友爱、提携呢？人与人之间如果没有任何心灵的沟通、物质的联结，世界也许就失去其存在的价值了。生活的可爱，就在于它有情、有爱、有牵挂。事业与工作，对人情也不是在任何时候都加以排斥的。无论在工作还是生活中，通情方能达理，动之以情方能晓之以理，情理相融犹如水乳交融，其魅力是绝对不可小视的。所以，并非只是普通人才需要人情，领导者也需要人情。与青年人、中年人相比，老年人更需要人情。

重要的是，如何得到并善施人情。

经验表明，人情犹如夏日之凉风，自然而生；如山间之小溪，缓缓而流；如晨曦之漫雾，悄悄而去。人情既不能施舍，也不可强求。自私者吝啬人情，刁蛮者扭曲人情，放纵者乱施人情。这些人不给他人以真情，也得不到别人的真情。人情不是招牌，可以用它骗取什么；人情也不是财物，可以用其换取什么。人情与理为友，与义为邦。欲同人情相识相随，最好的途径，便是保持你内心的真诚。

愿人间充满真情。

愿真情与你同在。

论 人 缘

　　人缘儿不是天外来客，也不是上帝赐予的，而是人类自己创造的。人缘儿好比一杯白水，你投入蜜糖，它就是甜美的，可以健身。倘若你投入的是苦料，它就是苦涩的，弄不好还会伤身。而这一切的主动权，都掌握在你的手里。

　　人缘儿既是一位使者，又是一个魔鬼。由于它的存在，使人与人之间，以至使整个社会生活都变得异常复杂。因此，你要更深刻地感知生活，就应当更深刻地去认识人缘儿。因为社会生活中的全部关系，归根结底是人与人之间的关系，而人缘儿又是这人际关系中一种最为诡秘而又微妙的东西。

　　经验告诉我们，生活的一些问题，常常让人百思不得其解，但当你撕开人缘儿这块五颜六色的帷幕之后，便会顿感清晰起来。它虽然不能使你马上明白问题的全部，但至少可以领略其中的某些奥秘之处。不是说人缘儿能够决定一切，可在某些情况下，人缘儿又确实有其独特的作用。在同样的条件下，人缘儿是以使者还是以魔鬼的面目出现，其结果往往是大不相同的。环顾你的周围，此种事例还少吗？

有的人可以称得上是人缘儿专家。他们几乎把全部心思和精力都用在建造人缘儿这一心中的秘密武器上。他们嘴上不说，只是悄悄去做。在他们看来，这虽然也费心费力，但总比熬油点灯省劲得多，堪称是走向"成功"的捷径。自然，也确有"成功"的。而且，由于第一次的"成功"，往后的劲头会更大一些。特别兴奋时，他还会给要好者指点迷津。许多人不曾相信，人缘儿还会有那么大的作用？然而事实告诉他们，情况往往就是这样的。

人们在吃惊之余发问，人缘儿这个怪物是从哪里来的？这个谜团自然也是可以解开的，其谜底就在生活之中。

你或许也有这样的感受，生活有时的确像一个涂脂抹粉的巫婆，她乔装打扮，摆出一副诱人的面孔，让人倾心投入，既分享幸福，也品尝痛苦。在孩童时代，你浑然不知世事的艰辛，但当你独立走进生活之后，无论在情感上还是在行动上，幸福与痛苦就开始与你结伴而行了。此时，大脑皮层上的皱纹多了，无忧无虑的轻松却少了。生活把人们引入了利益的纷争之中，利益的纷争又把人们无情地卷入到浩瀚的人海涡流里。每个人都像大海中的一滴水，既相依相存，又相克相碰。于是，人际关系形成了，人缘儿也就随之出现。

可见，人缘儿不是天外来客，也不是上帝赐予人类的，而是人类自己创造的。人间的一切均为人类所创造，也均为人类所享用，人缘儿也绝不例外。

良好的人际关系，无论对生活对事业都是至关重要的。生活赞美那些既不失人格而又有良好人缘儿的人，因为他们成功的概率会更大一些。生活所鄙视的，只是那些为了一己私利竟可不顾人格而阿谀奉承的献媚讨好者。生活提醒我们，对于人缘儿，一定要学会善施。如果你既能有很好的人缘儿，又不失人格，是应当受到称赞的。所以，我们也不应该一概地蔑视人缘儿，以为它是从狗肚子里跑出来的，天生就是一股祸水。

生活告诉我们，有人生就有人缘儿，重要的不在于你是否喜欢它，而在于如何善待它。如果能让人缘儿成为你生活中的天使，你就会拥有较多的幸福和快乐；如果人缘儿变成你生活中的魔鬼，那么你的幸福和快乐就会减少许多。

生活还告诉我们，大凡幸福的老人，都有着较好的人缘儿，由于人缘儿好，其幸福与快乐也多。从他们的身上，我们可以感悟到诸多善待人缘儿的秘密。

美丽的人缘儿总是以高尚品德为依托的。它仰慕高尚而鄙视低下，你要让人缘儿散发出光亮，你就必须时时注意加强品德的修养。

美丽的人缘儿是人性之优点在人际关系中的自然流露。它喜欢真诚而憎恨虚伪，你要让人缘儿之小溪永不干涸，你就必须经常为之注入真情之水。

美丽的人缘儿必须由健康的心理来辅佐。它期盼坦荡而惧怕扭曲，如果你的心理是灰暗的，由此生出的人缘儿必定是丑陋的。

总之，要记住，人缘儿好比一杯白水，你投入蜜糖，它就是甜美的，可以健身；倘若你投入的是苦料，它就是苦涩的，弄得不好还会伤身。而这一切的主动权，都掌握在你自己的手里。

论消沉

消沉对一切都无济于事。以消沉对待失意是一种自欺,以消沉对待挫折是一种糊涂,以消沉度日是对生命的一种浪费,以消沉发泄对进步的不满是一种愚蠢,即使为了报复落后与邪恶,消沉也是不可取的。

人从工作岗位上退下来后,要切忌消沉。消沉是意志的钝化,是情感的冷漠,是失意的影子。它不但容易使人丧失前进的信心,而且还会使人失去生活的勇气。所以,老年人对待消沉,要像对待疾病一样加以提防。

生活告诉我们,人在四种情况下容易消沉:一是良好愿望破灭之后,二是情感上遭受挫折之后,三是付出巨大努力却一无所获的时候,四是受到不公正的待遇或处置的时候。

由于导致消沉的原因不同,其表现也往往各异。有时以沉默掩饰自己的不快,有时又以喊叫一吐为快;有时不惜丢掉一切,有时又幻想得到一切;有时他是对别人的一种讽刺,有时则是对自我的一种谴责;有时它是对进步的一种反动,有时则是对落后的一种惩罚。

消沉者的心绪往往是矛盾的,因而常常处于失衡状态。消沉者的心理有时像一块砖头，麻木不仁。有时又像一包炸药，一触即发。正因如此，不管何种原因引起的消沉，其弊端都是极显见的。它不仅能够毁掉眼前，而且可能葬送长远；不仅会损害自己，而且可能伤及他人。消沉永远是一剂苦药，它只能给人带来坏处，而不会有半点好处。以消沉对待失意是一种自欺，以消沉对待挫折是一种糊涂，以消沉度日是对生命的一种浪费，以消沉发泄对进步的不满是一种愚蠢，即使为了报复落后与邪恶，消沉也是不可取的。

人应当明白，消沉对一切都无济于事，人靠消沉度日犹如铺着树叶过河一样危险。过河必须架桥或乘船，要走出困境必须振作精神。失意、挫折、哀伤，都会使人痛苦，但你绝不要消沉。一味地叹息，长久的消沉，只能导致自我的毁灭。有志者应当让心中的积淀发生裂变，产生出巨大的能量，并将其倾注到你为之奋斗的壮丽事业中来。

老年人尤其要明白，以消沉对待不快，只能引来更多的烦恼。人到老年，健康第一。你已经做了自己该做的事，就当心安理得。你即使还有许多事该做而未做，也不必再为之牵肠挂肚。要相信，后人会比你做得更好。如果你感到在某些事情上对自己还不够公正，那也不应当总是耿耿于怀，此类事与其记着倒不如忘记为好。人来到世界上，谁也会有不顺心之事，"万事如意"只是一句祝福的话，一定不要当真。千万不可以消沉应对曾经有过的不快，务必不要让消沉与失意联起手来。要记住，消沉不仅是一剂苦药，弄得不好，还会成为一种慢性毒药，时间久了，是必定要伤身的。

经验表明，要打破消沉，最重要的是建立起强大的精神支柱。精神支柱绝不亚于物质支柱。物质上是富有的，但如果思想上是贫困的，也难免有一天会垮下来。人需要精神支柱，犹如汽车的轮胎需要充气

一样。只要你具有坚强的信念，即使在失意中，也能聆听到快乐的声音。

　　经验还表明，老年人要战胜消沉，还应当得到家人和朋友的帮助。老伴一句："你已经相当成功了"，或许就能使你兴奋好大一阵子；挚友一声："你比我们强多了"，或许还可以让你得到诸多的满足。在这方面，作为家人和朋友，应当学会善于开导；作为老年人自身，则应当学会善于倾听。

论消极

> 自然界有雾，人心头也有雾。雾天航海容易触礁，消极度日容易厌倦。战胜消极情绪的最好办法是，始终保持乐观向上，始终对生活充满热情。只要你做到了这一点，即使心头有雾，也会随风而散去。

无论是谁，都要警惕心头上的雾。

自然界有雾，人心头也有雾，前者是自然现象，后者是心理现象。二者的共同点是，它们都能使人迷惘，甚至误入歧途。它们的不同之处在于，自然界的雾只能蒙蔽人的眼睛，且可以自行消失，而人心头的雾则会蒙蔽人的心灵，且必须靠自己去扫除。

老年人心头的雾有种种，诸如忧虑、失望、内疚、嫉妒、懊悔、怀疑、悲观，等等。

许多老人不正是因为这些雾而损害了自己的心境，影响了自己的健康吗？

经验表明，人心头上的雾，尽管表现形式不同，但归根到底是一种消极情绪，它对人的危害是非常之大的。一个人的心灵如果长期被消极情绪所笼罩，那就犹如乌云密布会使人感到窒息一样痛苦。它不仅

会扼杀你那可贵的自信心，而且会危及你的健康；不仅会使你对未来失去希望，而且会使你对现实产生不满；不仅会使你对事业感到厌倦，而且会使你对生活失去热情。雾天航海容易触礁，消极度日容易厌倦。老年人对心头的雾，务必保持高度的警惕。

人应当经常注意察视自己的心理态势，如果发现有消极情绪，那就要尽快将它消除。

一个人是否有消极情绪并不难判断。你可以扪心自问：自己对明天有热情吗？对今天有热情吗？如果你对明天是冰冷的，那就要对你的自信心画个问号。如果你同时对今天也是冷漠的，那就要对你的生活态度也画个问号。明天与今天，是你余生中两个最重要的组成部分，如果对二者都失去了热情，那就说明你心头确有一层厚厚的雾。

消除心头的雾也是完全可以做到的，关键是要有宽阔的胸怀。胸怀之大可以撑船，胸怀之小只能放个枣核，二者的结果无论如何是不能相比的。有的人兵临城下依然谈笑风生，有的人听见小偷入院就六神无主。能否消除心头上的雾，既有个胆识问题，也有个度量问题。你遇到事，特别是不顺心的事，一定要想开一点，想深一点，有时宁可糊涂一点，这样，心头的雾就会少一点。

请记住下列各点：

人不会没有一点忧虑，但决不能有无穷的忧虑。在忧虑中生活，难免在忧虑中离去。

不要因一件事情受挫，就随之对一切都失去希望。应该相信，即使在黑暗中也总会有一线光明。

做了错事内疚是可以的，但决不要因内疚而一蹶不振。智者会因内疚而变得更加聪慧，只有愚者才会因为内疚而变得失去信心。

嫉妒别人是一种特殊的羡慕，被别人嫉妒是一种特殊的骄傲。嫉妒不如学习，羡慕不如行动，骄傲不如虚心。

懊悔固然也能使人自慰，但绝不能使人自强。如果懊悔的影子整日伴随着你，那你的心头就会经常萦绕着迷惘的雾。

善于怀疑是一种美德，怀疑一切则是一种错误。会怀疑的人能够发现真理，不会怀疑的人则会亵渎真理。你要学会怀疑，你就要多一点远见卓识。你要避免猜疑，那就要少一点自私和狭隘。

悲观是诱人自毁的恶神，它只能使人泄气，除了带来痛苦和失望以外，绝不会给你任何益处。

生活表明，幸福老人都十分注意及时扫除心头的雾，当消极情绪一露头时，他们就马上将之排除，用那些自己所需要的、有利于自己健康快乐的积极情绪取而代之。

生活还表明，幸福老人不是没有烦恼，他们的高明之处在于，即使面临大的灾难，也对生活充满着希望，因而他们的内心世界里总是洒满了金色的阳光。

幸福老人的经验，至少能给我们以下三点启示：

任何人的内心世界都不会是一个真空，你不用积极的情绪去占领，消极的情绪就会充斥其中。

有消极情绪并不可怕，可怕的是你对其失去警惕，对生活失去信心。

战胜消极情绪的最好办法是，始终保持乐观向上，始终对生活充满热情。只要你做到了这一点，即使心头有雾，也会随风而散去。

论 怜 悯

> 比自我怜悯更为糟糕的是，使自己成为别人怜悯的对象。谁被怜悯，谁就被又一次摆在了不幸的位置，谁就会又一次处在痛苦之中。老年人对怜悯之心的入侵，要有一种特别的防御功能。

人不要老是自我怜悯，更不要总想着让别人怜悯。因为无论自我怜悯还是被他人怜悯，都不能带来真正的快乐。这一点，人在进入老年后尤应予以注意。

善良的人多有怜悯之心，善良的人也常能获得怜悯之情。这是人间的一种公平。然而，怜悯绝不是一件圣物，它至多也只能算作一束阴干了的鲜花。其外形虽然也美丽，但却没有多少活力。它虽然也可以给人一些宽慰，但却不能给人以力量。

假若把恭贺比作得意的伙伴，那么，怜悯则是失意的影子。怜悯总是在你失意或不幸的时候出现。如果你的人缘儿还蛮好，那它更会接踵而来，使你像一个蒸笼里的馒头，处于一片热气腾腾之中。可是这并不是一件愉快的事情。你会感到烦恼，感到郁闷，感到憋气，有时简直想怒吼一声。

这不是由于善良人的宽慰有什么不好，而是由于怜悯本身就是一个不幸的产儿，它在哪里出现，就会在哪里营造出一种令人不快的氛围。

怜悯不同于关心。关心能给人以心灵上的温暖，而怜悯赐予你的只是无可奈何的叹息。关心像一副良药，它能使你康复而奋进，而怜悯不过是一片"安定"，服后让你昏昏入睡罢了。

怜悯虽然也带有感情的色彩，但它并不能真正给你的感情以补充。仅有的一点同情之心，也往往会被充斥其间的懦弱、酸苦和伤感之情消减得荡然无存。

仔细品味生活，怜悯能够给予我们的有用之处实在太少太少了。

自我怜悯简直是一种自我扼杀。想一想吧，我们自己能够怜悯自己什么呢？孤芳自赏毫无意义，向隅而泣更是无济于事。自我怜悯的结果只能是认命，而把一切不幸都归咎于命运，也就无异于终止了自己的生命。

比自我怜悯更为糟糕的是，成为被别人怜悯的对象。被怜悯者的心境总是灰蒙蒙的，他们嘴里很少说什么，但心里却隐隐作痛。谁被怜悯，谁就被又一次摆在了不幸的位置，谁就会又一次处在痛苦之中。所以，大凡是强者，尤其是政界要人，是最讨厌被怜悯的，这不是缘于虚荣，而更多的是缘于自信和自尊。相比之下，上级对下级的怜悯，长辈对晚辈的怜悯，情况会稍好一些，但这不是缘于怜悯自身，而更多是缘于下级对上级、晚辈对长辈的尊重和信赖。

最令人憎恶的是，在某些时候，怜悯还会成为一些邪恶之人借以施展小计谋的蹊径。他们见你身处不幸，还假惺惺地问长问短，好像在施舍什么。实际上，他们或借机取乐，寻求刺激，或暗藏歹心，想借故探听一些什么。对此，那些善良的不幸者务必要保持高度的警惕。

从阅历、经验、智慧的角度看，老年人是强者，完全可以做到拒绝怜悯，但如果从体质、心力、心境的角度看，老年人又往往是弱者，容易自我怜悯或希望被别人怜悯。尤其是那些体弱多病又膝下无儿无女的孤寡老人，更容易被怜悯之心所困扰。因此，作为老年人，对怜悯之心的入侵，要有一种特别的防御功能。

经验告诉我们，老年人要不被怜悯所困扰，有两点至关重要。

一是要尽可能地增强心力。刚毅的心力无论对何种困扰都有极强的抵御能力。心盛才能气定，气定才能神凝。如果你的内心世界本身就是一个坚固的堡垒，即使怜悯之心怎样乔装打扮、变幻手法，它也必定对你无可奈何。

二是要尽可能地多交朋友。尤其是孤寡老人，多一个朋友比多一打钞票更为重要。朋友不但能给你真情，还能为你御寒。如果是挚友，那他就不但能够在今天为你守护，还可以在将来为你送终。所以，一定要把朋友看作是第二个我。倘若有朋友整日陪伴在你的身旁，那"怜悯"二字还能派上什么用场！

对于怜悯，我们应当记住几句话：

如果你真想关心别人，就千万不要流露出怜悯之情。

如果你真想得到别人的关心，就千万不要把别人的体贴也误以为是怜悯。

无论是谁，都不要指望靠怜悯来弥补自己感情上的缺陷。

无论是谁，都不要期望用怜悯去消除自身的不幸。

论 固 执

固执在不良心理面前扮演的都是帮凶的角色。它容易使自卑者感到更加焦虑，使多疑者感到更加烦闷，使忧郁者感到更加沮丧，使孤独者感到更加冷落，使恐惧者感到更加不安。你要保持良好心境，就不可不对固执加以防范。

人在青年和中年时也会有固执的毛病，但比较而言，人进入老年后更容易变得固执。固执是人在老年期的心理特点之一。所以，你要保持良好的心境，就不可不对固执加以防范。

千万不要把固执误以为是坚定。固执是指坚持己见，不肯改变。坚定是指一个人的立场、主张、意志，稳固坚强而不动摇。

固执与坚定的区别还在于：前者是盲目的，而后者是自觉的；前者多表现在具体事情上，而后者多反映在原则问题上；前者多来自偏见，而后者多来自信念；前者常常排斥真理，而后者只排斥错误；前者是干瘪的，而后者是丰满的。所以，固执是缺点，坚定才是优点。

一个人染上固执的毛病，容易坚持己见而听不得不同意见。当他的意见被证明是错误的，也往往不愿认错；当他由于错误而陷入痛苦后，

又会因不能自拔而变得性情古怪。因此，在多数情况下，固执只能使人一错再错。固执己见偶尔也有正确的时候，但这绝不是固执的功劳，它多是出于巧合或侥幸，或者说，此时的固执已带有自觉的色彩，近乎坚定的边缘。

老年人染上固执的毛病，其情况会更糟。人到老年，有几种心理现象最容易发生：一是自卑，二是多疑，三是忧郁，四是孤独，五是恐惧。在这几种心理现象面前，固执扮演的都是帮凶的角色。它会使自卑者感到更加焦虑，使多疑者感到更加烦闷，使忧郁者感到更加沮丧，使孤独者感到更加冷落，使恐惧者感到更加不安。如果说，固执返还给青年人的只是思想上的停滞和工作上的失误，那么，它给老年人带来的则更多的是心灵上的创伤和躯体上的病态。所以，从某种意义上说，固执要比自卑、多疑、忧郁、孤独、恐惧等心理现象更加可怕，更加值得警惕。

经验告诉我们，下列缺陷最容易使人固执：

（一）偏见。偏见比无知更能捉弄人。如果说无知只是一张白纸，那么，偏见就是白纸上的一摊墨，它使人更不便于画出美的图画来。可以肯定，同时向一个心胸坦荡的人和一个偏见很深的人灌输真理，后者要比前者难得很多。事实表明，偏见一经形成，常有很大的顽固性，它对正确的东西有着强烈的排他性。偏见容易使人固执，固执又容易使偏见为虎作伥。偏见与固执相互影响，一方强化另一方。所以，要去除固执的毛病，就绝不能在思想上给偏见一席之地。

（二）自恃。自恃是膨胀了的自信。人染上了自恃的毛病，就会变得不相信任何人，以为只有自己才是正确的，而别人都是错误的。所以，自恃也容易使人固执。固执是个不放过任何空隙的钻营分子，一有机会就要表现自己。自恃使人固执，固执使自恃者更加固步自封。因此，要克服固执的缺点，扫除自恃心理也是非常必要的。

（三）僵化。从某种意义上说，固执本身就是僵化的一种表现。僵化的人容易固执，犹如坚硬的钢丝不容易弯曲一样。特别是在对待新事物的态度上，僵化思想常常会成为固执己见者在观念上的依托，使固执走向顽固。可见，要克服固执的毛病，还必须破除僵化思想。

有的人从性格上寻找固执的原因，这与从性格上表扬坚定的优点一样，都是不妥的。这样做的最大害处是，容易放松对自己的要求，取消主观上的努力。事实上。无论克服固执的毛病，还是培养坚定的优点，都要靠自己长期的历练和修养。

老年人要克服固执的毛病，除应在防止偏见意识、扫除自恃心理、打破僵化思想方面进行努力外，还应在保持平常心方面有所进步。不管你过去的地位有多高，都要乐于把自己视作"一介平民"，不管你过去的贡献有多大，都要乐于自感还不如别人。不管你的经验有多么丰富、知识有多么渊博，都要乐于把自己当成一个需要重新学习的小学生。倘若你真能这样去想，你的心境必定会是敞亮而美丽的，固执的毛病也会随之减少许多。

这样做是否真能见效，你不妨试试。

论性格

> 性格有先天的因素，但更多的是后天养成的。性格在智者那里是一匹驯马，只有在愚者那里才是一匹野马。加强性格修养的首要目的，是克服那些由于性格而导致的不良个性。

一位哲人说过，性格就是命运。此话也许有些绝对，但其中确实含有真理的成分。看看你的周围，一些人的烦恼与痛苦，不正是由于性格所致吗？它启示我们，老年人要生活得健康快乐，加强性格方面的修养也是完全必要的。

性格是一种心理特点。它既是实实在在的，又是极其微妙的。性格虽然也有先天的因素，但更多的是后天养成的。

人皆有性格。女性以温柔的性格为人喜爱，男性以刚强的性格受人称颂。儿童以活泼的性格讨人喜欢，老人以稳重的性格受人尊敬。强者的性格顽强，弱者的性格懦弱。高雅的人性格细腻，低俗的人性格粗暴。健康的人性格稳定，神经不正常的人性格多变。性格因人而异，不同的人有不同的性格，不同的人也喜欢不同的性格。所以，从某种意义上说，性格没有绝对的好与坏之分，也没有正确与错误之分。一个人有什么样的性格，不必过分强求。

但是，性格又绝不是可以放纵不管的。因为性格虽然没有对错之分，但它常常在对人、对事的态度和行为上明显地表现出来，并产生一定的影响作用。夫妻之间因性格不合会发生争吵。一个性格粗暴的人和一个性格细腻的人谈心，往往会谈不到一起。一个性格老成的人与一个性格活泼的人，是很难交朋友的。至于一个性格多变的人要得到别人的亲近，那更是比较困难的。因此，性格也是绝不可忽视的。青年男女谈恋爱，摸清对方的性格是很有必要的。当领导的要和下属谈心，预先了解对方的性格特点，也绝不是多余的。作为老年人，要保持良好的心境，时时注意调理好自己的性格，更是不可忽视的。

一个人为什么会有这种性格，而无那种性格？这个问题很难说得清楚。可能与遗传有关，也可能与经历，包括长时间心情是否愉快、是否受过刺激等有关。但有一点似乎是比较清楚的，即一个人的性格（至少是对这种性格的抑制能力）与其文化素养、知识水平等有一定的关系。文化素养和知识水平较高的人，多是性格比较温和的人，有的人即使性格比较粗暴，也能加以节制。自然，也有另外一方面的情况，有的人本来性格温和，但由于手中的权力大了，地位高了，说起话来的口气也变了，性格也显得粗暴了。这两方面的情况都说明，性格并不是固定不变的，更不是不能驾驭的。所以，任性是不对的，借口性格而放纵自己是没有道理的。性格在智者那里是一匹驯马，只在愚者那里才是一匹野马。智者的可贵之处在于，能够把野马变成驯马。而愚者的不幸是，常常把驯马也变为野马。

经验告诉我们，人的某种性格保持得久了，就会形成一种与之相对应的比较固定的特性，即人们常说的个性。加强性格修养的首要目的，

就是要克服那些由于性格而导致的不良个性。比如，固执、自恃、儒弱，等等。因为不良个性犹如隐藏在身体里的病毒，虽然是隐而不露的，但它又是很难压抑住的，它常常在不知不觉中起作用。正因如此，不少人深受其害，还不知原因在哪里。

自然，经验也告诉我们，正如身体里的病毒是可以排除的一样，人的不良个性也是可以克服的。

一些智慧老人的经验启示我们，如果你要克服某种不良个性，可以参照下列办法去做。

仔细想一想，这种不良个性曾给你造成了哪些危害。假如因危害很大而对它产生了怨恨，那么要戒除它也就有了希望。因为自身的教训往往比别人的教训更能说服人。

抓住某些机会，最好是在因这种不良个性给你造成危害而深感痛苦的时候狠下决心。比如，一些人戒烟，常常是从一次重感冒开始的；一些心脏病严重的人戒酒，往往是在因犯病而住进医院后下决心的。

像一位哲学家讲的："要长时间地严格约束自己"，"一点一滴地逐渐做起"，即使不能一下克服某种不良个性，也要让它逐步淡化、减弱。

当然，如果你有非凡的毅力和决心，能断然克服某种不良个性，那是令人钦佩的。

许多智慧老人的经验还告诉我们，为了克服不良个性，必须堵住某些意志薄弱者的一条退路，即"我的个性是生来就有的"。的确，有些不良个性似乎是从娘肚子里带来的，比如过分固执、过分自恃、过分儒弱。但即使像"固执"这类近乎性格的个性，也无不与社会生活及个人成长经历等有关。固执的人往往是过分自信的人。一些人所以过分自信，或是由于自知之明太少，或是由于碰到的钉子太少，或是由于遇见的强手太少。所以，不良个性来源于社会生活，也一定能够在社会生活中克服。

总之，加强性格修养是必要的，在性格修养中把克服不良个性放在首位是正确的。如果你能把不良个性减少到最低限度，那你在性格方面的修养，就必将会提高到一个新的水准。

论 恐 惧

> 恐惧心理给人造成的多是内伤，它对人体细胞的杀伤力常常要超过那些恶性病毒。老年人无论遇到何种不幸都不必惧怕，惧怕不幸只能招来更多的不幸。心理紧张是恐惧心理的第一信号，战胜恐惧心理首先要从学会心理放松做起。

恐惧心理对老年人的危害，要远远超过自卑、多疑、忧郁等消极情绪。人越到晚年，越要提防恐惧心理的侵扰。

人在一生中，谁都难免有恐惧的时候。不同的是，青年人的恐惧多是由于某种意外的情况引发的，而老年人的恐惧则往往与年龄的增长伴随在一起。正因如此，前者的恐惧只是短暂的，而后者的恐惧则具有持续性。前者的恐惧只是偶尔的一种心理反应，而后者的恐惧则容易成为一种相对稳定的心理状态。这是老年人要比青年人更加警惕恐惧心理的基本原因。

老年人的恐惧心理是多种多样的。有的人因贫穷而担心生活失去保障，有的人因富有而担心遭受劫难，有的人因无儿无女而担心缺少照顾，有的人虽有儿有女却担心对自己不够孝顺，还有的人怕肥胖、怕孤独等。但相比之下，对多数老年人来说，最怕的还是下列三点：一是惧怕衰老，二是惧怕疾病，三是惧怕死亡。这"三怕"虽均属正常现象，但也值得我们正确对待。

（一）关于衰老

有年轻就会有衰老，这是谁也无法抗拒的。然而有一个事实又是谁也无法否认的：未老先衰者有之，老而不衰者也有之。它启示我们，重要的不在于你是否会衰老，而在于你怎样才能延缓衰老。人完全拒绝衰老是一种无知，但消极地等待衰老则是一种愚蠢，至于因惧怕衰老而整日提心吊胆则更是一种错误。

在这方面，老年人应当明白两点：

你是否衰老，不仅要看生理年龄，更要看心理年龄，只要你在心理上是年轻的，你就没有衰老。

能够让你在心理上保持年轻的最好办法，就是忘记衰老，更不要惧怕衰老。

（二）关于疾病

老年人容易生病，犹如机器运转得久了容易生锈一样，是再正常不过的事情了。能够做到少生病是最好的，能够做到不生大病是幸运的，能够做到战胜恶性病症更是值得称赞的。有的人并非死于疾病，而是死于无知，或死于恐惧，这是需要引以为戒的。

在疾病问题上，老年人应当持有的态度是：

无病防病。既要多学习些保健知识，更要加强体育锻炼。

有病治病。一要靠大夫，用药物赶走疾病；二要靠自己，用精神赢得健康。

视大病为小染。即使重病缠身，也要始终保持乐观态度，始终坚持

积极治疗。

（三）关于死亡

谁也不要期望只生不死，但谁也不要因为死神不可抗拒而失去了对生活的热情，更不要因为将来要死亡而今天就惶恐不安。相反，正是由于生命有限，而应当更加珍惜生活的每一天，如果你整日被死神所困扰，那你原本就有限的生命会变得更加短暂。人到晚年，是最当彻悟的时候。随着岁月的延伸，你对死亡的认识也应进入一个新的境界。

你应当这样去看待死亡：

生是偶然的，死才是必然的。

婴儿落地时伴随的是哭声，人离开世界时伴随的应当是安详。

只要你的人生是辉煌的，死亡也会是光亮的。

经验表明，老年人要健康长寿，比幸福感、快乐感、年轻感更重要的是心理上的安全感。即使面临难以忍受的不幸，也不必恐惧，更不能因此而患上恐惧症。恐惧症是隐藏在人心灵深处的一个恶魔，它给人造成的多是内伤，虽然看不见、摸不着，但其对人体细胞的杀伤力常常要超过那些恶性病毒。因为一个人长时间处于恐惧状态，必定会使神经系统高度紧张，这种紧张持续得久了，又必定会导致精神崩溃。一个人如果真的精神崩溃了，即使有"不死之药"也是难以治愈的。所以，惧怕衰老，往往会加快衰老；惧怕疾病，往往会加重病情；惧怕死亡，往往会缩短生命。老年人在心理上，决不能给恐惧这个魔鬼留下任何可钻的缝隙。

经验同样表明，消除恐惧心理的办法也是有的。比如通过养心以增强心力，通过心定以实现气定，通过气定以做到神凝，等等。但在日常生活中，最简便易行又可快速见效的办法是，学会心理放松。因为恐惧心理的第一个反应就是心理紧张，只要你能够及时地在心理上放松自己，把紧张消灭在萌芽之中，情况就一定会比原来好得多。

在这方面，许多智慧老人也为我们提供了极为宝贵的经验。

要善于倾吐。当你体检忽然发现患上了某种疑难病症的时候，千万不要紧张，也不要只是藏在自己心中。你可以向老伴倾吐，也可以向儿女倾吐，还可以向朋友倾吐。一个人的痛苦由几个人分担，你自然会感到轻松一些。你不要觉得这样会影响亲人的情绪，要知道，你把痛苦窝在心里，整日闷闷不乐，更会使人感到无所适从。你把事情讲清楚了，亲人们心中有数，你自己也会变得坦然起来。

要善于发泄。即使非常坚强的人，其心理承受力也是有一定限度的。防洪需要泄洪，人为了防止心理失衡，也需要心理发泄。当你由于某种不幸而感到忧郁或恐惧时，有意无意地搞点心理发泄是有好处的。你可以怒吼一声，也可以痛哭一场，二者都有利于排解不良情绪，缓解心理紧张，减轻心理压力。"箍紧必炸"。人在该发泄的时候务必发泄。不要担心发泄会失去面子，因为面子远远比不上你健康的重要。

要善于自慰。自我安慰也是消除心理紧张的有效方法之一。你可以用哲人的格言开导自己，也可以用智者的经验疏导自己，还可以用自己的感受说服自己。你应当这样想，天无绝人之路，明天的阳光会更加灿烂。倘若你真能这样去做，必定能收到"山重水复疑无路，柳暗花明又一村"之奇效。自然，这只有修养水平很高的人才能做得到。

讨论恐惧，要紧的是记住以下三点：

（一）所有的不幸都不必惧怕，惧怕不幸只能招来更多的不幸。

（二）心理紧张是恐惧心理的第一信号，消除恐惧心理首先要从缓解心理紧张做起。

（三）学会心理放松是去除心理紧张，继而战胜恐惧心理的有效途径。

最后，送给大家一句话：重重的人生，应当轻轻地走过。

论 自 杀

> 生命惧怕目光短浅,忌讳心胸狭窄,怨恨感情用事。用生命去赌气,是最大的儿戏;用生命去发泄内心的痛苦,是最大的愚蠢。要记住,厌倦生活本身就是一个危险的信号。要相信,生活中的痛苦犹如蓝天上的阴云,是完全可以被驱散的。

人的生命只有一次,但在生活中,却总有人以自杀的方式去告别生命。这是人生中最当鄙视的一种悲哀。

自杀者未必不懂得生命的重要,但他们却宁可一死了之。在一些自杀者看来,也许这还是勇敢、慷慨和悲壮,但在正常人看来,这不过是人间最大的糊涂,不,是世间最大的糊涂,因为连动物也不会自寻短见。

人为什么会自杀?这不是个生理问题,而完全是个心理问题。当然,这种心理问题是由某种心外的问题引起的。从心理上讲,谁不愿意活着,而且活得好一些呢?但心外的问题,又使他感到不但不能活得很好,而且竟不愿再活下去。于是,原本平衡的心理就变得倾斜;随着心理矛盾的加剧,倾斜以后的心理又发生了震荡;更随着心理矛

盾的激化，震荡以后的心理就演变为彻底的颠倒。此时，自杀就可能出现。自杀是理智的完全丧失，希望的彻底破灭。只有虔诚的宗教徒，才可能把它看作是步入极乐的天国。

  人在自杀前的心理既是非常复杂的，也是极其痛苦的。因为自杀绝不是喜剧，而是地道的悲剧。悲剧在舞台上能唤起同情，但在生活中却常常招致不幸。它有时像魔鬼，把活着的人死死拖住不放；有时又像罪恶的火种，恨不得把整个世界都化为灰烬。正因如此，有人想自杀，但顾及儿女、亲人、朋友，顾及社会、国家、事业，又放弃了死的念头，毅然活了下去。这样的人虽然曾经是糊涂的，但终究不失明智。有的人不但活了下来，而且能化悲痛为力量，重新扬起了希望的风帆，使濒危的生命重新放射出光彩。这样的人尽管起初是不明智的，但最终还是迎来了新的光明。

  要使自杀者回心转意，关键是唤起他们对生活的希望和信心。希望与生命有不解之缘，信心是生命的终身好友。真正聪明的人是绝不会自杀的，因为他们即使身处绝境，也对生活、对事业、对未来充满着希望和信心。希望能给人以寄托，信心能给人以力量，人只要拥有希望和信心，就不会滑到崩溃的深渊。有人说，地位能使人充实，也有人说，金钱能使人充实，这都是不妥的。应当说，最能使人充实的莫过于精神。人只要精神不死，他就是一个有希望、有生命力的人。当然，要让想自杀的人重新对生活建立起希望和信心，并不是一件容易的事情。但应相信，甜蜜的希望总是富有吸引力的，信心这一人生的挚友总会尽力相助的。也许自杀者会说，我前无进路，后无退路，何不去死呢？但我们可以这样去开导他：倘若你把退也看作为进，路不就在脚下了吗？

人要避免自杀，最好的办法是把生命的价值与火红的事业紧紧联系起来。事业心是炽热的，心境就会是明亮的，爱事业才能真正爱生命。以事业上的成功为最大乐趣的人，是永远鄙视自杀的。在他们看来，用生命去赌气，是最大的儿戏；用生命去发泄内心的痛苦，是最大的愚蠢；用生命去陪葬恋情，是最不值得的事情。唯有将生命献给事业，才能光照人间。

老年人要避免自杀，最重要的莫过于热爱生活。生活是一幅多彩的画卷，它是五彩缤纷的，但因为太杂，有时也会失去光泽。比如，儿女不孝会使你伤心，夫妻失和会使你烦恼，朋友失约会使你不快，疾病缠身会使你痛苦，等等。但无论你的生活酸苦到什么地步，你都要满腔热情地去拥抱它，珍惜它，千万不要厌倦生活。

要懂得，生命惧怕目光短浅，忌讳心胸狭窄，怨恨感情用事。

要记住，厌倦生活本身就是一个危险的信号。

要相信，生活中的痛苦犹如蓝天上的阴云，是完全可以被驱散的。

友谊与知人篇

论 友 谊

> 友谊是一种精神营养。它是老年人化解孤独的良药，催生快乐的产婆，呼唤自信的使者，浇灌生命的流水。多一分友谊，就会多一分健康，多一分幸福。人要把所有关爱你的朋友，都视为自己整个生命里的亲人。

人人都需要友谊，但相比之下，老年人比青年人更需要友谊。老年人需要友谊，犹如青年人需要爱情一样。

友谊对老年人的特殊重要性至少有下列一些：

友谊是化解孤独的良药。老年人最害怕的是孤独。如果你因孤独而感到烦恼时，朋友的一个电话或许就能使你的心情舒坦起来，朋友的一次看望，或许还能使你兴奋好大一阵子。

友谊是催生快乐的产婆。老年人最需要的是快乐。当你因某件事而感到痛苦时，向朋友倾诉一番，你的心境肯定会比原来好得多。如果你的朋友还是个善于疏导的人，他的劝导与安慰，往往会起到神奇的作用。

友谊是呼唤自信的使者。老年人最不可缺少的是自信。当你因某种不幸而对生活失去信心时，朋友的关心与帮助，至少可以为你排遣忧愁。如果你是个单身或无儿无女的人，这种关心与帮助，还可能激发出你对美好生活的憧憬。

友谊是浇灌生命的流水。老年人最为珍惜的是生命。当你因疾病缠身而对明天不再抱有希望时，朋友的爱心与祝福，必定能使你的心灵得到抚慰。许多老人不正是由于朋友的关爱而使生命渐渐变得丰厚起来，并拥有了更多希望的种子和发芽的契机吗？

通常情况下，人们只把友谊理解为朋友间的情意，这自然也是对的。但如果从更广泛的意义上去考虑，夫妻之情也何尝不是一种友谊呢？不仅是，而且是一种更加具有非凡价值的友谊。

让我们看一个生活中的实例吧！2005年6月1日，一对英国夫妇他们结婚80周年。时年105岁的珀西·阿罗史密斯和她100岁的丈夫弗洛伦斯是1925年6月1日结婚的。阿罗史密斯夫人坦言，夫妻之间要常用两个词："好吧，亲爱的。"她还说："这很不容易，但值得花时间，因为他不仅是我最好的朋友，还是我整个生命里的亲人。"据媒体报道，这对夫妇打破了吉尼斯世界纪录。此前的纪录是日本的一对于1926年结婚的夫妇保持的，他们在一起生活了78年又296天。

其实，不仅你的老伴，凡是能给你关爱的朋友，都应当算作是你"整个生命里的亲人"。保持与这些亲人们之间的友谊，都能够使你的生命力得以延伸。多一分友谊，就会多一分健康，多一分幸福。

讨论友谊，还应当思考怎样才能获得并长时间地保持友谊。

柏林大学的研究人员安·伊丽莎白·奥哈根曾经指出，亲密友谊的基本元素包括"热情、宽容和信任"，而其中的关键是"你要付出真心"。这位女学者的见解是颇为深刻的。

对她的话，我们可以这样去认识和理解。

友谊是一种精神营养。摄取物质营养靠的是体内的器官，而获取精神营养靠的则是心中的热情。如果你对人总是冷冰冰的，即使最好的朋友，见到你也会感到很不舒服，时间久了，友谊也就会不翼而飞。有的人想获得友谊，却不愿意投入热情，这是注定不会成功的。缺少热情的人必定缺少友谊，深厚的友谊必定伴随着真挚的热情，这是一切想获得友谊的人务必要牢牢记住的。

友谊也是一种精神给予。所有的给予都是相互的，友谊也完全如此。但即使最公平的给予，也难以做到百分之百的对等。所以，你要获得并保持友谊，还必须学会宽容。对朋友千万不要斤斤计较，以为你付出一分就必须得到一分，这样要求不但不能获得新的友谊，连原有的友谊也会失去。也不要期望你的朋友和亲人都完美无缺，因为连你自己也会有缺点。所以，要保持友谊，就必须学会宽容。对朋友过分挑剔，无异于自毁友谊。

友谊更是一种精神理解。只是建立在感觉基础上的友谊并不牢固，只有在深刻理解基础上形成的友谊才是最可宝贵的。然而，所有的理解都离不开信任的辅佐。由于生活的繁复，即使挚友之间也会有相互不理解的事情发生，在这种情况下，只有信任才能化不理解为理解，从而使友谊得以保持。失去信任的友谊是决不会长久的。所以，当你与朋友发生误解时，一定要常想到两个字："信任"。

至于"付出真心"的重要性更是显而易见的。因为友谊说到底是一种心灵上的共鸣，而且越是深厚的友谊越是打着心灵共鸣的声音。心理学上的共鸣如同物理学上的共振一样，二者追求的都是一种和谐。不同的是，后者靠的是频率相等，前者靠的是人心相通。人与人之间只有相互付出真心，才能真正做到心心相印，而唯有心心相印，才能获得真正的友谊。花重金买不来友谊，靠权力换不来友谊，唯有付出真心才能赢得友谊。

自然，也不是只要明白了上述道理就能获得并保持友谊的。你要拥有友谊，还必须注意从细微之处做起。有下列方式可供你参考：

如果你有十个朋友，你可以每两天给其中一个朋友打打电话，每两周与其中的几个朋友见一次面，哪怕只在茶馆里坐一个小时聊聊天。

如果你的某个朋友心情不好，你可以登门去拜访，倘若你行动不便，也可以给他寄卡片、发电子邮件，偶尔还可以赠送一件小礼物。

如果你的朋友很富有同情心，那么，当你遇到麻烦时可以放心地向他倾诉，你不要期望他能为你做些什么，他能听完你的诉说，这本身就是对你的一种安慰。

如果你因某件事需要与朋友沟通时，无论对方怎样提出问题，你都要以诚恳的眼神注视着他，学会以微笑接受提问，以善意应对提问。在朋友之间，有很多问题并不需要真正的答案，保持友谊有时只需要相互宽容一点点。

你究竟应当以什么样的方式与朋友联系，这要根据友谊的深浅来决定。但不管你采用什么方式，有两点是要注意的：一是要舍得花时间，二是不要怕麻烦。

论 交 友

> 人不能没有朋友，朋友是第二个"我"，朋友有时候比"我"还重要。交朋友贵在坦诚。一句谎话会失去一个朋友，一次欺骗则会吓跑一群朋友。老年人经历的事情多，认识的人也多，交友的面可以更广泛一些。如果你的周围每天都有许多朋友，那你就既不会寂寞，也不会感到孤独。

人到晚年，一是思念亲人，二是思念朋友。有的老年人因亲人不亲而痛苦，也有的老年人因没有知心朋友而悔恨。它启示我们，在人生中交友是多么的重要。

人不能没有朋友，朋友有时候比自己还重要。当你孤独的时候，朋友可以为你分担忧愁；当你狂热的时候，朋友能够提醒你冷静；当你出于自尊而无法低首去恳求别人的时候，朋友可以出面经办；当你由于能力所限无法完成某项工作的时候，朋友可以为你出谋划策。不仅如此，当你离开人世后，朋友还可以完成你未竟的事业，比如，为你整理出版遗作等。

所以，有人说，一个好汉需三个帮手；也有人说，朋友是第二个

"我"；更有人说，一个挚友胜过万贯财富。这些话都是对的。世界上没有一条腿而可以自己站立的凳子。一个人如果终生没有朋友，那的确是一件很遗憾的事情。

但是，人要交上挚友并非易事。人生得一知己难矣！酒肉朋友好交，但不能长久；同欢乐的朋友很多，但共患难的却少见；生前的朋友纯真，但死后却容易忘怀。生活告诉我们，只有够得上知己的人才能称作朋友，虚假的朋友多一些反倒不如少一些好。

交友贵在交心。心心相印才能互相融通。你要别人相信你，你须首先相信别人。你要别人把心交给你，你须首先把心交给别人。信任是相互的，心只能用心来换。凭借权势得不到真心，依靠金钱也买不到真心。在交友上，迷信权势与金钱，都是极大的愚蠢。

交友还需坦诚。奸诈出贼寇，坦诚出朋友。朋友之间应该直言。对于听话者来说，能够听到逆耳忠言是幸运；对于讲话者来说，能够直言不讳是美德。朋友之间不是没有争论，尤其在事业上，有益的争论反会增进友谊。朋友相交最忌讳的是谎言与欺骗。一句谎话会失去一个朋友，一次欺骗则会吓跑一群朋友。

朋友之间应当相互理解。不理解别人的人，也很难被别人理解。理解是信任的前提，信任是理解的延伸。愈理解才愈信任，友谊也才能愈长久。善于理解对方，也是交友的一个秘诀。

朋友之间也要求同存异。万事同一是不可能的。如果要求百分之百的一致，是永远找不到朋友的。如果因为一点儿分歧便要相离，那就如同发现了一株莠谷就要毁掉整片谷子一样不可思议。

交友还要学会择友。经验表明，有三种人不可交：一是嫉妒心强的人不可交；二是私心重的人不可交；三是野心大的人不可交。因为，嫉妒会贬低朋友，私心会抛弃朋友，而野心则可能出卖朋友。

作为老年人，交友的面可以更广泛一些。因为老年人阅历丰富，经历的事情多，认识的人也多。即使在退休之后，因散步，因聊天，因旅游，因娱乐，也能结识许多新的朋友。如果你的周围每天都有许多朋友，那你就既不会寂寞，也不会感到孤独。这对你保持健康快乐是大有好处的。

自然，你在结识新朋友的同时，千万不可忘记老朋友。不能说老朋友一定会比新朋友好，但老朋友毕竟比新朋友更加了解你，也更加理解你。有些话，你不能对儿女讲，也不便于对老伴讲，但你可以对老朋友讲。贴心的老朋友，完全可以称得上是你的心灵天使，你一定要把他们看得与自己同等重要。

还应该记住，你要学会交友，就必须珍惜友谊。人只有在失去友谊的时候，才能更加感受到它的重要。生活中由于不珍惜友谊而毁掉友谊的并不少见，这要作为一条教训。

论苛求

友谊靠朋友，交友忌苛求。苛求朋友难免失去朋友。朋友的"缺点"，也许是乔装了的美德。能够成为朋友的人，并非一定是与你的喜好与德行完全一样的人。大致上气味相投，才会彼此了解；适量的志趣相异，才可以互通有无。

有的人即使到了晚年，身边也经常有许多的朋友相陪伴。他们除了享受到亲情的温馨外，还能品尝到友谊的甜蜜。他们活得很快乐、很滋润、很幸福，颇让人羡慕。

但相反的情形也是有的，且不说缺少亲情，有的人连友谊也缺少。其原因是什么呢？

这个问题并不难回答——这是由于他们缺少朋友的缘故。但倘若我们再问：一个人活了大半辈子，为什么连几个知心的朋友也没有呢？

一位幸福老人曾经说过，友谊靠朋友，交友忌苛求，如果你对人过分苛求，就难免失去很多的朋友，变为一个孤独而可怜的人。应当说，此言极有道理，它道出了一些人之所以缺少朋友的奥秘。

或许你也有过这样的体会，跟朋友相交一段时间之后，就不愿意再继续交下去了,因为你看到了他们身上的一些缺点。比如,有的人总是爱小题大做,有的人老是拍别人的马屁,还有的人一有机会就炫耀自己。你看不惯这些,就渐渐地与他们疏远了;结果朋友越来越少,心中的孤独感却越来越多。这该怪谁呢?

回答是肯定的,这不能怪朋友,而只能怪自己——怪你对别人过分苛求,过分挑剔。

金无足赤,人无完人,漫漫人生,孰能无瑕!

世界上既然没有完人,那么,也就一定找不到无缺点的朋友。仔细想想,即使你最好的朋友也必定有这样那样的缺点或毛病,只不过你不苛求、不太挑剔罢了。如果人人都相互苛求,互相挑剔,恐怕世界上也就没有"朋友"一说了。

经验表明,过分的苛求与挑剔,不仅会失去朋友,失去友谊,而且会给你自身带来许多的痛苦。人生的痛苦有外界造成的,也有自身酿成的;有有形的,也有无形的;有袒露的,也有深藏于内心的。苛求与挑剔招来的痛苦,虽然不像失去万贯家产那样触目惊心,但它给人心灵上的折磨却是巨大的——孤独、悔恨、内疚,都会像一块块厚厚的阴云,长久地笼罩在你的心头。所以,聪明的人对朋友绝不苛求和挑剔,绝不会因为看到朋友的某些缺点而与之疏远。在他们看来,朋友的缺点,也许只是乔装了的美德。

自然,真正有修养的人,对朋友的缺点也不会纵容。他们既虚心学习朋友的优点,同时又以自己的美德和言行化解朋友的缺点。他们时而还会用一些幽默的话提醒朋友,既能使对方引起注意,又不损伤彼此间的感情,从而使友谊更加深厚。

其实,好苛求、好挑剔的人,其自身的缺点和毛病并不比别人少。

在某些时候，别人的缺点所以敢在你面前明显地暴露出来，除了由于对你的信任外，也往往是因为他看到了你的某些缺点。人的心理是十分微妙的。一个品德高尚、受人敬重的人，本身就具有一种影响力。面对一个有为而谦逊的人，即使那些极想炫耀自己的人也会有所节制的。如果你是个刚正不阿、光明磊落的汉子，有的人想拍别人的马屁也会避开你的。所以，爱挑剔别人的人，应该多挑剔一点儿自己，这不但会减少对别人的苛求，而且会促进自身的提高。

交友也是一门高深的学问。要知道，能够成为朋友的人，并非一定是与你的喜好与德行完全一样的人。一位心理学家说过："建立友谊的良方，是大家既要有相同也要有相异之处。大致上气味相投，才会彼此了解；适量的志趣相异，才可互通有无。"他的这些话也告诉我们，对朋友不必过分苛求。这一点，老年人应当注意，即使青年人、中年人，也以早一点明白为好。

论真我

> 在朋友之间,不仅不要害怕露出真我,而且要善于露出真我。如果你能够勇敢地把自己的不完美之处也袒露给朋友,那就必定会赢得更多的友谊。

同是一个我,也有真假之分。坦诚的我是真我,伪装的我是假我。真我能赢得朋友,假我则常常失去朋友。所以,有经验的老人总是告诫我们,人不仅不要害怕露出真我,而且要善于露出真我。

真我是实实在在的我,是表里如一的我,是言行一致的我,是真诚坦然的我,是喜悦与忧伤、顺利与困难、优点与缺点同时存在的我。真我与假我的区别,不仅在于前者主张坦诚相见,后者总是深藏不露,而且在于真我富有吸引力,而假我则具有排他性。

真我与假我还有下列不同:

真我像相信自己一样相信朋友,而假我则只相信自己,对朋友常常存有戒心。

真我对朋友有一说一、有二说二,而假我则对朋友话到嘴边又咽回肚里,往往留有余地。

真我主张以心换心,而假我乐于谋算别人。

真我能交终生朋友，假我只有同行路人。

真我把朋友看得比自己还重要，假我则认为自己比朋友更重要。

真我乐意为朋友做好事，假我则喜欢从朋友那里得好处。

经验表明，真我是高尚的，善于露出真我是值得赞美的，由于害怕露出真我而失去友谊、招致痛苦是可悲的。

露出真我，对建立和保持友谊至少有如下三点好处：

有助于化解心中的痛苦。你坦诚地把自己的失意与痛苦告诉朋友，其本身就是一种解脱。人在失意的时候，朋友一句安慰的话也会使你感到格外的舒畅，犹如人在饥渴的时候，即使一滴清泉入口，也会使你感到甘甜无比。

有利于缩小与别人的距离。人与人之间的距离，归根结底是心灵上的疏远。要把疏远的心贴在一起，最好的办法莫过于增进相互之间的了解和理解。你露出了真我，别人才会了解你、理解你，觉得跟你没有距离。

有益于赢得别人的信任。信任从来都是相互的。你能向别人露出真我，别人才可能向你投来信任的目光，这正像别人能把心中的秘密向你袒露，你才会感到对方也是可以信任的一样。

所以，你要获得友谊，你就不要拒绝向朋友袒露自己的内心。要有喜露喜，有忧露忧。不要担心朋友因你的喜悦而嫉妒，也不要惧怕朋友会为你的失意而张扬，更不要以为让朋友看到你的缺点，他们对你的好感就会减少。要知道，交朋友贵在坦诚，深厚的友谊是以真我之间的心灵感应为基础的。坦诚地表露自己的喜悦，可以增加你的魅力；坦然地倾吐自己的失意，可以迎来更多的信任；坦率地承认自己的缺点，可以使你更加令人尊敬。假如你的朋友因为某件蠢事而懊悔不已

时，你能够主动告诉他——自己也曾做过类似的傻事，那更会收到奇妙的效果。任何人都不是完美无缺的，挚友之间，均应当勇敢地把自己的不完美之处袒露给对方，这不仅是做人的一种美德，而且是交友的一种艺术。

自然，露出真我只是对你的朋友、领导、下属和同事而言，至于对你的对手和敌人则必须保持警惕。一个人如果坦诚到对敌人和对手也没有任何秘密，那不仅不是美德，反而是极大的愚蠢。对朋友露出真我是可敬的，向对手和敌人露出真我是危险的。

论 知 人

> 知人要知心，交人要交心，得人要得心。能把心交给你的人，是值得信赖的人；能得到你欲知者心的人，是值得骄傲的人。世界上所有的距离都是可以测量的，唯有心与心的距离令人难以捉摸。

人来到世界上总是要做事的，但做事就首先要与人打交道，而且越是有意义的事，越是要和大家一起去做，而这一切，都需要知人。知人，才能用人；用好人，才能做好事。这是再浅显不过的道理了。

然而，知人却绝不是一件容易的事情。多少人曾为此感叹道："知面不知心呀！"更有多少实例表明，知人要比知事难得多！

一位老年朋友曾这样表达他对知人的看法：知人要知心，交人要交心，得人要得心；不知其心则不知其人，不交其心则不交其人，不得其心则不得其人。他还坦言：能把心交给你的人，是值得依赖的人；能得到你欲知者心的人，是值得骄傲的人。无疑，这些话都是很有道理的，其见解也是较为深刻的。

明白知人的重要性是不言而喻的。但更具有实际意义的是，应当懂得怎样才能真正做到知人。对这个问题回答得最好的并非是理论，而是实践。

实践，特别是实践中正反两方面的经验，给予我们以种种启示。

听其言可知其人，但相比之下，观其行更能知其人。这是因为，有时候一千句言论也比不上一个行动。言论只是花朵，行动才是果实。行动不但包含有思想，而且浸透人的品质，因而更有说服力，也更能使你具有鉴别力。所以，智者看人，不但要听其言，尤其要观其行。只听其言而不观其行，不仅是愚蠢的，而且是危险的。

看行动，不但要看正常情况下的行动，特别要看关键时刻的行动。千里平路好走，但一个险关难过。关键时刻最能透视一个人的心灵和品格。英雄和叛徒都多出在危险的时刻。所以，有经验的人都明白，患难朋友要比顺利朋友可信得多。只有既能同欢乐又能与你共患难的人，才可称得上是挚友。

要善于在动态中看人。人也是不断变化着的。驽马有变为千里马的，千里马也有变为驽马的。所以，活人绝不能死看，必须在动态中看人。在动态中看人，犹如在赛马中选马一样，既不会委屈了由驽马演变为的千里马，也不会受制于由千里马倒退而成的驽马。如果一下子把人看死了，好则永远是好的，差则永远是差的，不但会埋没人才，而且容易上了少数投机者的当。

要学会从本质上看人。人都有缺点和毛病，看人应该看主流、看本质。优点突出的人，有时候缺点也突出。能够成就大事的人，在小节上可能会有瑕疵。看人，一方面不能忽视其缺点，不能不注意其小节。但另一方面，决不要因为他有某些小的缺点，而忘记了他突出的优点；更不要因为他小节上的某些不周，而堵塞了其成就大事的道路。对人既要知其短处，避其短处，更要知其长处，用其长处。应该相信，一个有缺点而能够成大事的人,要比一个看来没有什么缺点,但只能平平庸庸过日子的人有用得多。

你要想知人,你自己也应当被人所知。一个不愿意袒露自我的人,是很难为别人所了解的。所以在上下级之间、同事之间、朋友之间,都应当提倡坦诚相待。这样,人可知你,你也才可知人。如果你时时处处都把自己包裹得严严实实,那你就决不要怪怨别人不了解你自己,由此而吃了苦头,也只能咽在自己肚里。

知人是人生中的最大智慧,也可称作是智慧中的智慧。这个智慧尽管丰富无比,但其要旨只有两条:

(一)你要知人,你就要用极大的努力去察视其心;

(二)你要为人所知,你就要尽可能地将心展示给别人。

倘若把这两条再概括一下,那就是六个字:"心无界,路无限"。当然,这只是就朋友与同事之间。至于对敌手或搞阴谋的人,则应另当别论。

最后,请您务必记住这样一句话:"世界上所有的距离都是可以测量的,唯有心与心的距离令人难以捉摸。"

论知己

> 知己比知彼更为重要，也更加困难。深知自己，既是完善自我的一把钥匙，也是了解和理解他人的一扇便门。由于不知己而误解他人，往往会给生活蒙上不愉快的阴影。

"知己比知彼更为重要，也更加困难。"这是一位老年朋友在回忆往事时发出的感慨。此话也应当算作是至理名言。

体味这一至理名言，我们至少可以明白以下两点：

深知自己之长短，才能有意识地扬长避短。避短有利于扬长，扬长有利于避短。避一个短与扬一个长，具有同等重要的意义。

如果既不知己之长，又不知己之短，就难免长短不分，或以短当长，或以长当短。这样，不仅不能战胜困难，夺取胜利，连本来可以获取的成功也会化为泡影。

你只要认真想想自己走过的路，或者仔细看看一些成功者的足迹，就不难发现这样一个秘密：一个人的潜能究竟有多大，往往是个估不透的未知数，它像深藏在地下的水，只有挖掘才能涌流，才能看得清楚。智者与愚者的差别并不是生来就有的，只是由于后天挖掘程度不同而造成的。智者所以智，是由于他们挖掘得很深，因而长处也很多；愚者所以愚，是由于他们挖掘得很浅，因而长处也很少。

多少成功者的经验告诉我们，你如果能清醒地意识到挖掘自我的必要性和重要意义，你就会对自己始终充满自信，既不自以为是，也不妄自菲薄；既不夸耀自己的长处，也不回避自己的短处。倘若你还善于付诸行动，那就会十分注意发挥自己的长处，使长处越变越长；同时以十倍的努力去克服自己的短处，使短处越变越短，甚至使原来的短处也变为长处，从而成就许多未曾想到过的大事。

知己不仅有利于扬长避短，有利于自身潜能的挖掘和发挥，而且也有利于知人，有利于交友，有利于家庭和睦。

朋友之间、夫妻之间，常常一方责怪另一方不理解自己，有时还十分痛苦，甚至痛不欲生。殊不知，这正是由于自己的短处所致。比如夫妻争吵，本来你自己心胸狭小，还埋怨对方说话不讲究方法。再比如朋友失和，本来你自己不够坦诚，还责怪对方不讲诚信。假如你能清醒地知道自己的短处，这种埋怨与责怪至少可以减少许多。经验表明，由于不知己而误解他人，往往会给生活蒙上不愉快的阴影。这也从反面提示我们，知己是多么重要。

知己十分重要，但知己并不容易。知己的难处在于，由于情感、胸怀、环境等的制约，人总是很难正确地估量自己。有时把自己估得过高，有时又估得过低；有时把优点看得过多，有时又把缺点看得过重。在诸多优点中，有时分不清什么是最突出的。在诸多缺点中，有时又辨不明哪一点是最主要的。由此而来，使自己的优势不能充分发挥，劣势却明显地暴露出来。

上述种种情况启示我们，你要正确地估价自己，就务必注意把握好

下列三点：

（一）客观——忠实于事实，不为良好愿望所诱惑。

（二）全面——既不要一概肯定，也不要一概否定。

（三）从严——宁可以寸量长，以尺量短，也不要以尺量长，以寸量短。

这三点大概是有道理的，你不妨也把它记在心中。

论秘密

有人生就有秘密。但所有的秘密都是暂时的，而不是永久的。对于秘密，关键是要把握时机。该保守时必须保守，该倾诉则必须倾诉。过早地倾诉会失去魅力，过久地保守则会失去信任。

你要学会交友，还必须正确地理解和把握秘密。

请听听一些智慧老人的感悟吧！

人需要坦诚，人也需要有秘密。因为坦诚能赢得信任，使人形神兼备；秘密则能获得魅力，使人回味无穷。

坦诚与秘密是人生道路上的两个伙伴，它们虽然有时会发生争吵，但却谁也离不开谁。如果没有秘密，坦诚就会荡然无存；如果没有坦诚，秘密也就没有任何吸引力。

坦诚与秘密的共同之处是，二者都以美的心灵为依托，都用人类的良知规范自己。它们的不同点在于，坦诚用来待人，秘密用来自律；坦诚主张敞开胸襟，秘密喜欢紧闭心扉。

有的人把坦诚与秘密完全对立起来，以为坦诚就必须是心灵的全部剖白，秘密就必须永久藏在心头。这不是一种误解，便是一种苛求。

生活告诉我们，坦诚与秘密并不像白绸与黑缎那样分明而又绝对。对敌手和贼寇自然是不能坦诚的，对朋友也不能要求在任何事情、任何时间、任何场合都做到不留半点秘密。即使夫妻之间，必要的隐私也无可非议。如果一个人不管什么问题，不管什么时间、地点，都把自己的全部内心展示于众，那他不是个傻瓜，也是个神经病患者。秘密也是如此。不管是谁，也不管对谁，秘密都是以一定的时间、地点、条件为转移的。世界上只有暂时的秘密，而绝无永久的秘密。为了使自己的魅力保持得更长久一些，学会适当地保留一些秘密是必要的。但如果把所有的秘密都长久地埋在心里，那就会恶化为一团混浊的空气，对自己绝无任何益处。

所以，人不仅应懂得需要坦诚、需要秘密，而且要学会如何保持坦诚和如何保守秘密。

经验表明，只有完全成熟的人，才有真正的坦诚和真正的秘密；不太成熟的人，只有表面的坦诚和虚假的秘密；不成熟的人，则根本不懂得坦诚，也根本没有秘密。

成熟者的经验给我们诸多启示：

在一个人身上，坦诚与秘密同在。以为坦诚就不需要秘密，或以为守密就不需要坦诚，都是不对的。

坦诚贵在一个"诚"字。对朋友一不要说谎，二不要欺骗，因为无论谎言还是欺骗，都是对朋友的一种亵渎和愚弄。

对秘密关键是要把握好时机。该保守时必须保守，该倾诉时则必须倾诉。过早地倾诉会失去魅力，过久地保守则会失去信任，二者都会带来痛苦。

你要正确驾驭坦诚与秘密，就必须注意把两者和谐地统一起来。这不仅是一种交友的艺术，也是一种品德的修养。

有人生就有秘密，感悟秘密也是感悟人生的一个重要方面。有的人吃了很多苦头后才发现，自己所以没有知心朋友，生活得很不开心，原因之一，就是既没有学会坦诚，也没有学会守密。这是应当引以为戒的。

关于秘密，我们最应当记住的有两点：

人生活在大千世界中不能没有秘密，但生活中的所有秘密都是相比较而存在的，既无绝对的秘密，也无永久的秘密。

无论守密还是解密，它都是一种需要，最好的守密与最佳的解密，都应当是能够为你的生活增加甜美的作料。

论 自 欺

> 你能在有的时候欺骗自己，但不能在所有的时候都欺骗自己。正像你能在所有的时候欺骗某些人，也能在某些时候欺骗所有的人，但你不能在所有的时候欺骗所有的人。把必要的忍让误以为自欺是不对的，为了保持友谊，适当地有点自欺也是可以的。

聊天时，有位老年朋友讲过这样一句话，人都害怕受别人欺骗，但不少人却忽视了自我欺骗，这是应当予以注意的。但也有另一位长者曾这样说，有人生就会有自欺，人不应当一概地否定自欺。他们的话各有各的道理。

你或许有这样的感受：人在不幸的时候最容易自欺，可是自欺却又常常带来新的或更大的不幸，不幸——自欺——不幸，总是在自己身上循环往复。

你或许还有这样的体验：弱者容易自欺，但强者也未必没有一点自欺；不同的是，前者往往在自欺中昏昏入睡，而后者则常常在自欺后奋然崛起。

自欺究竟为何物，人究竟为什么要自欺？如果你有过自欺，并是个善于思考的人，你会做出如下的回答：

（一）自欺与生活中的其他许多事物一样，也具有两面性。自欺既是自我对心灵的一种扭曲，也是自我对心灵的一种扩张。有时它是一种糊涂，有时则是一种聪明；有时它是一种宽容，有时则是一种报复；有时它是一种退缩，有时则是一种进攻；有时它是一种亵渎，有时则是一种需要。情况不同，自欺的原因及后果也不同。

（二）自欺对谁来说，都不是甘心情愿的，但有时却是不可缺少的。一个人如果一辈子也没有一点自欺，那他不是"圣人"，便是个"怪人"。

（三）无论对谁来说，自欺总是有条件、有限度的。你能在有的时候欺骗自己，但不能在所有的时候都欺骗自己。正像你能在所有的时候欺骗某些人，也能在某些时候欺骗所有的人，但你不能在所有的时候欺骗所有的人。

经验表明，自欺一方面是迫于环境和形势的压力，另一方面是由于自我的虚弱和情感的需要。人在顺利的时候自欺少于困难的时候，强者的自欺少于弱者，就是显证。

经验还表明，人在自欺的时候多表现为沉默。自欺是不需要喊叫的，即使愚者也大多能做到默默地忍受。但由于自欺在绝大多数情况下都伴随着痛苦，所以在自欺的背后常常隐藏着报复。自欺愈久，痛苦愈深，报复心理也愈强。可赞的是——有的人善于把握分寸，只是几声轻轻的喊叫，就将事情的真相大白于天下，使自欺的隐痛顿时化为乌有。可悲的是——有的人往往错误估计形势，举措鲁莽，行为失当，为了报复而把事情做过了头，结果旧的隐痛未除，又招来了新的烦恼和苦痛。

自然，经验也忠告我们，尽管自欺在有的时候是必要的，但从总体上说还是越少越好。当不得不自欺的时候，既要善于保持沉默，又不要为之而痛苦。如果因为自欺而引来误解，甚至蒙冤受屈，待条件成熟时，坦率地吐露真情是应该的。但要切切记住：这绝不是为了报复，而是为了洁身。

最后，有两点应该说明：

不要把必要的忍让也误以为是自欺，因为必要的忍让也是心灵的一种扩展——大度。

从"难得糊涂"的角度看，尤其对老年人来说，在家庭成员之间、同事朋友之间，为了减少烦恼，维护亲情，保持友谊，适当地有自欺也是可以的。因为此时的自欺，已变为另一种意义上的聪明。

论吹捧

> 吹捧要比吹牛更恶劣一些，吹牛是明目张胆地炫耀自己，而吹捧是要迂回地达到个人目的。阿谀是一道放了巴豆的"名菜"，虽然可口，但吃了是要拉肚子的。你要交友，就必须对吹捧者保持警惕，喜欢讨好献媚的人是绝不能做朋友的。

吹捧要比吹牛更恶劣一些。吹牛是明目张胆地炫耀自己，而吹捧是要迂回地达到个人的目的。吹牛是笨拙的，吹捧是狡猾的，因而更需要加以警惕。

吹捧也称为"抬轿子"。自有轿子以来，便有人抬轿子。据考证，首先使用"抬轿子"这一俗语的是赌徒。20 世纪初印行的《上海俗语大辞典》记载："赌博时，数人串合，局骗他人资财者，曰抬轿子，受骗者曰坐轿子。"于是，"抬轿子"由原来的一种民间职业，去其本意而成为赌博陋俗。到后来，"抬轿子"则被泛喻人际关系中互相吹捧、互相利用的恶习。

可见，"抬轿子"这一俗语从其形成之时起，就同社会生活中的陋俗恶习连在一起了。

吹捧之害处本来是很明显的，但有时却使人昏昏庸庸。因为它用甜甜蜜蜜的好话，掩盖了卑鄙无耻的勾当；它使你在欢欢喜喜之中，允诺了吹捧者的种种奢望和请求。它称颂你的缺点，赞美你的失误，是为了混淆黑白，颠倒是非，使你失去自知之明，使人与人之间的关系涂上一层丑恶的色彩：互相利用。所以，哪里的歪风刮得厉害，哪里吹捧的臭味就愈为浓烈。

吹捧者与被吹捧者有时可以形成某种协调和亲密的关系，然而，这种关系是经不起风浪的，稍有风吹草动，就会化为乌有，立即为明争暗斗所代替。因此，古往今来，不少有识之士对这种"抬轿子"式的吹捧行为表示了极大的厌恶。古希腊哲学家德谟克利特说过："赞美好事是好的，但对坏事加以赞美则是一个骗子和奸诈的人的行为。"中国古代思想家荀子则怒斥吹捧者为"贼"："非我而当者，吾师也；是我而当者，吾友也；谄谀我者，吾贼也。"

吹捧者往往是为喜欢吹捧的人而存在的。《红楼梦》里的贾母，就是一个十分喜欢别人奉承的"老祖宗"。上有好者，下必有甚。于是，在她的周围出现了一群像薛宝钗、王熙凤之流的献媚者。

在现实生活中，吹捧的内容和形式纵然有所不同，吹捧的目的也不尽一样，但有一点则是共同的：讨他人之好是为了自己之好，恭维是虚，获利是实。

吹捧实在是一种聪明过度的表现。冷眼看看这种人的小聪明大糊涂，简直令人作呕，有时还会使你好笑得发出声来。

你看：

有的人为取得对方的欢心，专拣华丽的辞藻去说。如果你是他们的上级，他就会说："你真英明呀，让你干现在这点工作太大才小用了。"

如果你是他的恋人，他就会说："你真是绝色美人，世界上再也找不出比你更美的人了。"

有的人是那样善于抓住机会不放。当他的上司在台上刚讲完话，他马上就尾随而至，说："你的那句话说的真好呀，一下子就把我的心打动了。"

如果吹捧者是个胆大的人，他甚至会把对方的缺点也当作优点加以吹嘘。比方说，本来他的上司工作粗暴，动不动就训人，群众很有意见，但他却说："什么粗暴，这是你有魄力的表现。"

如果吹捧者是个有智谋的人，他的吹捧可能还是有"预见性"的："你看，我三年前就说过，你要被重用，果然是这样的吧！这还只是开始，两年后还要提升一级呢！"

吹捧别人的人往往喜欢也受到别人的吹捧。所以，吹捧者聚在一起，总能演出一台极其滑稽的戏来。他们互相吹捧一阵后，总是哈哈大笑。在他们看来，即使得不到什么实惠，开开心也是好的。

吹捧者十个有九个是虚荣心和自私心极强的人。他们表面上对被吹捧的人是很忠诚的，其实他们只忠诚于自己。当他们的吹捧遭受挫折或利欲之心得不到满足时，又常常把曾被吹捧过的人说得一无是处，以显示自己光明正大。爱吹不爱批是渴望占有一切的人的通病。利己主义是吹捧哲学的核心。正如圣保罗说过的：他们"只有虔诚的外表，却没有虔诚的内心"。所以，一个有正常判断力的人是不会被吹捧所迷惑的；一个风气正的单位，"抬轿子"的人是没有市场的。

如果你是个爱说奉承话的人，那么就请明白，献媚不过是一位乔装了的贼寇，他可能一时得逞，但时间久了，必定会露馅的。

如果你是个爱听奉承话的人，那么就请记，阿谀不过是一道放了巴豆的"名菜"，虽然可口，但吃了是要拉肚子的。

还有一点，是所有的人都不可忘记的：你要交友，就必须对吹捧者保持警惕，喜欢讨好献媚的人，是绝不能做朋友的。

论 人 心

不要指望所有的人都理解你，也不要指望所有的人都说你好，更不要指望那些把你作为对手的人有什么慈善之心。否则，你会经常陷入痛苦之中。这方面，老年人均有较为丰富的经验，应当比青年人做得更好。

对于人心的揭示，丰子恺先生的描述达到了淋漓尽致的程度。他在《随笔五则》中写道："我似乎看见，人的心都有包皮，这包皮的质料与重数，依各人而不同。有的人的心似乎是用单层的纱布包的，略略遮蔽一点，然真而赤的心的玲珑姿态隐约可见。有的人的心用纸包，骤见虽看不到，细细裹起来也可以摸得出，且有时纸要破，露出绯红的一点来。有的人的心用铁皮包，甚至用到八重九重，那是无论如何摸不出不会破，而真的心的姿态无论如何不会显露了。"人心如此隐约复杂。难怪一些人常常感慨地说"人心莫测"呀！

由此，我们也就不难理解生活中的种种现象了。

由此，我们也就更应当懂得察视人心之重要性了。

无论朋友之间、夫妻之间，还是同事之间、上下级之间，都应当做到赤诚相见，以心换心。有的人终生没有朋友，有的夫妻一起生活20

多年依然同床异梦，一些同事之间、上下级之间共事多年却互不信任，其原因都是由于缺乏心灵上的沟通。善人被恶人所欺骗，老实人被狡猾的人所捉弄，实干家被阴谋家所出卖，虽表现各异，但无不与丰子恺先生看到的那颗心有关。只是前者的那颗心过分善良，后者的那颗心过分险恶。

　　人心都是肉长的，但由于每个人的心上都包了层皮，便使人变得异常复杂起来，由此又使整个社会生活，特别是政治斗争，变得格外地难以捉摸，甚至残酷无情。所以，你要在生活中，尤其在政治斗争中不被别人所欺骗和捉弄，就一定要善于察视人心，即使对那些用"八重九重"铁皮包着的心也要看得清清楚楚。这尽管很难做到，但必须努力去做。

　　对善良人和老实人，尽可以放心，以心交心就是了。难的是，一些恶人、狡猾的人和阴谋家，也常以良善和老实的面孔出现。所以，为了防止上当受骗，认真研究伪善者用以掩盖真心的策略是很有必要的。

　　经验证明，伪善者最常用的策略是当面奉承。他们用最好听的话恭维你，向你讨好。他们可以把你的错误说成是你的成绩，把别人的功劳也说成你的功劳。

　　伪善者最卑劣的策略是慷慨解囊。当你困难的时候，不惜将大把钞票塞入你的口袋，而且会口口声声说："有福同享，有难同当。"

　　伪善者最狡猾的策略是出卖同伙。为了骗取你的信任，他可以供出你的"敌手"的全部劣迹，以表明他自己对你的一片忠诚。

　　伪善者最笨拙的策略是欲盖弥彰。他们露出了邪恶的尾巴又为自己涂脂抹粉，但由于心慌意乱，常把粉脂抹错，使露出的尾巴更加显亮。

　　伪善者最险恶的策略是深藏不露。他对你最恨，但却从不说你的坏话，不到置你于死地的时候，他奉献给你的总是一张笑脸。

伪善者最无能的策略是假装糊涂。这种人表面上稀里糊涂，但谋算别人的时候却十分机敏。他们虽然常把事情搞得很糟，但却容易被别人误以为是糊涂的"好人"。

伪善有术，但毕竟有限。纵然你不能及时识破他们的用心，但实践与时间是绝不会宽恕伪善者的。

为了防止上当，对于善良人和老实人来说，把握好自己的心态也是很必要的。

（一）不要指望所有的人理解你，也不要指望所有的人都说你好，更不要指望那些把你作为对手的人对你有什么慈善之心。

（二）要善于把良好的愿望与客观存在的事实区分开来。千万不要把愿望当作事实。即使你的愿望是有根据的、正确的，也一定要正视你的愿望与目前存在的事实之间的差距。

（三）当你身处逆境，特别是从高峰一下跌入低谷的时候，不要企望有多少人同情你，更不要企望有人怜悯你。自己错了甘认倒霉，自己没错就一定要振作起来。

（四）如果你处在一片凯歌声中，无论如何不要沾沾自喜。此时你既要防止私心捣乱，也要警惕野心萌发。因为私心和野心不但会葬送胜利，而且最容易被伪善者所利用。

讨论人心最重要的是记住两条：一是要把握好自己的心态，二是要警惕伪善者的策略。这方面，老年人均有较为丰富的经验，应当比青年人做得更好。

论 回 忆

> 你的过去虽然称不上是一部历史,但它毕竟含有历史的颗粒,打着历史的烙印。回忆过去不仅是一种学习,而且是一种挖掘。回忆的最大好处是,能够从过去找回现在和未来所需要的经验和智慧。

老年人需要回忆,也需要思考,更需要把回忆与思考结合起来——在回忆中思考,在思考中回忆。

过去的事情过去了,但过去的事情不应该全部忘记。过去的成功、过去的失败,过去的喜悦、过去的忧伤,过去的幸运、过去的不幸,过去的领导、过去的同事,等等,所有这些,都曾伴随过去你的生活,都曾对你的成长产生过影响,或大或小,或多或少,或好或坏。没有过去,就没有现在,因为有了现在就忘记过去,这不仅是对历史的一种轻蔑,也不利于今天的工作和生活。

要不忘记过去,就需要经常地回忆过去。不仅要快乐地回忆那些得意的故事,也要理智地回忆那些失意的事情;不仅要回忆工作,也要回忆生活;不仅要回忆个人的历史,还应该回忆国家、民族、社会的历史。历史是一座丰碑,历史是一个宝库,历史是一所学校,历史是现实的一面镜子。你的过去虽然称不上是一部历史，但它毕竟含有历史的颗粒，打着历史的烙印，因而也蕴藏着宝贵的财富与智慧。

经验表明，回忆过去不仅是一种学习，而且是一种挖掘。回忆的最大好处是，能够从过去找回现在和未来所需要的经验和智慧。

经验还告诉我们，回忆是一种艺术，你要在回忆中真正有所收获，就应该把握回忆的一些秘诀。

回忆不是过去的一场梦，也不只是对往昔的一片情，而是对自我包括社会发展进步的一次再认识。

回忆不是向后看，更不是要走回头路，回忆过去的唯一目的，是为了更好地认识现在和把握未来。

浅薄的回忆只是对过去的简单追忆，最好的回忆应当是对过去的深入思考。回忆是舞台，思考是演员，你要让回忆结出硕果，就务必把二者很好地结合起来。

要相信，思考本身就孕育着记忆，回过头来思考是最好的记忆。它不仅可以使你记住些什么，还可以使你明白些什么；不仅可以使你了解些什么，还可以使你理解些什么。如果说简单的追忆看到的只是果皮，那么伴随思考的回忆看到的是果核；如果说简单的追忆只是把果子拿到手里，那么伴随思考的回忆则是把果子吃到嘴里。简单的追忆与伴随思考的回忆之最大区别在于，前者罗列的是现象，后者捕捉的是本质；前者收获的是粗糠，后者得到的是细米。所以，你要学会回忆，你就必须会思考，要把回忆的过程变为思考的过程，让思考的流水经常湿润着回忆的土地。这样，你的回忆就会是成功的，收获就会是很大的。

此外，还有两点需要提及：

（一）老年人的回忆应与青年人的回忆有所不同。青年人回忆过去，要更多地着眼未来，而老年人回忆过去，则要将目光更多地盯住现在。因为虽然现在对谁来说都是非常重要的，但相比之下，老年人对现在的珍重要远远超过青年人。对一位90岁的高龄老人来说，他的现在可能就是其昨天、今天和明天的综合，可能就是其生命的全部。这不是因为人老了就应当悲观，而是由于客观事实就是如此。所以，就老年人而言，其回忆与思考，在总体上应以快乐为本。

（二）老年人在回忆过去时，既要学会记住，也要学会忘记。无论记住还是忘记，都是相对的。你不可能记住一切，也不可能忘记一切。该记住的要记住，该忘记的也要忘记。该记住的记住，是一种聪明；该忘记的忘记，也是一种智慧。你应当记住哪些，忘记哪些，一切要从有利于健康快乐出发。

论 成 功

你的一生是否成功，既要看过去，也要看晚节。重要的不在于你做了多大的事，而在于你是否做了该做的事。老年人更多看重的不应该是那些身外之物，而应当是完全属于你自己的生命。

一位要好的朋友在退休后曾这样问他的亲人："我的一生是否成功？"此问虽有欠准确之处，但也不失为一个好的话题，颇值得讨论。

说其有欠准确之处，是因为人退休离职既不意味着人生的终结，更谈不上此时就可盖棺定论；人的一生是否成功，既要看退休前工作干得怎样，还要看离职后晚节保持得如何。

说其值得讨论，是因为一些人在如何看待自己的一生是否成功的问题上，确实还存在着这样那样的思想迷雾。由于迷雾的遮挡，有的人本来已经相当成功，但自己却不觉得是这样。由此而来，心存烦恼者有之，悔恨惋惜者有之，更有的人被种种所谓的遗憾而折磨，致使本当轻松愉快的晚年生活，常常笼罩在片片疑云之中。毫无疑问，驱散这些疑云是非常必要的。

晚节不保，便谈不上成功，这一点无需多言。需要思考的是，究竟

应该如何评价自己过去几十年的工作。评价自己比评价别人更难，但唯有正确地估量自己，才能更加有效地珍惜自己。因此，即使难，也要努力而为之。

常识告诉我们，金无足赤，人无完人。评价自己，不是要看自己有无不足，更不是要看自己是否为完人。因为世界上从来就没有无不足之人，更没有所谓的完人。要确信，你自己也必定是这样的。

尝试还告诉我们，人生苦短，难得圆满。即使你做了很多的事，但必定还有很多的事没有做，在你的人生记录中更多的是逗号，而几乎没有句号。所以，评价自己也不能以是否圆满为标准。圆满只是一种向往，谁也不会有百分之百的圆满。要坚信，你自己也绝不会例外。

你过去的几十年究竟是否成功，到底该怎样评价，很有必要借鉴智者的经验和倾听历史的告诫。

一个人的能力有大有小，是否成功，不在于你做了多大的事，而在于你是否做了该做的事。犹如农民用汗水浇灌出茁壮的禾苗就当满足，工人用巧劲制造出合格的螺丝钉就该骄傲一样，只要你用辛劳履行了自己的职责，就应该算作是一种成功。

即使你的能力很强，抱负很大，也还有个机遇问题。如果机遇使你如虎添翼，做了许多的大事，这自然是一种成功。如果你未赶上这样的机遇，哪怕做的全是小事，但都做得很好，也理所应当地视为一种成功。

地位的高低绝不是成功与否的象征。你从事什么工作，担任什么职务，既都是一种需要，也都是一种责任。权重位高的人未必都是成功者，普普通通的人被誉为成功者的比比皆是。你是否成功，说到底，还是要看你为社会、为百姓做了多少有益的事情。

金钱的多少也绝不是成功与否的标志。人没钱不行，但只要够花就行。只为金钱而活着不仅是一种渺小，而且往往隐藏着极大的危险，多少人不正是因为金钱而毁了自己的一生吗？这类人虽然拥有很多的金钱，但他们却是地道的失败者。你纵然有时也会感到囊中羞涩，可你的心里永远都很踏实，这岂不也是一种美丽的成功吗？

比金钱与地位更有说服力的是名声。人的一生难得有个好名声。名声看似一种虚幻的东西，但它在本质上是实实在在的，特别是老百姓给你的美名，更是用任何地位与多少金钱都换不来的。成功者看重名声，犹如饥饿者看重面包一样。你虽然退休回家了，但你的下属和同事依然经常惦念着你，你的心里必定是乐滋滋的。这岂不更是一种值得骄傲的成功吗？

围绕如何看待成功，经验与历史还告诉我们以下许多。

人步入老年后，更多看重的不应当是权力、地位、金钱等身外之物，而应当是完全属于你自己的生命。你能有一个健康的身体，这比什么都重要。

谁也不要指望不留一点遗憾。即使你十分优秀，你也不可能把自己想做的事情全部做完。你应当这样想，遗憾也是一种希望，后人会把事情做得比你更好。

如果你确因以往的某些失误而感到悔恨，那也不必过分自责。因为你能够感到悔恨已经是一个很大的进步，这也恰是另一种意义上的成功。

如果你的过去确实是不堪回首的，比如做了本不该做的错事，犯了本可不犯的错误，给国家和社会造成了大的损失，那就应当认真地总结经验和教训。这自然不是一件快乐的事情，但这只能怪你自己。即

使如此，你也不要沮丧，因为或许你的教训与错误，还会成为别人成长的营养。

　　总之，人在评估自己的过去时，有两点是最要紧的：一是要学会坦然面对，二是不要对自己过分苛求。你能够把握好这两点，你就会给自己做出一个正确的评价，从而成为一个快乐的人。

论 往 事

> 人生在世，谁都会有不堪回首的往事。但如同 X 光透视胸肺不是为了发现美而是要寻找病灶一样，回首往事不光是为了寻找欢乐，而是要从中总结经验与教训。

对于老年人来说，谁都会有不堪回首的往事。回首往事，重要的不在于知道你曾经有过哪些往事，而在于应该从这些往事中吸取哪些养分。

往事不管是甜蜜的还是辛酸的，都值得回首，因为甜蜜的往事能给你以快乐，辛酸的往事可使你保持清醒；鄙视往事不仅意味着对历史的嘲弄，而且意味着对自我的讽刺。

生活告诉我们，回首往事，不应当只是现象的堆砌，而应当从中领悟出一些道理。倘能如此，即使辛酸的往事，也会使你品尝到几分甜蜜的味道。所以，老年人，尤其是那些刚过 60 岁的年轻老人，应当有意识地回顾那些不堪回首的往事。只是需要明白，如同 X 光透视胸肺不是为了发现美而是要寻找病灶一样，回首往事不光是为了寻找快乐，而是要从中总结经验与教训。

不堪回首的往事常常是痛苦之事，对于这样的往事尤其需要回过头来思考。一件痛苦的事情过去后，再也不去想它，既不知痛苦缘于什么，也不知痛苦究竟给自己带来了什么，这是某些人屡受挫折、屡遭失败、长期摆不脱痛苦的重要原因。

经验表明，痛苦虽然难以忍受，但却能够使人醒悟；幸福虽然充满欢乐，但却容易使人陶醉。只要善于总结经验与教训，痛苦比幸福更容易转化为宝贵的精神财富。

人生难得彻悟。大彻大悟才能有大智大勇。人只有看透了一些东西，才能明白一些道理，成就一些事情。人要彻悟，就不能没有痛苦。人生最痛苦的时候，常常也是最彻悟的时候。从收获的意义上说，一次痛苦要超过十次幸福。

所以，聪明人绝不回避过去的痛苦，至少在思想上是如此。他们虽然口头上不讲，但心里却会认为，那些不堪回首的往事，不仅不是一堆垃圾，反而是一块富矿石，可以从中提炼出有价值的宝藏。只有愚蠢的人才会事情一过，一切全忘。结果，三年前犯过的错误，三年后又犯了；五年前吃过的苦头，五年后又吃了一遍。这不是很可悲吗？

人不但应当从前人的经验和教训中学习，而且也要注意从自身的经验与教训中去体察。自身的经验和教训虽然是有限而又零碎的，但它毕竟是自己亲身经历了的，毕竟比别人的经验和教训带有更加直接和现实的意义。只要自己认真思考，勤于积累，必定能从中汲取许多有益的养分。

老年人回首往事的意义，不只在于充实和完善自我，还在于它有益于后代的健康成长。假如你是一位慈祥的母亲，你会把自己从往事中获取的教益娓娓道来，使你的儿女们从中领悟到许多做人做事的道理；假如你是一位尽责的教师，你会把自己从往事中总结出的良知告诉你的学生,让他们从你的亲身经历中学到许多课本上学不到的东西;假如你是一位勤于观察生活的作家,你会把自己和周围众多老人从往事中感悟到的人生真谛写成作品,成为广大青少年的精神食粮;假如你还是一位善于研究古今的历史学家,你更会借助几代、几十代老年人取之不尽的往事著书立说,流传后世,成为民族的宝贵财富。如此想来,回首往事不也确实是一件既利己也利国利民的大好事情吗?

在往事问题上,我们务要记住两点:

(一)人生的道路上永远充满着酸甜苦辣,但无论是酸是甜,也无论是苦是辣,都是一笔宝贵的财富。如果以为只有甜才是有价值的,那就未免太肤浅了。

(二)回首往事务必要有一种积极向上的态度。既要把品尝甜美视为一种享受,也要把品尝苦辣视为一种乐趣。如果一想到苦辣就感到痛苦不堪,那你就必须拓展胸怀,倘若做不到这一点,那就以到此打住为好。

论 反 思

> 人生也有春华秋实，但只有善于反思的人，才能真正品尝到金秋的琼浆玉液，享受到大地赐予的丰收喜悦。反思能使人走向成熟，能使人变得深邃，能使人臻于完善。老年人需要反思，犹如收获后的土地也需要耕耘一样。

思考好比耕耘，行动好比果实，耕耘愈勤，收获愈丰。人和自然界一样，也有春华秋实，但只有善于反思的人，才能真正品尝到金秋的琼浆玉液，享受到大地赐予的丰收喜悦。人要充实、向上，就一天也不能没有反思。青年人是这样，老年人也是这样。

按时间的延续性划分，思考大致有三种——对现状的思考、对未来的思考和对过去的思考。思考现状，能使人认识现实；思考未来，能使人预测未来；思考过去，不但能使人认识过去，而且还有助于认识现实和未来。经验表明，善于不断往前走的人，常常是善于反思，即回过头来思考的人。

老年人已经走过了人生的大半历程。在过去的几十年里，你创造过辉煌，也可能遭受过挫折；你享受过快乐，也可能饱尝过痛苦；你走过的有平坦大道，也可能有崎岖小路。但不管你遇到的是哪种情况，都值得反思。老年人需要反思，犹如收获后的土地也需要耕耘一样。

反思就是总结经验。人应当从别人的经验中学习，但也决不可忽视自身的经验。因为别人的经验虽然丰富，但它是间接的；自身的经验虽然有限，却是直接的，而直接的经验往往比间接的经验更能教育人、启发人。人如果能经常地反思自己，注意从过去的经验与教训中学习，肯定会进步得更快一些。

法国著名牧师纳德·兰塞姆去世后，安葬在圣保罗大教堂，墓碑上工工整整地刻着他的手迹："假如时光可以倒流，世界上将有一半的人可以成为伟人。"一位智者在解读兰塞姆这一手迹时指出，如果每个人都能把反思提前几十年，便有 50% 的人可能让自己成为一名了不起的人。他们的这些话，讲的都是反思及经验对人成长发展的重要意义。

生活告诉我们，假如你是个善于反思的人，那么，你过去的一切作为就都是很有价值的——正确的东西会使你变得更加聪慧，错误的东西会使你变得更加清醒。假如你不但善于反思，而且还善于行动，那么，过去的一次失误就可能迎来今后的一次成功，过去的一次成功则可能变为今后的十次胜利。倘若你不但能反思自己，还能反思别人，那么，你就会获得加倍的智慧，赢得加倍胜利。

反思所以具有这样神奇的作用，并不是因为过去比现在高明，而是由于今天的你与过去的你有所不同——过去你只是站在当时的"现实"这块土地上，而今天，你则站在过去与未来的交接点上。这样，你既可以用现在的目光察视过去，还可以用未来的要求思考过去，因而认识也就会比过去深刻得多。

思考现实的难处在于，现实是活生生的、不断变化着的，是正确还是错误，有时真的难以分得清楚。思考未来比思考现实更加困难，因为未来只存在于头脑之中，事物发展虽有规律可循，但它毕竟未形成事实。相比之下，思考过去则比较容易，过去的所作所为是否正确，不但可从已有的事实中进行分析，在某种程度上，还可以用现实这面镜子予以衡量。

但是，反思也绝非易事。反思要有收益，一是要尊重过去的事实。既不能凭想象反思，也不能凭愿望反思，必须根据事实反思。二是要勇于剖析自己。对自己剖析得越深，获得的智慧才会越多。对自己的失误一定要做到毫不留情，因为对过失的任何原谅与宽容，都可能酿成新的不幸。三是要坚持向前看。反思是为了前进，在向前看中反思，才能站得更高一些，看得更远一些，思考得更深一些。

老年人的反思应与青年人有所不同。

在反思内容方面应广于青年人。不但要反思成功，也要反思失败；不但要反思工作，也要反思生活；不但要反思自己，也要反思别人。

在深刻程度方面要胜于青年人。要用历史的眼光去反思，在反思中认识历史演变的逻辑；要用理性的智慧去反思，在反思中领悟社会发展的规律；要用哲学的武器去反思，在反思中感受人生的价值及生存艺术。

在应用范围方面要大于青年人。不光是为了自己的今天才去反思，同时要为了自己的明天去反思；不光是为了自己的晚节才去反思，同时要为了儿女的成才去反思；不光是为了完善自我才去反思，同时要为了丰富人类经验的宝库去反思。

如果你能这样去反思，可以肯定，无论在提升人生境界还是推动社会进步等方面，你都将会有新的收获，做出新的贡献。

反思能使人走向成熟，能使人变得深邃，能使人臻于完善。一切有能力思考的人都应当成为善于反思的人。正如高尔基所说："倘若您有自尊心，并由于屈从时间的暗中左右而甚感羞耻的话，那您就在生活中留下能对您永志不忘的东西吧。"

论命运

> 世界上根本就不存在命运之神。老年人决不可轻易把一些不顺心之事与命运联系起来思索。不是命运决定人生,而是人生决定命运。人生是壮丽的,命运才会是闪光的。

人到老年,容易把一些不顺心之事与命运联系起来思索,而思索招来的又往往是叹息与无奈。这是需要引起注意和警惕的。

命运并非是个不可捉摸的怪物,它如同客观世界中的种种存在和梦幻世界中的各种奇妙一样,都是可以思考、可以解释,也可以驾驭的。重要的不是有无命运,而是不要迷信命运。

生活告诉我们,智者有时也讲命运,但他们眼中的命运与愚者嘴里的命运却完全不同。智者只是把命运比喻为事物发展变化的趋向,而愚者则把它当作神灵,以为人的生死、贫富和一切遭遇,都是由命运决定的。

关于命运,生活还告诉我们下列各点:

迷信命运的人常常被命运所捉弄。这不是因为他们生来就命苦,而是由于迷信命运放弃了努力的缘故。

迷信命运的最大害处是，否定人类自身——扼杀人的奋斗精神，磨灭人的进取意志，窒息人的开拓勇气。它像鸦片一样，可以使你一时兴奋，但却会由于中毒而毁掉自身。

宿命论可以成为一些意志薄弱者得过且过、苟且偷安的借口。他们会唉声叹气地说，我的命运不好，怎么做都没有用处，只能如此。

宿命论还可以成为剥削者施行统治的挡箭牌。他们会振振有词地宣称：我们生来就是富人，你们生来就是穷人，请安于现状吧！

正因如此，在黑暗年代，宿命论是剥削者奴役劳动者的武器；在革新时期，宿命论是守旧势力固守阵地的帮手；在日常生活中，宿命论是落后习惯愚弄人的伙伴。

经验表明，人要认识和把握命运，关键是要破除迷信。

世界上并没有神，但多少年来连小孩也知道神，由于有神，于是就有了迷信。其实，神也是人制造的；崇拜神，说到底是崇拜人。古代的皇帝们把自己打扮成"神"，让大家去崇拜，而不少人也乐意去崇拜。这是人间的一种不幸。

世界上更不存在命运之神，就好像从来就没有救世主一样。如果说真有什么命运之神，那它就是人类自身。

所以，人应当彻底破除对命运的迷信。要坚信，人是万物之主，人能制造迷信，也一定能够破除迷信。尊神不如尊人，相信命运不如相信自己。人能主宰世界，也一定能主宰自己。

经验还提醒我们注意以下一些：

所有的迷信都是套在人脖子上的绳索，既不能给你以信心，也不会给你以力量。它像钓鱼郎常用的诱饵一样，你如果去品味，是必定会落入圈套而失去自由的。

人在迷惑不解或危难之时，最容易倒向迷信，这是人性的一大弱点，也正是这个弱点，常常把一些人拖入了危险的深渊。

人在失意的时候，尤其要警惕命运之神来叩门；人在得意的时候，要格外注意命运之神向你请功。因为人在这两种情况下，命运之神最容易入侵。

结论是很清楚的：

（一）对于命运，我们应当像智者那样，只把它看成是一种趋向；同时，要像强者那样，把它引向正确而美好的方向。

（二）对命运的思考，应该成为对人生的探讨。要相信不是命运决定人生，而是人生决定命运。人生是壮丽的，命运才会是闪光的。

（三）老年人一定要做命运的主人。只要你不为命运所困惑，就肯定能减少许多烦恼，增添许多快乐。

论 遗 憾

> 漫漫人生中谁都会有遗憾。对那些值得回味的遗憾，你可以静静地去品尝，并从中吸取营养。至于那些人生中习以为常的酸甜苦辣，你大可不必在意，过去的事情就让它永远过去吧！

有的老年人在想到过去时，常为这样那样的遗憾所折磨，或因某些失误而感到内疚，或因某些失去而感到痛苦，或因某种愿望未能实现而感到郁闷，这既是可以理解的，又是需要正确驾驭的。

人生漫漫，坎坎坷坷，谁能临到晚年也没有一点儿遗憾！只是多少有异、情况不同罢了。

其实，有遗憾的人生，才是真实、丰富、多彩、有滋味的人生。因为遗憾本身也是一种财富，它能为你点燃希望的火炬，它能使你高扬进取的风帆，它能使你变得更加聪慧，它能使你觉得活在世上还有许多事情要做。遗憾伴随着人生，人生总是在不断地抚平一个个遗憾中向前延伸。自然，有的遗憾可以弥补，而有的遗憾则会永远成为横亘在心头的伤痛，但它会经常向你提示着人生的艰辛与不易。

有的人把遗憾与后悔混为一谈，甚至等同起来，这是欠妥的。

后悔，只是人对自己不妥当言行的一种反省之情，而遗憾则不同，它既有对失当之处的悔恨，也有对不称心之事的抗争，还充满着对未来的寄托。与后悔相比，遗憾显得更加深邃，更富有魅力。遗憾与后悔的根本区别在于，几乎所有的遗憾都具有双重属性，而后悔则不是这样。正如意大利哲学家杰洛墨·卡尔当所说："红宝石与水晶玻璃之别，就在于红宝石其有双重折射。"

后悔与遗憾还有如下不同：

后悔多涂有消极的色彩，遗憾则往往潜藏着进取的锐意。后悔虽然有时也渗入了悟性的流水，但它像个弱智者，总是显得那么呆板、迟钝，恰似常为人们所笑的那个看门人——贼来了，他悄悄地躲起来，贼跑了，他才拿起刀，气势汹汹地大喊捉贼。遗憾绝非如此。当其以抗争者的面目出现时，它俨然是一个精明强悍的勇士，虽然已无可奈何，但决不后退一步，仿佛它本身就是一座不可逾越的城池；即使其以悔恨者的面目出现在人们的面前，也决不卑躬屈节，好像它自己就是一位能够化解一切的天使。

人不应当鄙视后悔，但要正确地对待遗憾。

人生中不称心的事太多了。儿女不争气是一种遗憾，夫妻反目是灾难性的遗憾；未老先衰是一种遗憾，壮志未酬是加倍的遗憾；得到了的又失去是一种遗憾，无可挽回的失误则会成为终身的遗憾。矛盾、问题、困难、挫折都可能引来遗憾，而我们谁又能百分之百地抗拒这一切呢？

生活中，有遗憾是必然的，而且，或许多一份遗憾就多一份收获。看看你的周围，许多人不正是被遗憾所唤醒的吗？想想你的过去，许多成功不正是以遗憾为铺垫的吗？

磋砣岁月多遗憾，沧桑人生有辉煌。人的勇气、智慧、才能，一半是从成功中学来的，另一半则是遗憾所赐予的。如果你能够正确地回味每一个遗憾，直视蜿蜒而伸的人生道路，不将宝贵时光耗费在由于失误、不满而滋生的烦恼中，不因已逝的不快而耿耿于怀，那你就必定会拥有一种更加自在和快乐的生活。

　　老年人在经验、智慧、修养等方面都远远胜过青年人，理应成为被遗憾的高手，而决不可成为被遗憾所驱使的奴隶。对于那些值得回味的遗憾，你可以静静地去品尝，并从中吸取营养；至于那些人生中习以为常的酸甜苦辣，你大可不必在意，过去的事情就让它永远过去吧！

论 满 足

> 对青年人来说，满足可能是一个"脏物"，但对老年人来说，它则是一个"圣物"。"知足"才能"知福"，多一分满足才能多一分快乐。老年人应当有意识地用"满足"去填充那欲望中的"空缺"。

从某种意义上说，人总是生活在满足与不满足的矛盾之中，满足意味着幸福与快乐，不满足意味着痛苦与烦恼。

生活中的满足之情是无与伦比的。

你是否也有过这样的感受：久病住院，当你第一次走出病房，看到那熙熙攘攘的人群时是多么的惬意；朝思暮想，当你在浩瀚的人海中突然见到那久别的亲人时是何等的喜悦；在烈日下，一丝凉风会使你感到清爽无比；在困境中，一个微笑会使你兴奋不已；在黑暗中，一缕阳光会使你充满希望。生活表明，人不能没有满足，有满足才有快乐。

然而，人有满意之时，却永无满足之日。这不是人的缺点，正是人的优点；这不是人的灵性，而是人的天性。

人生来就有欲望。青年人的欲望多如繁星，中年人的欲望目标坚定，老年人的欲望虽少，却更加具体和实际。而且生命不息，欲望不止，一个欲望得以实现，马上就会有第二个、第三个欲望诞生。实现前一个欲望，常常是为了获得下一个欲望。这恰如登山，我们登上了一座山峰，其意义不在于站立于这座山峰，而在于看到下一座山峰。正是这无尽的欲望，才使人永不满足，才使人不断地开辟新的天地，使人类永远保持着旺盛的活力。

观察生活可以发现，人的力量、智慧、勇气，包括幸福、快乐、成功，等等，都不是来自于满足，恰恰相反，它们均来自于欠缺。由于欠缺，才去寻找；由于欠缺，才去奋争；由于欠缺，才去弥补，不断地开发自身。生活是在欠缺中充实的，社会是在欠缺中发展的，人生价值是在欠缺中实现的。人间的喜剧是由欠缺导演的，唯有悲剧才是满足的产物。

观察生活还可以发现，满足是欲望的敌人。满足的最大害处是，它容易磨灭人的思想锋芒，窒息人的奋斗精神，扼杀人的无尽向往。由于满足，有的人会变得津津乐道而不思进取；由于满足，有的人会变得得意忘形而丑态百出；由于满足，有的人会变得蠢笨无比而一事无成。满足者的眼睛惯于平视，有时还会俯视，因而总是鼠目寸光，无所作为。欠缺者则不同，他们的眼睛总是仰视的，而且看得很远，因而，他们总是能够不断地向新的目标逼近，使生命的内涵不断地得到丰富和提升。

当然，对于满足，也需要从另一方面稍加说明。欲望只有顺应潮流才能对社会和人的发展起到促进作用。如果你的欲望是极端自私的，甚至是邪恶的，那就是很危险的，必须及时地加以校正和节制。这正像水中行船，船无帆不能快行，但帆要使船快行，就必须顺应风向。

如果是逆风行船，反倒无帆更好。

关于满足，还有一点必须提及。满足对青年人来说是要审慎把握的，但对老年人来说则是值得赞美的。仔细想想，一位70岁的老人，如果他的心里天天还装着许多的不满足，比如嫌房子太小，嫌票子太少，嫌车子太差，等等，他的心里会是什么滋味？他的情绪会是什么状况？这些都是不言而喻的。所以，满足对青年人来说可能是一个"脏物"，但对老年人来说，它则是一个"圣物"。"知足"才能"知福"，多一分满足才能多一分快乐。老年人应当有意识地用"满足"去填充那欲望中的"空缺"。

我们应当记住，世间的任何事物都具有两面性，生活中的满足也是如此。

晚节与情操篇

论 答 卷

　　人生的答卷包括两个部分。一部分是你的前半生——在工作岗位上的所言所行,一部分是你的后半生——退休离职后的所作所为。只有把这两部分都写好了,你的答卷才会赢得高分。如果你得分较少,千万不要责怪别人,因为这是由你自己写下的。

　　人生也是一场考试。每个人在离开世界的时候,都要毫无例外地向后人交出一份人生的答卷。

　　这个答卷不是用文字写就的,而是用事实凝成的;他是无形的,但却是客观存在的。不管你是否意识到这一点,实际情况就是这样的。

　　那么,你应当怎样看待并书写这份答卷呢?

　　每个人的历史都是用自己的言行写成的,言行不同,写下的历史必然也不同。英雄的历史之所以为后人传颂,是因为他是用激动人心的事实写成的;科学家的名字所以能刻在历史的丰碑上,是因为他们为人类的文明创造了宝贵的财富;伟人的形象所以在百年之后仍然那样高大,是因为他们曾经为社会的进步创造了伟大的业绩;庸人所以刚刚离去就被人们忘却,是因为她们的言行未给历史留下什么有意义的痕迹。

人来到世界，又离开世界，来得基本相同，去得却大不一样。人生的价值要在生命的旅途中实现，但对人生价值的评论却不只在生的时候，尤其对那些名声显赫的人，更多的评论是在死后，而不是在生前；是后人，而不是今人。

有人说，人死了还管他怎样评论。这是人生问题上的一种短视和无知。人死了并非一切荡然无存，他终身劳动的成果，他的美德和修养，都会对后人产生影响。这种影响作用，从某种意义上说，也是对生命的延伸。有的人虽然死了，但他仍然活在人们的心中——虽死犹生，就是有力的证明。所以，人在生的时候，不仅要想到能够为社会创造些什么，而且应该想到，在死的时候能给后人留下些什么。人生的答卷不仅系着生前的言行，而且系着死后的影响。真正有意义的答卷，无论对今人还是后人，都是一块无比珍贵的宝石。

人生的答卷绝不像文化考试的答卷那样简单，它是对人整个生命的总结。写好这个总结，不仅需要美德，而且需要智慧；不仅需要汗水，有时还需要付出鲜血和生命。人生中的难题很多：怎样消除烦恼、怎样排解忧愁、怎样战胜恐惧、怎样警惕嫉妒、怎样防止悲观，等等，对这些，你都需要做出正确的回答。但经验告诉我们，对绝大多数人来说，写好人生的答卷，首先要过好下列三个关口。

一是权力关。权力能辅佐人，但也能腐蚀人。未掌权的人，不要看到别人手中的权力就眼馋；已经掌权的人，不要总嫌自己手中的权力太小。为个人争取权力是一种卑劣，以权力为自己谋取私利是一种耻辱，被权力所奴役是一种愚蠢。在权力面前一定要谨防野心，在权力背后一定要警惕私心。

二是金钱关。人不能没有金钱，但谁如果把金钱看得重于一切，那他就难免会随之而失去一切。人钻进钱眼里，犹如鱼落入网里，是注定要失去自由的。

三是美色关。看到漂亮女人就动心，难免会做出蠢事；色胆包天，必定要铸成大错。有的人才华横溢，却不得美名，摆不脱女色是一个重要原因。

所以，一位智者的话是对的：人，一不能爱权，二不能爱钱，三不能爱别人漂亮的老婆。

人生的答卷是一篇大文章，要从懂事时就开始做起，活到老做到老。人应该经常意识到，自己的一言一行都是人生答卷的一部分，这对写好人生这篇大文章是极有意义的。

人生的答卷总体上包括两个部分，一部分是你的前半生——在工作岗位上的所言所行；另一部分就是你的后半生——在退休离职之后的所作所为。对已经退休离职的老年人来说，答卷的前半部分已经完成，眼下最紧要的是写好答卷的后半部分。老年人需要记住的是，写好这后半部分，既十分重要，又并不容易。这后半部分写得如何，不仅关系到你的整个答卷，也连着你答卷的前半部分。写文章既要有好的开头，还要有好的结尾，人生的答卷也是如此，文章的结论多写在末尾，人生的答卷更看重的是你的晚节。

你的人生答卷能得多少分，是60分、70分，还是80分、90分，是红色还是灰色的，主动权完全在你手里。如果你得分较少，千万不要责怪别人——因为这是由你自己写下的。

论晚节

"看人只看后半截。"一个人最重要的是晚节。青年人栽了跟头还有时间爬起来改正，而人进入老年后则没有多少这样的机会了。老年人务必把保持晚节与珍惜生命看得同等重要。

对老年人来说，在保持健康快乐的同时，最重要的是保持晚节，稳稳当当地走好人生的最后几步。

你的人生是否比较圆满，固然与青年、中年时期的表现有关，但最具有决定性意义的，还是你晚年的所言所行和所作所为。

关于晚节的重要性，明朝大学者洪应明早在《菜根谭》一书中就有过极为精彩的描述："声妓从良，一世之脂花无碍；贞妇白头失节，半生之清苦俱非。语云：'看人只看后半截'，真名言也。"鲁迅先生也曾说过："一个人最要紧的是'晚节'，一不小心，可能前功尽弃了。"

中国近代史上有两个人的经历颇发人深省，也颇能印证上述至理名言。一个是汪精卫，一个是吴佩孚。汪精卫青年时，舍身炸过摄政王，被国人尊为"革命勇士"，而晚年投靠日寇，认贼为父，国人只对其以大汉奸论定。吴佩孚中年时，是镇压工人运动的刽子手，可谓臭名昭

著，但后来宁死不当汉奸，又成了爱国者。

所以，可以认为，在人生的答卷中，晚节如何，至少应占到90分。说"看人只看后半截"，可能有不全面之处，但它确实道出了人生"后半截"的极端重要性。

欲望是人的天性，人即使到了晚年，也会有多种多样的欲望。有些是人类共同的，有些是因人而异的；有些是长久的，有些是短暂的。但总的可以分为两类：一类是正当的，一类是邪恶的。正当的欲望可以催人奋发向前，邪恶的欲望则容易使人走向堕落。所以，人必须经常对自己的欲望加以规范，保持正当的欲望，杜绝邪恶的欲望。

如果你既有正当的欲望，又有邪恶的欲望，那就需要十分注意，否则，灾难就可能向你招手。对邪恶的欲望必须毫不留情地加以根除，哪怕是一闪念，也决不放过。因为生活告诉我们，不少蠢事常常是在一闪念中干出来的，犹如千里之堤往往溃于蚁穴一样。

如果一个人能及时地发现自己的欲望是邪恶的，一般地说，只要他还没有丧失理智，戒除其还是可能办得到的。可怕的是有的人本来已被邪恶迷了心窍，却不认为自己是这样。这是最危险的。在这种情况下，外人，尤其是知心者，应及时予以帮助和劝说。如果他不但被邪恶缠身，而且就要付诸行动，为了防止其干出后悔莫及的事来，周围的亲戚或朋友，采取必要的方法加以制止也是可以的。

即使正当的欲望，也要注意予以节制，保持适度。否则，就像做米饭的火，过旺了是会将饭烧糊的。

比如对待荣誉。有荣誉感本来是好的，但如果把它看得过重，过分计较，对十几年前的事仍耿耿于怀，受人称赞的荣誉感也就会成为人取笑的虚荣心了。

再比如对待权力。有为百姓掌权、干一番事业的欲望是好的，但如果产生了权欲，退休了还对曾经拥有过的"官位"恋恋不舍，那就很不应该了。

还比如对待金钱。想多赚点钱是允许的，但如果见钱眼开，财迷心窍，为了赚钱竟不择手段，那就难免走向犯罪。

经验表明，实现欲望的手段也必须是正当的。如果欲望是正当的，手段是邪恶的，那么，正当的欲望也会引出邪恶的后果。

老年人还应当明白这样一个道理：青年人栽了跟头还有时间爬起来改正，而老年人则没有多少这样的机会了。这不是老年人的悲哀，而是人生的必然逻辑。孔夫子的告诫是对的："及其老也，血气既衰，戒之在得。"陆游的诗句也是对的："愈老愈知生有涯，此时一念不应差。"

古今人生世事启示我们，一个人能在跌跌撞撞中步入晚年，本来就很不容易了，此时最应当珍惜的是所剩时光，最应当提防的是晚节不保。老年人生活的理想境界应当是：潇洒豁达，淡泊名利，让生活充满情趣，一切都是顺其自然。

浩浩历史长河更告诉我们，一种心态也许只能影响一个人，而一种精神却可以影响一代人、几代人乃至整个民族。所以，老年人一定要十分珍视大半生中养成的高尚精神，把保持晚节也视为对后代和民族所做的又一次奉献。

论 检 点

> 人需要检点，犹如树需要修剪一样。检点自己一是要从严，二是要长久；从严才能防微杜渐，长久才能有所收获。放纵自己是人类较为卑劣的天性，多少人吃了它的亏却不醒悟。这是务必要引以为戒的。

生活忠告我们，无论年青人、中年人还是老年人，都必须检点。人需要检点，犹如树需要修剪一样。不同的是，树的修剪要靠人，而人的检点主要靠自己。

能够检点自己的言行，是一大美德。孔子曰："君子有九思：视思明，听思聪，色思温，貌思恭，言思忠，事思敬，疑思问，忿思难，见得思义。"曾子曰："吾日三省吾身。"他们对己对人的要求，可谓严格而细致。

有的人不注意检点自己的言行。在他们看来，大节无错则可以，小错不断也无妨。他们忘记了一个事实："千里之堤，溃于蚁穴"，小错也可以招来大祸。

还有的人甚至以自己不拘小节而自豪，他们误以为拘泥小节会变得谨小慎微。

有一种人，不愿意检点是为了保持自由。他们以为自由可以不受任何的约束。这种人正如一种哲学家所讽刺的那样，可能会认为腰带和鞋带也是一种束缚呢！

实际上，小节上的放纵也许可以得到一时的痛快，一时的便宜，一时的满足，但终究会引来麻烦。因为放纵会使他们经常处于不清醒之中。放纵如饮酒，越喝越醉人。所以许多不注意检点自己言行的人，其后果都与本来的愿望相反。

检点的目的不是要杜绝错误，而是为了减少错误。即使智者犯错误也是难以避免的，只要能及时察觉并予纠正就是好的。检点也绝不是要把人搞的谨小慎微，因为谨小慎微的人虽然犯不了大的错误，但也绝不会有什么新的创造。

一个善于检点的人，总是能促进自己精神的成长，智慧上是明豁的，道德上是清白的，灵魂上是洁净的。他们能够抵御各种邪恶的诱惑，保持人格的纯真，如果一旦发现自己有什么错误，就马上改正。他们认为，对错误的任何改正，都是一种新的进步。这自然是很好。

善于检点的人还有诸多美德。比如，一件事情做完，总要回过头来想一想，看有无不周到之处。如果确有错误，他就会认真思索，寻找其原因，并努力改正。对于这种人来说，从一次错误中学到的东西，可能要比一些人在十次成功中学到的还要多。

再比如，当听到别人对自己的非议之后，他不会一触即跳，更不会马上去找人家对质，而是首先想想自己。人家说的有一分正确，也要引为教训。如果纯属误传，也只是通过适当的方式，予以解释或说明。

经验表明，检点自己一是要从严，二是要长久。从严才能防微杜渐，长久才能有所收获。对自己言行的放纵，无异于对过失的宽容。

人生能对社会做出重大贡献是最好的，倘若无重大贡献，能做到问心无愧也是可以自慰的。最可怕、最可悲的是，不但无什么贡献，反而亏欠了社会许多。

老年人大多都经受过很多的风雨和磨难，能够快乐地活到今天已属不易。剩下的路怎么走，你自己应当注意，周围的人也在看着。对绝大多数老年人来说，衣食无忧的问题大概已经解决了。需要注意的是，即使老了，也不能忘记了检点自己的言行；既要警惕在小事情上乱伸手，更要防止因不检点而失去晚节，遗恨终身。

一位智者的话是对的：放纵自己是人类较为卑劣的天性之一，多少人吃了它的亏却不醒悟；如果至今还有人甘愿放纵而不注意检点，那就让他品尝这枚苦果的滋味吧！

论 口 碑

> 金杯银杯，不如老百姓的口碑。人要一辈子为老百姓多做好事。如果你已经在百姓中留下了美名，那你就足可以感到欣慰。如果你还在继续跋涉，那就一定要像珍惜生命一样去珍惜美名。美名也是生命的别名。

民间有一句话讲得很好："金杯银杯，不如老百姓的口碑。"这话原本是对掌权者而言的，其实，对所有的人来说也何尝不是如此！

不能说所有的奖杯都一钱不值，因为绝大多数奖杯毕竟也是成功的一种象征。但有一点是可以肯定的，生活中的某些奖杯的确远不像老百姓的口碑那样珍贵。这不只是因为有的奖杯本来就含有虚假的成分，也不只是因为有的奖杯原本就不是属于他的，而是因为老百姓的口碑与很多奖杯相比，其含金量更高，因而价值也更高。

其中的道理并不深奥。

看看生活中的许多事实吧。有的人头上的光环很多，真可谓光彩照人，但老百姓并不认可，品头论足者有之，因不服而愤愤者有之。有的人奖杯多多，在仕途上更是青云直上，但老百姓也不买账，因为他们心里明白，那些奖杯只是一些人为了升迁而不惜代价捞取的资本，

好景不会很长。有的还真被说中了，上去没多久，就被拉下来了，上得快，下得也快，爬得高，摔得也惨。然而，但凡在老百姓中口碑很好的人，却几乎没有或极少有这种现象发生。

何以如此？最要紧的还是百姓和人心在起作用。人民是历史的创造者，也是历史的推动者，同时也是历史的维护者。人民在创造历史、推动历史、维护历史中的作用，既是不可抗拒的，也是谁也无法取代的。连古代的明君都相信，水能载舟，亦能覆舟，而这水就是人民。如此去想，说老百姓的口碑要远远珍贵于某些奖杯，不就都在情理之中了吗？

口碑和奖杯都是一种荣誉。讨论口碑，除了应明白必须永远把人民装在心里之外，还要正确地理解和对待荣誉。

荣誉既是人类不可或缺的，又是不可过分计较的。如果以为所有的荣誉都是可有可无的，那么，他可能是一个毫无上进心的人。如果以为荣誉就是一切，那么，他即使今天不是，但终有一天会成为一个虚荣心极强的人。

社会给优秀者以荣誉，是为了尊重和表彰他们的劳动成果。优秀者珍惜荣誉，既是珍惜自己的劳动，也是为了激励自己对社会做出更多的贡献。虚荣者则不同，他们看重荣誉是为了谋取私利，至少是为了满足炫耀自己的欲望。

对待荣誉，优秀者与虚荣者还有下列不同：

优秀者也希望保持荣誉，但他们绝不以苟且偷生为手段，他们唯一的办法是付出更多的劳动，给人民以更多的回报。虚荣者与此相反，他们患得患失，既怕失去荣誉，又不愿意做出新的努力，他们的策略，或是维持现状，或是急功近利，或是做表面文章。

优秀者从不骗取荣誉。而虚荣者为了填补欲望的沟壑，当得不到荣誉时，常常不惜采取各种手段骗取荣誉。

优秀者在荣誉面前永远是谦逊的。他们总感到自己有愧于荣誉：人民给自己的太多了，而自己给人民的太少了。所以，时时不忘继续忘我地奋斗。而虚荣者在荣誉面前总是沾沾自喜，在他们看来，自己是最应该获得荣誉的，有时还嫌得到的太少，埋怨社会欠了自己的账。

正因如此，荣誉可以从两方面起作用。一方面，它像一剂健身药，能给人注入活力，使你更加充满生机，奋发图强；另一方面，它又像一剂麻醉药，能让人昏昏欲睡，使你失去清醒，沉溺于自我陶醉之中。所以，荣誉只有在优秀者身上才是美的，而在虚荣者身上则是丑的。

荣誉并不像空气和阳光那样唾手可得，他是心血、汗水，甚至是生命的结晶，是社会对奋斗者成功与贡献的肯定。我们应当懂得：荣誉要靠人去创造，而人不能靠荣誉去造就，在荣誉面前务必有自知之明；"实至名归"，不停顿地奋进，无私地去奉献，是赢得荣誉、保持荣誉的最佳途径。

雁过留声，人过留名。人一辈子能留个好名是值得庆幸的，历史会记着你，亲朋好友们也会以你为荣。所以，老年人应当记住：如果你已经在岗位上留下了美名，那你就足以感到欣慰；如果你还在继续跋涉，那就一定要像珍惜生命一样去珍惜美名。有一点是不必怀疑的：人死了，但只要你依然活在老百姓的心中，那你的人生就应当算作非常之圆满。

末尾，请记住一句话："美名也是生命的别名。"

论 人 格

你无论追求什么，都不能忘记了人格。人格连着事业，连着生活，连着晚节，连着你的一切。你要保证自己的人生不会枯萎，就必须十分注意培育你的人格之树。世界上有不少事都可以由别人代你去做，但唯有做人这件事，谁也不能让他人替代，必须靠自己去努力。

谈及人格，便会想到做人的资格。人与动物的区别在于，一是能制造工具，二是具有思维能力。那么，是否具备了这两条就有了做人的资格呢？事情远没有这样简单。

你一定看到或听到过生活中许多有悖人伦、天人共怒的事：令人作呕的如，有的父亲与亲生女儿乱伦；让人嗤之以鼻的如，有的人为了自己的安乐，竟可将救灾财物窃为己有；使人啼笑皆非的如，两个男子为了争一个舞伴，竟可以闹出人命案来；叫人咬牙切齿的如，有的人为了泄私愤，竟能捏造事实，诽谤他人，等等。如果能对做人的资格也画一条线来，这些人必定是线下者，他们是人，却不具备做人的资格。

人格，乃人的性格、气质、能力等的总和。但高挂于人格之树，并常开不败的人格之花，首推不是性格，不是气质，也不是能力，而是道德和品质。讲人格，首先应当讲品德。品德是人格之本，品德是无价之宝。金钱买不来品德，权力换不来品德，邪恶压不住品德，历史忘不了品德。而且，越是在金钱和权力面前，越是在邪恶猖獗的时候，越是在浩浩的历史长河之中，品德越是闪光，越是具有不可战胜的力量。所以，推崇高尚的人格，当首先崇尚高贵的品德。高尚品德是永远不会过时的。

人来到世界上就会有追求，但无论追求什么，都不能忘记了人格，即使到了晚年，也要始终如此。人格是一种精神，但它却是深藏于人身内部的一种"物质"，犹如磁力深藏于磁铁内部一样。人无人格，好比磁铁无磁，是断然不能成就任何大事的。人格连着事业，连着生活，连着晚节，连着你的一切。你要对自己负责，就需要十分注意培育你的人格之树。人格之树常青，你的人生不会枯萎，你的幸福才确有保障。

生活中，许多人，特别是那些领导者，都非常看重人心的向背。然而有些人想得到人心，却只重视荣誉和名声，而忽视了人格的作用，这是很不明智的。须知，荣誉与名声虽然也很牵动人心，但要真正获得人心，离开了高尚人格是绝对不行的。荣誉、名声与人格不是永远都相默契的。美誉、美名一刻也离不开高尚人格的辅佐。人格美，荣誉和名声才会美；人格不美，即使已经得到的美誉与美名，也终有一天会随风而去。

人格与真理的联系就更加微妙了。一方面，他们像一对孪生兄弟，异常亲密，谁也离不开谁。真理要借助人格去闪光，人格要依靠真理去导航，二者虽然都能独立存在，但谁少谁都是一种痛苦和悲哀。另一方面，它们各自对对方又特别挑剔，稍有不和，就相互离异。如果真理发现你的人格出了故障，他就不在你的身上显灵；如果人格发现你离开了真理，他就不再青睐于你。

经验表明，人格是一种不灭的物质，人格是一种非凡的力量，人格是巨大力量只有具有高尚品德的人才能真正感受到。

经验也表明，一个人有无魅力，关键在于你的人格状况如何。不是长得漂亮就有魅力，也不是有知识就有魅力，更不是有权或有钱就有魅力。人之魅力，归根到底是高尚人格散发出的光亮。

经验更表明，人格不是与生俱来的，也不是永久不变的。你要具有高尚的人格，你就必须终生注意加强自身的修养。世界上有不少事都可以由别人代你去做，但唯有做人这件事，谁也不能让他人替代，必须靠自己去努力。

上述三个方面的经验，都至关重要。老年人要确保自己的晚年生活幸福，记住这些经验是非常必要的。

祝愿你的人格之树永远常青。

论 尊 严

不要因为有人对你过去的工作说三道四你就不舒服，以为这是对自己尊严的伤害；也不要因为有人对你今天的失意而幸灾乐祸就怒不可遏，以为这是对自己尊严的挑战；更不要因为个别人散布的流言蜚语而痛苦不已，以为这会构成对自己尊严的毁灭。只要你的内在品格是高尚的，你的尊严就会是任何人都伤不了、抢不走的。

一般地说，老年人比青年人更加看重尊严，也更加注意善待和维护尊严。这是老年人的特点之一，也是老年人的优点之一。

然而，期盼尊严的人却未必一定能够获得尊严，已经享有尊严的人也未必一辈子能守住尊严。在生活中，被尊严困惑者有之，因得不到尊严而烦恼者有之，因失去尊严而悔恨者也有之。这种种情况告诫我们，即使阅历丰富的老人，也有必要更加深刻地认识尊严，更加理智地善待尊严。

尊严的确切含义，是指尊贵庄严。对国家与民族而言，它象征着可尊敬的身份与地位，但对人而言，他更多地象征着的则是高尚品格。所以，早有哲人指出，只有内在品格很高尚的人，才适合讲尊严。它

启示我们，如同人要想增加其魅力就必须注重自身素质的提高一样，你要获得尊严，就必须加强内在品格的修养。

尊严与面子不能画等号。人之尊贵的身份与地位，首先是以高尚品格为依托的。离开品格的修养去追求尊严是自欺欺人，为了面子上的好看而追求尊严会愚弄尊严。荣耀的面子是高尚品格赐予的，虚假的面子与尊严毫无共同之处。因此，面子只有在纯真的时候才是尊严所需要的。

尊严与自尊心密不可分。正常的人都有尊严，但自尊心强的人更加注重尊严。所以，对那些不注意自己尊严的人来说，唤起他们的自尊心是极为重要的。因为人如果失去了自尊心，就会像肌肉失去了神经而变得麻木，既不知疼痛，也不知冷热。这正如一个不懂得羞耻的人，是绝不会害怕别人的耻辱和嘲弄一样。

尊严既有其共性，也有其个性。儿童的尊严不同于老人，男性的尊严不同于女性，智者的尊严不同于愚者，乞丐的尊严不同于富商。一个人有什么样的尊严，往往与其所处的地位、环境和经济条件有关；年龄与经历不同，其尊严也会有所不同。

尊严既是十分重要的，也是极其微妙的。人不能没有尊严，但也不能把个人的尊严看得过重。如果把个人的尊严看得重于一切，神圣不可侵犯，其结果不但会失去尊严，还可能损伤他人以至民族和国家的尊严。所以，人不但不能把自己的身份和地位看得过重，而且要善于把它置于国家和人民的整体利益之中，使之既有利于国家和人民，也有利于自己。如果个人的尊严与国家和人民的利益相违背的，那就宁可以不要为好。

生活告诉我们，人在追求尊严的时候应切忌虚荣。虚荣是引人自误的诱饵，它既得不到尊严，也不能维护尊严，反而会失去尊严。与同事相处应注意坦诚，以免互不信任。在下属面前应保持谦逊，以防盛气凌人。对上司过分恭维，难免自轻自贱。输了理及时认账，并不会失去体面。自我夸赞必定招来轻蔑，贬低别人首先会损害自己。即使地位很高的人也不要拒绝做小事，因为做小事不但不会有失身份，反而会赢得更多人的尊重。如果你出身贫寒，绝不要自卑自贱。如果你是名门贵子，千万不要有优越感。如果你身居高位，一定不可目中无人。人的尊严既不是别人赐予的，也不是地位本身固有的，他只能靠自己的有效努力去赢得。

老年人面对尊严最应注意的是，要多一点自信。一个人有无尊严和有多少尊严，最终要由社会和大多数人做出定论。不要因为有人对你过去的工作说三道四就很不舒服，以为这是对自己尊严的伤害；也不要因为有人对你今天的失意而幸灾乐祸就怒不可遏，以为这是对自己尊严的挑战；更不要因为个别人散布的流言蜚语而痛苦不已，以为这会构成对自己尊严的毁灭。你应当把这些现象统统视为一种正常。对自己的功过是非，尽可任人评说。对流言蜚语，最好的办法是置之不理。要坚信，只要你的内在品格是高尚的，你的尊严就会是任何人都伤不了、抢不走的。

祝愿你的高尚品格永驻。

祝愿你的美丽尊严永存。

论 虚 名

> 图虚名是为了得实惠。虚名之所以能够盛行,是因为有利可图。倘若虚名变为苍蝇,它是绝不会有市场的。倘若虚名无利可得,图虚名的人必定会减少。人应当做到,既不为虚名所诱惑,更不为虚名所折磨。

人生中的许多烦恼,是由于追求虚名而导致的。不少青年人吃过这个苦头,连一些阅历颇深的老年人有时也难以幸免。它提醒我们,你要生活得健康快乐,就应当弄清什么是虚名以及如何对待虚名。

其实,生活对虚名及其危害已早有定论:虚名像雨后的彩虹,虽然好看,但绝不能长久,图虚名而不务实的人,最多只能当作陪衬而不可重用。

仔细体察生活会发现,虚名者与务实者有诸多的区别。前者视名为命,后者以实至上;前者有名无实,后者名实相符;务实者注重实际内容,虚名者追求表面形式;务实者用实际证明自己,虚名者用美言装扮自己。所以,十个徒有虚名的人也比不上一个踏实肯干的人。

生活还告诉我们,注重虚名的人,表面看也很聪明,实际上是非常愚蠢的。因为即使最好的虚名也只能存在一阵子,一个微小的事实就可以把它驱赶得无影无踪。虚名经不起事实的检验，正像纸里包不住火一样。人应当明白，虚名不过是涂抹在脸上的一层腐蚀剂，它不但不能为你增色，还会损害你的容颜。

人一出生就要有个名字，那是为了称呼。你为民族、为国家、为社会进步做出贡献，大家要给你荣誉，那是为了鼓励。务实者有时也需要名声，但他们绝不会刻意地去追求名声，更不会卑劣地去骗取名声，而是用行动去赢得名声。因为在他们看来，行动犹如琴弦，名声犹如琴声，美的名声永远是美的行动发出的回音。

虚名则不同，它是一种与实际情况完全不相符合的陪衬。它既不是事实赋予的，也不是别人赐给的，而是自封的，或者是骗取的，或者是由于讹传而形成的。所以，虚名不但不是一种美名，反而是一种耻辱。

然而，时至今日，却仍有一些人那样地热衷于虚名。有的人并无真才实学，却非要挤到教授、讲师的行列里不可；有的人自己不动手写作，但发表文章时却要求把他的名字写上；有的领导干部平日里工作马马虎虎，但在公开露面时，对名次排列、职务称呼却格外认真；有的人甚至以虚名压人，自己意见不对也要求别人服从；还有的人不惜说谎造假，以国家和人民的巨大损失为代价换取个人之虚名。凡此种种，令人深恶痛绝。有识之士惊呼，虚名也是一种灾难！

如何看待虚名，对个人来说是个品德问题，对社会来说则是个风气问题。图虚名是为了得实惠，虚名所以能够盛行，是因为有机可乘、有利可图。倘若虚名变为苍蝇，它是绝不会有市场的；倘若虚名无利可得，图虚名的人必定会减少。所以，要防止虚名盛行，对个人应加强品德教育，在全社会则应倡导务实之风。

对老年人而言，要紧的不在于怎样去防止追求新的虚名，而是不要对未曾得到的虚名而感到遗憾，更不要因此而耿耿于怀。名利之心人皆有之。人能多一点美名自然是好事。需要注意的是，在现实生活中，虚名与美名经常是混杂在一起的，有时候还很难分辨清楚，这就增加了正确把握名利之心的难度。也正由于如此，有的人往往把虚名也误认为是美名，甚至因未得到这种"美名"，在多少年后想起来仍感到是一种憾事，这是不应当的。一位老年朋友的话是对的：对这类事的最好办法是忘记，忘记得越早越好，忘记得越彻底越好。

虚名是虚荣的影子。不管是青年人还是老年人，都应当记住，荣誉之心不可无，但虚荣之心不可有。人应当做到：既不为虚名所诱惑，更不为虚名所折磨。

论 名 利

> 对于名利之心,要像对待美酒那样,可以饮用,但决不可过量。人既不要为那些看似应该得到却未曾得到的名利而惋惜,也不要为那些曾经得到而又失去的名利所困惑。人为名利所累,无异于自讨苦吃。

名利之心犹如美酒,它是醉人的。这种心情的作用是矛盾的,它既能唤你追求,又能乱你心智;既可催你奋进,又可拉你后退。所以,对于名利之心,要像对待美酒那样,可以饮用,但决不可过量。无论对哪个年龄段的人来说,都应当如此。

常识告诉我们,名誉之心,人人皆有;个人利益,亦人皆有之。因此,一概地否定名利是违反常理的。实际上,生活中毫无名利之心的人几乎是没有的,即使有,也绝不会很多。

人不是不可追求名利,重要的是追求什么样的名利以及如何去追求名利。

人生中的名利虽然多种多样,但主要的有以下三种,即国家之名利、民族之名利和个人之名利。在这方面,智者与愚者的区别是:前者为民族、为国家争名争利,而后者则只争个人之名利;前者善于将

个人名利之小溪注入民族和国家名利之大海，而后者则常把个人名利凌驾于民族和国家名利之上，有的甚至想让大海之水倒流回小溪。所以，名利在智者身上是闪光的，而在愚者那里却是灰暗的。

对老年人来说，尤当警惕的是，不要为那些看似应该得到而未曾得到的名利而惋惜，也不要为那些曾经得到而又失去的名利所困惑。你不妨这样想：那些未曾得到的名利，很可能原本就不属于你自己，而应该属于别人；即使有一万个理由属于你自己，也不必再为之而烦心，因为这毕竟已既成事实，无论你怎样牵肠挂肚，也已无任何意义。何况，这"一万个理由"还只是你自己的认为，或许你这些"理由"中的许多，本身就不是真正的理由。倘若某种名利确实应当归你享有而落在了别人身上，那也应当想得开——在名利面前从来就没有绝对的公平，只要你为国家为民族做出了贡献，就该当满足。

至于那些已经得到而又失去的名利，就更不必在意了。因为连你自己的生命也是有限的，又何求名利之永存呢？比如你的权力、地位以及随之而来的待遇，无论当初怎样显赫和优越，它也只是一种需要，而并不是一种荣耀。现在，你已经完成了自己的使命，人民也已经给了你应有的回报，再为已经失去的名利而困惑实在是不必要的。其实，如果你真正享有美名，即使离开了人世，别人也会记得住你的。至于利，那也同样不必经常挂在心上。钱有多少才算得上够呢？房子有多大才算得上好呢？这些都并不重要。你应当更多地关注的是自己的健康。所以，老年人千万不要把名利看得过重。人为名利所累，无异于自讨苦吃。

历史忠告我们，无论是谁，都要对个人之名利加以调控——时时将其纳入民族、国家利益之轨道。国家有名，民族有利，何愁个人之名利！个人之名利，如果有益于国家和民族，那是最好的；如果无害于国家和民族，也是允许的；但如果有害于国家和民族，则是必须制止和放弃的。

其实，离开国家和民族，又有什么个人之名利呢！

难道可以把自己游离于国家和民族之外吗？

难道还有与国家和民族毫无关系的个人名利吗？

因此，当你在追求名利的时候，一定要把个人名利与国家、民族之名利紧紧地联系在一起思考。

如果你的名利之心刚刚萌动，那就要及时地浇灌为国为民之水，使之一开始就能像精心培育的小树一样健康成长。

如果你的名利之心就要起飞，那就应格外地注意为其导航，使之纵然遨游太空，也不离开为国为民的轨道。

如果你的名利之心已经结出果实，那就要时时记住，他的主人是养育你的人民，绝不可据为己有。

人有名利之心容易，求得名利之果很难，但最难的是在名利双收的时候保持头脑清醒。有的人没有被困难吓倒，也没有被枪炮打倒，但却被名利击倒。经验表明，人如果被名利迷住心窍，往往就像喝了"迷魂汤"似的，变得神志不清，成为最愚蠢的人。他提醒我们，有两点是务必要牢牢记住的：

名利之心也是个双料货，他既能结出鲜果，也能酿成苦酒。

人在名利面前必须保持理智，既不能被名利之心所操纵，更不能因名利之心而葬身。

论 得 失

有人生就有得失，有得失也才有人生。得与失相克相依：有得必有失，有失必有得；得到的越多，并非失去的就越少；失去的越少，也并非得到的就越多。在得失问题上需要切记的是：不该得的万不可得，应该失的决不可惜，得失都是身外之物。

作为汉语词汇，"得失"二字的内涵并不难理解，但在人生的辞典中，它却是那样的深奥难解。许多人认识它，却不能理解它，更不能善待它，由此而吃了诸多的苦头。就连一些有着丰富社会生活经验的老人，在其面前有时也显得不那么成熟，以至整日闷闷不乐却不知原因何在。自然，也有不少人，特别是一些智慧老人，对其理解得很深，把握得也很好。正因如此，他们在岗位上时，工作干得很舒心，退下来后，生活过得也很开心。

所有这些，你大概都看到过，或听到过，或许也亲身体验过。

所有这些，都是人生中的正常现象，既不必奇怪，也不必畏惧。

所有这些，都向我们提出了一个值得思考的问题：到底应该如何理解得失，怎样对待得失。

得失问题源于生活，贯穿于生活，能够回答这个问题的最好老师也依然是生活。

这方面，生活告诉我们的有很多很多。这里主要列出三点。

（一）得失是人生永远抛不掉的伙伴。有人生就有得失，有得失也才有人生。乞丐与叫花子有得失，即使伟人与"圣人"也何尝没有得失！得失像一股流水，它渗入生活的每一个缝隙，对谁都如此；得失也像一位严师，它随时都会向你发问，谁也不能蔑视；得失还像一个病魔，它迫使你去面对，谁也不能躲避；得失更像一条绳索，它紧紧地将你捆绑，谁也难以挣脱。人要快乐地生活，就要清醒地面对得失，理智地善待得失。既不要把它看作是一个圣物，也不要一概地认为它就是一个怪物。"怪物"与"圣物"只有一字之别，人在得失问题上把握得如何，常常也只是一念之差。

（二）喜欢得到而害怕失去，这既是人性固有的弱点之一，也是人性特有的优点之一。正像沉默与喊叫都是一种选择一样，得到和失去也都是一种需要；正像该沉默时才沉默，该喊叫时则应喊叫一样，该得到时才得到，该失去时则应失去。该得则得，该失则失，应视为优点；该失不失，不该得而得，则应视为缺点。所以，人既不能一味地追求得到，也不能一味地躲避失去。得失皆有道，务应慎对待。

（三）得到与失去都是相对的，二者相克相依。没有绝对的得到，也没有绝对的失去，得失都是比较而言的。得到的越多，并非失去的就越少；失去的越少，也并非得到就越多。有得必有失，有失必有得。得到未必都是好事，失去也未必都是坏事。得中有失，失中有得，得失犹如血液中的红白细胞，虽然有时会此消彼长，但他们始终共生共存。得失绝不像两个连体婴儿，经过手术就能够相互分离而独立存在。

因此，人在得到的同时，也就要准备着失去；而在失去的同时，也要机敏地看到那已经悄然而至的得到。

在得失问题上，生活对我们还有许许多多的忠告。这里也列出三点。

（一）不该得的万不可得。某些人的痛苦并非是缘于失去，而恰恰是由于得到。因为得到的过多而导致失去的也太多，这正是一些人的悲哀之处。在人生中，最能够唤起贪欲之心的莫过于权力、地位、金钱和美色这四样东西。环顾生活，多少人不正是因为贪图这四样东西而葬送了自己的美好前程吗？有的人晚节不保，不也均与此密切相关吗？人生中不该得的东西固然有很多，但最要紧的是不要让这四样东西迷惑了自己。能够在这四样东西面前始终傲然挺立者，即使在其他方面有不当得到的，也不至于毁掉自己的整个人生。

（二）应该失的要乐于失去。一个人只想得到而不想失去，是注定要被痛苦缠身的。有得有失，符合人生的常理，也符合历史的逻辑。天下的好事不能均为你一个人所有，该失的要果断失之，既不要为之惋惜，更不要为之痛苦。相反，要把它视为一种快乐，当作一种荣耀。在得失问题上最应审慎驾驭的是欲望。邪恶的欲望不可有，非分的欲望当警惕。只要你能时时驾驭好自己的欲望，在该失去的时候你就会觉得理所应当，虽然失去了，却乐在其中。

（三）得失都是身外之物。人不该糊涂到连什么是最重要的都不明白的地步。人赤裸裸地来，又赤裸裸地去，生不带来什么，死带不走什么，人来到世界上能够完全属于自己的只有生命。这个道理再浅显不过了，但有些人直到晚年也不能真正明白，这实在是人间的一种不幸。平心静气想一想，与生命相比较，即使权力、地位、金钱、美色又能算得上什么呢？不管你得到的是什么，失去的是什么，还不统统都是身外之物吗？早有智者说过，房子千万间，你晚上也只有睡一张床。还有人开玩笑说，如果你的生命终结了，即使年轻美貌的妻子也可能是别人的。假如你能这样想，"得失"二字在你的人生天平上，就不会占太重的分量。

关于得失，上面共列出六点，是否有些道理，君不妨细细品味。

论自重

自重方能赢得别人的尊重,人的形象也是人的生命的一部分。对有损自己形象的言行,务必要像对有损自己生命的病毒那样加以提防。老年人要有能力维护自己的形象,像有能力御寒防暑一样。

犹如"没有衬景的宝石,必须自身珍贵才会蒙受爱重"一样,人只有自重才能受到别人的尊重。无论青年人、中年人还是老年人,都概莫能外。

所谓自重,就是注意约束和规范自己的言行。人之心灵美不美,能力强不强,素质如何,气质如何,风度如何,都能通过言行表现出来。每个人都在用自己的言行塑造自己的形象。只不过,自重的人是用高尚的言行塑造了美的形象,而自轻的人,则是用粗俗的甚至低下的言行塑造了不美的或丑的形象。

注意观察生活你会看到:

有的人因不拘小节、举止粗俗,被别人认为是缺乏修养而为人小看。

有的人因小里小气、爱占便宜,被别人认为是私心太重而为人鄙视。

有的人因投机钻营、巧取豪夺，被别人认为是不务正业而失去信任。

有的人因作风放荡、行为不轨，被别人认为是道德败坏而名声扫地。

有的人因见风使舵、趋炎附势，被别人认为是丧失原则而受到谴责，等等。

这些，都是因不自重而损害自己形象、失去别人尊重的表现。

生活一次又一次地提醒我们，自重方能赢得别人的尊重，自轻不但不能为人所尊重，而且会招来自损——不仅是面子与形象，而且包括生活与事业。

生活也一次又一次地忠告我们，自重是一种修养，也是一种美德。人要做到自重，贵在严格要求自己。应该把自己的形象与自己的生命等同起来看待，对有损自己形象的言行，要像对有损自己生命的病毒那样加以提防。

在自重方面，老年人应比青年人更加多一点自觉，多一点深邃；要有长者风范，有大将风度。与青年人相处，要少一点一般见识；与同龄人相处，要多一点互信互敬；与老下级相处，要少一点居高临下；与老上级相处，要多一点谦逊尊重；与老伴相处，要少一点挑三拣四；与儿女相处，要多一点平等关爱。

老年人为了做到自重，在下列情况下，尤其应注意保持清醒和警惕。

当你感情异常激动的时候，一定要冷静、再冷静，切忌凭感情用事。

当你怒气难以克制的时候,最好把话咽在肚子里暂时不说,把事拖下来暂时不办,待心情平静后再作考虑。

当你个人利益受到触及的时候,要善于权衡,既不要因眼前的蝇头小利而横生闷气,更不要以损失他人的利益为代价换取个人的一己之利。

当你在无人监督和自主性较强的时候,要善于自立,用法律左右自己的意志,用道德规范自己的欲望,用原则支配自己的行动。

当你在极度痛苦和悲观的时候,要善于忍耐,千万不可孤注一掷——像蜜蜂那样"把整个生命拼在对敌手的一螫之中"。

老年人对人生价值和生存艺术都有着深刻的理解,在自重方面应当比其他年龄段的人做得更好。

相信老年朋友都有能力维护自己的形象,像有能力御寒防暑一样。

论 自 谦

无论对哪个年龄层次的人来说，自谦扮演的都是助跑者的角色。自谦者的进步肯定会比自傲者快得多，自谦者的烦恼肯定要比自傲者少得多。自谦是一位谁也不可缺少的挚友。老年人要确保自己的人生列车平稳运行，多一些自谦是非常必要的。

一位饱经沧桑的长者在临终前曾这样告诫自己的儿女和亲人：自谦是聪明人的一大美德，只有愚蠢的人才会自傲；人要真正有所作为，就要像学会自重一样学会自谦，像防止病魔一样防止自傲。

这位老人可算得上是个智者，对他的儿女和亲人来说，这些遗言要比万贯财产更为珍贵。

看看古今中外的伟人、名家们是怎样赞美自谦的。毛泽东说："虚心使人进步，骄傲使人落后。"鲁迅说："不满足是向上的车轮。"奥斯特洛夫斯基说："谦虚可以使一个战士更加美丽。"斯宾塞说："成功的第一个条件是真正的虚心。"

然而，古往今来，总有一些人喜欢骄傲，而不喜欢自谦，或骄傲多于自谦。原因何在呢？

经验表明，真正有知识的人是不会骄傲的。因为愈有知识，才会愈感到知识不足，因而也愈谦虚。正像翱翔在蓝天上的雄鹰，飞得愈高，才会愈感到天空的广垠，因而也愈不会怪怨天空狭小。只有那些无知的人才会骄傲，因为愈是无知，愈容易满足。犹如井底之蛙，在井里待得愈久，就愈以为天只有井口那么大，所以骄傲的第一个原因就是无知。

骄傲的第二个原因是虚荣。有些人由于虚荣心作怪，总喜欢听到别人的夸赞，对他们来说，夸赞好像是一支兴奋剂，而且一天也不能少。于是，一旦得不到别人的夸赞时，就自吹自擂起来。

嫉妒是骄傲的第三个原因。骄傲的人必然嫉妒，嫉妒的人也必然骄傲。骄傲是愚蠢的邻居，嫉妒则是骄傲的朋友。当嫉妒之心跃跃欲试的时候，骄傲之心就会悄然升起，并拜倒在你的脚下。

骄傲的第四个原因是"滥用优点"。不能说一些骄傲的人没有优点，他们可能真有不少优点，真有超出别人的地方。但他们除了过分看重自己的优点外，还往往"滥用优点"。比如，专拿自己的优点与别人的缺点比，越比越觉得自己"高大"。其实"滥用优点"本身就是严重的缺点，而且，滥用一个优点，往往能引来十个缺点。所以，"滥用优点"的结果，常常是增加缺点。"骄傲使人落后"，在这里又一次得到了验证。

骄傲的原因因人而异，克服的办法是对症下药。如果是因为无知，那就应当学习。如果是因为虚荣，那就应当求实。如果是因为嫉妒，那就应当扩展胸怀。如果是因为"滥用优点"，那就应当珍惜优点，同时多发现自己的缺点。

自谦与自卑并没有因果关系，所以，绝不能说自谦必然导致自卑。

但是，自谦与自卑之间也没有不可逾越的鸿沟，自谦如果变得低声下气，那就有可能成为自卑。正如黑格尔所说："自卑往往伴随着怠惰，往往是为了替自己在其有限目的的俗恶气氛中苟活下去做辩解。这样一种谦逊是一文不值的。"因此，自谦不但容不得骄傲，也容不得自卑。

要做到自谦而不自卑，有两点是要注意把握的：

一是不要自私。谦虚是纯朴的，它不允许任何邪恶玷污自己的面孔。如果私心太重，它就会使自谦转向，或者倒向虚伪，或者倒向自卑。

二是不要软弱。自谦绝不排斥自信。自谦是有力量的表现，它与软弱毫不相干。正像斯宾诺莎指出的那样："最大的骄傲与最大的自卑都表示心灵的最软弱无力"。所以，要自谦而不自卑，就必须做到坚强而不软弱。人活一世不可没有骨气，但决不能滋生媚骨。如果说，软弱为自谦与自卑二者之间架起的是桥梁，那么，坚强则是摧毁这座桥梁的勇士。

其实，不仅青年人要学会自谦，老年人也需要自谦。自谦对老年人的最大好处是，有利于保持心理上的健康。多一分自谦就会多一分宁静，而多一分宁静就会多一分安逸。对青年人来说，安逸意味着惰性与落后，老年人则不同，它不仅有利于养心，也有利于健体。自谦者的烦恼肯定会比自傲者少得多。老年人要确保自己的人生列车平稳运行，多一些自谦是非常必要的。

少年比学习，青年比工作，老年比身体。在这"三比"中，自谦扮演的都是助跑者的角色。可见，无论对谁，自谦都是一位不可缺少的挚友。

论 私 心

> 人世间的所有私心，几乎都源于利益的牵动。你要战胜私心，就必须正确对待个人利益——把自己这个"小我"看得轻一些，把人民这个"大我"看得重一些，并时时注意把个人之"小我"融于人民这个"大我"之中。

心底无私品自高，品自高者寿自长。尽可能地减少和克服私心，既是老年人保持健康快乐的秘诀之一，也是老年人保持高尚情操的基点之一。

对"私心"二字，谁都不会陌生，但私心给人特别是给老年人的健康快乐所造成的危害，却并非谁都能看得那么清楚。

生活告诉我们，有的人表面看是苦于躯体有病，但实际上是苦于心理疾病。生活更告诉我们，人患上心理疾病的原因虽然是多种多样的，但在许多情况下，它均与私心杂念密切相关。所以，有的人把心理疾病称作杀人不见血的软刀子，更有人把私心杂念看作是导致心理疾病的祸根子。这都是很有道理的。

私心对老年人健康快乐的危害，至少可以列出以下一些：

有私心则容易产生非分之想。比如，虽然已经失去了官位，但仍想着在位时的风光，仍想着得到更多的好处。

有非分之想则容易招致情绪波动。比如，因某种愿望未能实现而失望，因某种利益未能得到而失落。

有情绪波动则容易导致心理失衡。比如，因失望而对组织产生不满，因失落而对生活失去信心。

有心理失衡则容易患上心理疾病。比如，伴随失望与失落而滋生的烦恼、郁闷、焦虑、恐惧，等等。

有心理疾病则容易引发躯体疾病。生活中因心理上长期郁闷而患上心血管病甚至癌症的还少吗？

上述各点，并非只是逻辑上的推理，而是生活中客观存在的事实。这些事实，足以说明私心对老年人健康快乐的危害有多么的严重。

讨论私心，除了要认清私心对健康快乐的严重危害外，还应当思考两个问题：一是老年人最应当警惕的私心是什么，二是老年人怎样才能有效地减少和克服私心。

先说第一个问题。

现实生活中，青年人身上的私心多表现为在眼前利益上患得患失，而老年人身上的私心则多表现为不能正确地对待已经失去的利益，包括权力、地位及由此而带来的各种好处。有的人拿自己的今天与自己的昨天比，一比就觉得今不如昔：原来手中的权力没有了，往日在位时的风光没有了，曾经拥有的一些好处也没有了。因为这些"没有"，轻的会产生失落感，重的还会生出某种不良情绪。还有的人拿自己的过去与别人的现在比，或者拿别人的过去与自己的过去比，一比总觉得对自己不够公平。这些人常这样想，当年自己在很多方面都要胜于

某某人，若不是因为机遇不好，他今天的位置可能就是自己的。这样一想，总感到自己失去得太多，轻者心里经常闷闷不乐，重者还会导致心理失衡。这些比的角度虽各有不同，但其实质都是一种私心的反映，其源头都是那些已经失去的利益。

经验表明，一个人如果私心太多，就容易将已经失去的利益变为一条绳索，紧紧地缠绕在自己身上，这无论对心理健康还是躯体健康，都是十分有害的。这是一些老年人，特别是那些刚刚从领导岗位上退下来的老年朋友最当警惕的。

再说第二个问题。

即使品德高尚者也难免没有一点私心，要求所有的老年人不能有半点私心，也未免有些过分。但为了健康长寿，老年人努力减少和克服那些直接有损快乐生活的私心，则是十分必要的。其办法应当是因人而异，对症下药。

如果你曾经是个身居要职、手握重权的领导干部，最重要的是努力养育好自己的那颗心，使它变得平常而又平常。你应当这样想，人生中的所有变动，包括职务变动、待遇变动、利益变动，都是人生列车在轨道上的正常运行，有变动是正常的，不变动反倒是不正常的。你还应当这样想，世界上没有永恒的利益，只要你曾经拥有过，就算是一种得到，即使已经失去了，也均为正常现象，何况，自己毕竟已经比别人多得到了许多。你能这样想，就不会被那些已经失去的利益所折磨。

如果你原来是个普通职工，那你排除私心的侵扰大概会相对容易一些。你或许只是想多赚一些钱，怎样把房子修整得更舒适一些，怎样让孩子工作、生活得更好一些。这些都在情理之中，只要不违纪、不违法，均可为之。只是要注意，对欲望也要把握好度，失控的欲望必定会事与愿违；而要防止欲望失控，就必须时时警惕私心的膨胀。要记住：不管是谁，只要私心过分膨胀，都会结出令己痛苦不堪的恶果的。

讨论私心，我们可以得出以下结论：

世界上最难战胜的是自我，但比战胜自我更难的是战胜私心。

人世间的所有私心，几乎都源于利益的牵动；你要战胜私心，就必须正确对待个人利益。

不为个人利益困扰的最佳途径是提升思想境界。把自己这个"小我"看得轻一些，把人民这个"大我"看得重一些，并时时注意把个人之"小我"融于人民这个"大我"之中。

感悟与忠告篇

论 忠 言

良药苦口利于病,忠言逆耳利于行。一个人敢于进忠言是可敬的,一个人能够听到忠言是幸运的,一个人能够接受忠言是明智的,一个人能够不为谗言所迷惑是值得钦佩的。

人在一生中说过多少话,听到过多少别人的话,谁也无法精确统计,其本身也并不重要,但你在一生中给别人进过多少忠言,听到过多少别人的忠言,却是难以忘怀的。这不是因为忠言有多么动听和奇妙,只是由于它无论对自己还是对别人,都太重要了。正如一位哲学家所说,即使是上帝,也认为忠告和建议是不可缺少的。

忠言之所以不可缺少,是因为它能使身居高位者不因位高而偏听,使功勋卓著者不因功高而自傲,使身处逆境者不因困苦而气馁。一个拒绝认错的人,可能因听到忠言而幡然悔悟;一个不求上进的人,可能因听到忠言而发奋进取;一个痛不欲生的人,可能因听到忠言而坚强起来。所以,人人都需要听到忠言,犹如人人都需要看到光明一样。

把耳里的忠言与眼里的光明相提并论不过分。因为光明固然能使人眼亮,但忠言则更能使人心明。在战场上,可以有独臂将军,也可以有独眼将军，但却不能有糊涂将军。

大凡聪明人都愿意听到忠言，但富有讽刺意义的是，即使聪明人有时也很难分清哪是忠言，哪是谎言，哪是诤言，哪是谗言。正因如此，把谎言误以为忠言者有之，把谗言误以为诤言者有之，把谄言误以为美言者有之，把忠言误以为恶言者也有之。这是一些人，特别是某些掌权者，常常把事情弄糟的重要原因之一。它提醒我们，你要做到耳聪目明，就很有必要弄清究竟何为忠言以及应当怎样善待忠言。

经验表明，几乎所有的忠言都有以下两个鲜明特点：

（一）忠言是实事求是的。有一说一，有二说二；是白的就说白的，是黑的就说黑的。既不添枝加叶，也不"缺斤少两"；既不看听话者的眼色行事，也不从说话者的私心出发。而谎言、谄言、谗言则不同。谎言的特点是说谎，谄言的特点是讨好，谗言的特点是挑拨，三者的实质都是欺骗。

（二）忠言往往是逆耳的。逆耳，主要是指进言者照实说来，不为听话者的好恶所左右。有的人在胜利的时候，只想听赞美的话；在平静的时候，只想听恭维的话；在困难的时候，只想听吉利的话。而对进忠言者来说，恰好相反：在胜利的时候，愿意讲谦虚的话；在居安的时候，愿意讲思危的话；在失误的时候，愿意讲教训的话。加之进忠言者又多是直言，这样，就使听话者常有刺耳之感。

经验告诉我们，善待忠言，不仅要有高尚品德，而且应十分讲究艺术。

忠言犹如良药，虽然苦口，但却利于治病。所以，在生活中、工作中，应当鼓励人们讲真话，进忠言。然而，要做到这一点并不那么容易。这里的关键是，听话者要心胸开阔，既不要怕忠言刺耳，也不要

担心听了忠言会有伤面子。不管什么人，包括职位比你低的人，年龄比你小的人，曾经反对过你的人，只要人家说得对，就应该虚心接受。

须知，能博采众议，集中大家的智慧，是高明的表现。怕别人说自己并不高明而拒绝他人的忠告，犹如打肿脸充胖子一样愚蠢。

此外，对听话者来说，还要切忌对讲话者过分苛求。不能要求人家讲话的方式应当如何如何，更不能要求人家讲得话句句正确，只要有正确的部分，就应该持欢迎的态度，决不可因有某些片面或失当之处而全部加以拒绝。否则，就无异于堵塞言路，忠言也只能藏在别人的肚里。

讨论忠言，我们应当记住以下四点：

一个人敢于进忠言是可敬的。

一个人能够听到忠言是幸运的。

一个人能够接受忠言是明智的。

一个人能够不为谗言所迷惑是值得钦佩的。

这四点，大概也是许多老年朋友的共同感受。

论 逆 境

人生中的逆境犹如蓝天上的乌云，总是要出现的。但正像乌云可以被驱散一样，逆境也是可以战胜的。逆境也是人生中不可缺少的老师，它不但能够培养勇士，而且可以造就智者。即使曾经使你难以忍受的痛苦和磨难，也不会是没有任何价值的。

对于一个人的成长来说，有顺境，也会有逆境。全是顺境的极为罕见，即使全是顺境也并非绝对的好。逆境是常有的，有逆境也并非绝对的坏。尤其对那些有志者而言，与其说顺境比逆境好，还不如说，有一些逆境反倒比全是顺境更好一些。这段话，是位老年朋友在回顾自己的人生经历后讲的。它即使算不上名言，也完全可称作诤言。

我们可以这样去解读其中的道理。

顺境可以使人舒畅，但它也容易使人麻木；逆境虽然多给人以烦恼、困惑以至危险，但它能时时告诫你保持清醒。正因如此，身处逆境的人，其警惕性往往要比身处顺境的人高得多。这不是因为逆境比顺境讨人喜欢，而是由于逆境比顺境对人具有更大的召唤力和影响力。

顺境固然会麻烦少一些，但却容易使人变得懈怠。逆境则不同，犹

如"困兽犹斗"一样，为了摆脱困境，多数身处逆境的人总是要进行抗争和拼搏。这也正是一些逆境者往往比一些顺境者进步快的一个重要原因。同样的道理，犹如冰山上的雪莲要比温室里的花朵更具有抗寒能力一样，在逆境中成长起来的人，往往要比一帆风顺的人更具有战胜困难的信心和勇气。

长期的顺境容易使人的意志松懈，而即使短暂的逆境也能对人的意志起到磨炼作用。不但是意志的磨炼，伴随而来的还有智慧的启迪。因为要打破逆境就必须思考，而思考就必然会带来智慧的提升。因此，逆境不但可以培养勇士，而且可以造就智者。

顺境容易使人滋生不切实际的幻想，而逆境则能唤醒你勇于面对现实。顺境容易使人染上各种各样的毛病，而逆境则能促使你洗刷自己身上的污浊。顺境容易使强者蜕化为弱者，而逆境虽然也会吞噬一些人，但它却常使一些弱者转变为强者。

所以，逆境也是一所造就人才的学校，而逆境中可以学到顺境中学不到的东西。必须承认，是否上过逆境这所学校，其结果是大不一样的。如果你是一个长期在逆境中生活的人，即使换一个稍好一点的环境，也会感到轻松，也容易适应。但如果你是一个长期在顺境中生活的人，即使换一个并不那么困难的环境，也会感到负担很重，一下适应不了。这说明，顺境固然会给人以幸运，但它同时也能给人以不幸。而逆境虽然会给人以不幸，但它也能给人以幸运。因此，惧怕逆境、逃避逆境都是不必要的。一个真正有所作为的人，特别是那些肩负重任的青年人和中年人，一定应该是既能在顺境中生活，也能在逆境中成长的人。

即使老年人，也有一个如何对待逆境的问题。人到老年，最大的不顺莫过于丧偶失子和疾病缠身。遇到这些不幸，最重要的是呵护好你自己的信心。信心不仅是引你走向成功的天使，也是帮你战胜逆境的谋士，永恒的自信能引领你飞升。只要你自信心不倒，你的生命就不会枯萎，你的生活就会充满希望。

我们应当记住，没有黑夜就看不到闪亮的星辰，没有逆境也就没有真正的光明，即使曾经使你难以忍受的痛苦和磨难，也不会是没有任何价值的。

我们应当相信，人生中的逆境犹如蓝天上的乌云，总是要出现的；但正像乌云可以被驱散一样，逆境也是可以战胜的。逆境对强者来说是成才的学校，只有对弱者来说才是哭泣的墙隅。逼到无路即是路，置之死地而后生，这话并非没有一点道理。

论 失 败

> 对初出茅庐的人来说，失败是个感叹号；对久经考验的强者来说，失败只是个逗号；只有对意志薄弱的弱者来说，失败才是个句号。你要成功，就决不要惧怕失败。跌倒了爬起来，就是一种成功。失败了再振作起精神干，就能赢得胜利。

战场上没有常胜将军，工作中也无一贯正确；即使你是个足智多谋的人，失败与挫折也总是难免的；重要的不在于有无失败，而在于如何对待失败。这可谓多少老年人的经验之谈。

对一个初学写作的人来说，没有败作就不会有成功之作；对一个初学打仗的人来说，不打败仗就学不会打胜仗；对一个科学家来说，没有开始几十次、几百次的失败，就没有第一次的成功。

对初出茅庐的人来说，失败是个感叹号；对久经考验的强者来说，失败只是个逗号；只有对意志薄弱的弱者来说，失败才是个句号。

对靠侥幸过日子的人来说，失败犹如晴天霹雳；对只能在胜利中生活的人来说，失败犹如葬身的墓地；只有对充满进取心的人来说，失败才是最好的学校。

在失败中仍保持清醒的人，是可钦佩的人；在失败中能够奋起的人，是可敬佩的人；在失败中能够记得胜利的人，是可敬佩的人。

能经得起胜利考验的人，不一定能够经得起失败的考验；而能够经得起失败考验的人，往往也能够经得起胜利的考验。所以，失败比胜利更能磨炼人、造就人，更能检验一个人是否成熟、是否坚强。

要随时准备庆贺胜利，也要随时准备接受失败的洗礼。在庆贺胜利的鼓乐声中，要警惕可能徘徊着的失败的幽灵；在经受失败洗礼的艰苦磨难中，要看到那即将升起的胜利的曙光。

在胜利面前最可怕的是骄傲，在失败面前最忌讳的是气馁。因为骄傲容易使胜利丧失殆尽，气馁可以使失败变本加厉。

没有经历过失败的人，难以真正体会到成功的喜悦。只有冲破失败的困境而赢得胜利的人，才是最有资格享受喜悦的人。所以，人不应当惧怕失败。

千万不要以为遭到失败就一切都完了。实际情况绝不是这样的。失败只是成功的开始。正确不产生于你总是处在顺境的时候，美名不产生于你总是节节取胜的时候，伟大也不产生于你总是站在峰巅的时候。正确、美名、伟大，均产生于你真正受到考验、遭受一些挫折和打击、遇到一些失望和悲惨事情的时候。因为人只有身处低谷的时候，才会真正懂得高峰的壮丽；只有经受过痛苦磨炼的时候，才会散发出耀眼的光亮；只有在困境中崛起的时候，才会为更多的人所瞩目和认可。因此，对人的成长来说，失败绝不是一剂毒药，相反，它是一种疗效极好的补药。

成功与失败好像是水火不相容的，但它们却常常又是密切联系在一起的。没有成功何谓失败，没有失败又何所谓成功！轻而易举的成功

并非绝对没有，但这样的成功并没有多少价值。真正有价值的成功绝不是可以轻易得来的，它必须付出沉重的代价，包括汗水、鲜血、挫折、失败、等等。所以，想成功却害怕失败，这无异于早早就葬送了成功，这本身就是最大的失败。

经验表明，不懂得失败，也就不懂得成功；拒绝失败，也就等于拒绝了成功。自然，谁也不愿意遭受失败，但这毕竟是主观意愿，而客观上，挫折与失败总是难免的。这正如母亲在领着孩子走路的时候，无论怎样精心细致，孩子也总是要摔跤的。世界上大概没有一个孩子未摔过跤，也没有只一次试验就能够获得巨大成功的科学创造。

为了赢得成功，不但要有正确的价值观，也应有正确的失败观。失败观也是价值观的一个组成部分。有的人为了保全自己，害怕失败，害怕犯错误，处理问题总是优柔寡断，这是一种没有出息的态度。有的人急功近利，感到自己一时不能获得成功，就不愿去探索，不愿承担风险，这是一种极端利己的态度。大凡有意义的事业，必然面临许多艰难和险阻，如果不敢冒风险，见难就躲，见危就避，怎么能够到达胜利的彼岸呢？许多重大的科学研究，并不是一个或一代人能完成的，如果在自己手上不能完成，就不愿去奋斗，不愿做出牺牲，那人类何时才能攀登科学的峰巅呢？

道理是显而易见的。我们不但应当懂得成功的魅力与价值，而且应当深知失败的哲理和意义。失败绝不仅仅是失败，它本身就孕育着成功。自己的失败是他人成功的开端，前人的失败是后人成功的铺垫，今天的失败是明天成功的前奏。失败不仅能缩短与成功的距离，而且是通往成功的必经之地。最伟大的成功往往是在最惨重的失败后取得的，最能唤醒人、打动人的不是成功后的凯歌，而是失败后的悲歌。

所以，对于为缩短成功距离而出现的每一次失败，都应该视为一种成功，对于为未来成功做出了牺牲的失败者，都应当加以讴歌。

钱学森说过："没有大量错误做台阶，也就登不上最后正确结果的高座。"这话无疑是十分正确的。我们应当记住：失败并不可怕，真正可怕的是由于惧怕失败而畏缩不前。跌倒了爬起来，就是一种成功；失败了再振作起精神干，就能赢得胜利。

论危机

> 如同紧张的生活需要欢乐来补偿一样，欢乐的生活也需要有危机相伴随。重要的不在于眼前是否出现了危机，而在于能否审时度势，随时看到潜伏着的危机。高枕无忧忧更多，不思危机最危机。

如同紧张的生活需要欢乐来补偿一样，欢乐的生活也需要有危机相伴随，否则，欢乐也可能变为痛苦。

当人春风得意、忘乎所以的时候，懒惰、停滞、满足等惰性的东西最容易入侵，使你落伍、倒退，甚至走向反面。胜利之师易于骄，有功之臣易于奢。所以，大凡头脑清醒的人，总是经常这样告诫自己："满招损，谦受益"，要"居安思危"。

骄傲自满是落后的别名，维持现状也实在是愚蠢的儿子，骄傲自满与维持现状的结果只能是不进则退。所以，你要有所作为，就务必十分警惕这种无知的思想和行为。因为无论骄傲自满还是维持现状，都容易使人变得麻木，不但不能让你有新的收获，反而会使你失去已有的一切，至于要实现什么新的宏伟目标，那更是水中捞月、镜中观花。

经验表明，医治这种"麻木"病症的有效方法，是给其注入"危机"的药剂，使之从精神上产生一种"危机感"。人有"危机感"好比头脑里增添了一位警惕的哨兵，会使你经常保持清醒的头脑，并巧妙地安排自己的行动。

经验还表明，人在幸运中取胜的时候，最需要保持警惕。幸运的成功当然也包含着自己的努力，但它往往容易使人迷惑，以为成功的取得并不困难，在这种情况下，幸运就可能变为厄运。幸运的成功来得快，消失得也快。靠幸运过日子是没有保证的。只有经常想到厄运，才能有效地避免厄运。

人在连续晋升或连续取得成功的时候，尤其应格外注意保持头脑清醒。如果一次成功能蒙住其眼睛，那么二次、三次的成功就可能迷惑其心灵。所以，在节节胜利的凯歌声中，伴随一些哀歌是完全必要的。在困境中，哀歌会使人沮丧；但在顺境中，它却能使人清醒。因此，只会唱赞歌而不会唱哀歌的人，并不是最好的"歌手"。

对于好得过且过的人来说，即使在比较顺利的时候，危机感也是必不可少的，少了，就会招来不幸。正如有人所说，"小富即安"、"不富也安"，最后只能是彻底的不安。

老年人的生活要追求轻松愉快，但也不能没有一点危机感。年龄在增大，生命在缩短，所剩的时光越来越少。如何让晚年生活快乐而有意义，是务必要精心思考的。时间是个定量，一年就是一年，一天就是一天，对谁都一样。所以，作为老年人，宁可把一天当作一年去珍惜，也不可把一年当作一天去怠慢。应当明白，怠慢时光无异于浪费生命。

要相信，"危机感"也有多种功能。

当你因胜利而麻木不仁的时候，它是一种"清醒剂"。

当你因盲目乐观而难以自控的时候，它是一种"镇静剂"。

如果你是个极有自信心的人，那么，当你因困难而失去信心的时候，它还会成为一种"兴奋剂"。

要记住：重要的不在于眼前是否出现了危机，而在于能否审时度势，随时看到潜伏着的危机。想到危机才可能避免危机。如果你把全部丢在脑后，那么，说不定哪一天它会自己找上门来的。正是：高枕无忧忧更多，不思危机最危机。

这是历史的忠告，也是多少老年人的忠告。

论 理 智

> 酒精像水却有火的性格，谎言像蜜却有箭的影子，陷阱像路却能置人死地，鬼蜮像人却能张口吃人，人决不可被表象所迷惑。回光返照不是健康的表现，强词夺理不是有力量的反映，侥幸取胜不值得欢庆，偶尔失败无须悔恨，人应当经常注意保持理智。

人在任何时候都应当保持理智而不凭感情用事。这不是成功的秘诀，便是战胜困难的妙法。

看看你的周围，有多少人因为不理智而吃了诸多的苦头。

朋友之间，因为一次误会而断绝往来，使多年的友谊毁于一旦。

夫妻之间，因为听信传言而互不信任，使纯真的爱情蒙上阴影。

领导之间，因为名次排列而明争暗斗，使和睦的集体争吵不休。

有的人因为一次受损而不惜孤注一掷。

也有的人因为一次受辱而不惜自毁前程。

还有的人因为一次受挫而不惜告别人生。

经验告诉我们，理智是一种修养，也是一种能力，人凭感情用事还是靠理智做事，其结果是大不一样的。理智好比渠道，感情好比河水，

只有渠道畅通，河水才能缓缓流入农田。如果失去了理智，感情之河水也会变为失控之洪水，它不但不能灌溉农田，而且还会冲毁农田。生活中失去理智会招来痛苦，政治上失去理智会导致失败；青年人失去理智可能干出蠢事，老年人失去理智还可能伤及生命。

经验还告诉我们，在下列情况下，人尤其要注意保持理智。

（一）谣言四起的时候。能够及时地把谣言与事实区分开来是最好的，但这往往很难。辟谣是必要的，但不要指望你说的事实人家会马上相信，更不要指望把谣言统统封存起来，因为编造出来的故事是追不回来的。在多数情况下，对待谣言最好的办法不是急于去澄清，而是置之不理——好像根本没有听到一样。

（二）面对委屈的时候。委屈是令人难以忍受的，但当问题没有暴露到一定程度的时候，你必须心甘情愿地去忍受。向领导和朋友倾诉是可以的，但不要以为他们一定能帮你的忙，否则希望越大，越会感到委屈。人在委屈的时候最需要冷静——冷静地去观察，冷静地去思考，冷静地去寻找能够说明事实真相的证据。须知，找到一个铁证要比喊叫十次更有力量。此外，还要善于扩展胸怀，用广阔的胸怀化解内心的隐痛，用理性的光亮驱散心头的迷雾，防止由于委屈而产生的暴怒，更防止由于心中的愤懑而引发躯体上的疾病。

（三）对手攻击你的时候。在政治斗争中不要企望没有对手，对手是另一种意义上的朋友。有对手是必然的，遭到对手攻击是正常的。在对手向你发起攻击的时候，能及时制止是最好的，当不能制止的时候千万不要惊惶失措，应冷眼察视——察视其用心，察视其手段，察视其步骤，并准备回击的"子弹"。当对手兴高采烈的时候（此时也一定是你最困难的时候），你务必要沉住气，要坚信正确终究会战胜错误，光明必定能驱走黑暗。当对手的进攻遭受失败的时候，你不要过分得意，兴奋之余一定要寻找自己的不足——是什么原因使对手有机可乘，是什么事情使对手有把柄可抓，是什么背景使对手逞凶一时。你也不要一心想着去报复，如果不顾一切地去报复，对自己的伤害常常会超过对对手的伤害。报复只能用于真正的敌人，而不能用于别的任何人。即使对敌人的报复，也一定要把握时机和分寸，做到有理、有利、有节。

（四）遭受失败的时候。不要因为失败而变得迷惑不解，更不要因为失败而对一切都失去信心。要相信，失败能给人以打击，也能给人以机会；失败可以毁掉一个人，也可以重新造就一个人。遭受失败后你一定要把心静下来——分析失败的原因，总结失败的教训，调整沮丧的情绪，恢复虚弱的体力，绘制奋起的蓝图。你一定要保持清醒，不要因别人的同情而感到自慰，也不要因别人的愉悦而感到羞愧，更不要因敌手的欢快而感到痛苦。要记住，灾难中也有财富，关键是要去寻找。只要你努力，失败的花朵也能结出精美的果实。

（五）庆贺胜利的时候。胜利像从河里摸到的鱼，稍不注意就会从手中溜走。胜利的时候需要理智，犹如打退了敌人的进攻仍须保持高度警惕一样。人既要警惕被胜利冲昏头脑，也要防止被失败吓昏头脑。人在失败时要切忌失去自信，人在胜利时要防止过分自信。理智的魅力在失败的时候更多地表现为坚定，在胜利的时候则更多地表现为谦逊。

一位老年朋友为了提醒自己时时保持理智，曾写下这样的话语：

酒精像水却有火的性格，

谎言像蜜却有箭的影子，

陷阱像路却能置人死地，
鬼蜮像人却能张口吃人，
人决不可被表象所迷惑。
回光返照不是健康的表现，
强词夺理不是有力量的反映，
侥幸取胜不值得欢庆，
偶尔失败无须悔恨，
人应当经常注意保持理智。
他的这些自我告诫，或许对你也有可借鉴之处。

论沉默

刚健往往蕴含在无表情的表情中，顽强经常体现在无希望的希望中，尊严常常折射在深思熟虑的判断中，沉默的魅力永远显示在静静的深思中。人既要学会喊叫，也要学会沉默。对于领导者来说，沉默的时间，也许是你一天中最重要的时间。

早在15年前，一位恩师就曾这样告诫我："你要有所作为，你就务必学会沉默。"今天重温这句话，仍倍感亲切。因为许多事实表明，沉默具有非凡的魅力。

沉默可以保持权威，犹如炸弹在沉默时仍具有威慑力一样。

沉默也可以孕育成功，犹如沉默的土地上可以生长出树木花草一样。

沉默与思索相随，它使人深邃，而深邃的人才更趋于成熟。

沉默与含蓄为伍，它使人想象，而想象往往使人更加聪慧。

沉默既是一种气质，也是一种风度，更是一种品格。受挫时学会沉默，可以使人镇定、自省，在沉默中迸发出顽强坚韧的火花。成功时学会沉默，可以使人冷静、清醒，在沉默中寻找新的起点，确立新的

目标。

沉默不是呆痴昏睡，更不是麻木不仁，它是酝酿大事的过程，追求真理的继续，战胜困难的前奏。

沉默是必要的，但有时也需要喊叫。这正如没有惊雷就没有暴雨、没有母亲分娩前的呻吟就没有婴儿的诞生一样。

难的是什么时候该保持沉默，什么时候才去喊叫。如一位西方政治家所说："成功的领导人必须知道什么时候应该战斗，什么时候应该退却；什么时候应当强硬，什么时候需要妥协；什么时候必须大胆讲话，什么时候需要缄默不语。"

当然，也有另外一种沉默，那是令人鄙视的。比如：

有的人蔑视一切他不懂得的东西，以沉默来掩盖自己的无知。

有的人在某件事情上输了理，又不认账，以沉默来强装好汉。

还有的人虽无真才实学，却面对众多强者不甘示弱，以沉默来保护虚名。

这些人自以为聪明，实际上愚蠢得很，他们往往在沉默中变得落后。

人能成功地使用沉默，既是一种智慧，也是一种艺术。

假如你是个领导者，在下级面前不要事无巨细、经常唠叨，在小事情上沉默更有助于在大事上保持威严。

假如你是做父母的，对子女特别是中学以上的学生，不必天天说教一番，平时的沉默更有利于在关键时刻保持权威。

假如你是个立功受奖者，千万不要自我夸耀、到处张扬，此时的沉默更有助于在别人面前保持荣誉。

假如你是与经验丰富的老手谈判，那么以少说多听为好，这样对方不易摸清你的意图，你却可洞悉对方的用心，从而使自己保持主动。

假如你是与熟悉的朋友辩论，那么就要尽量少说过去已经说过的话，而要努力说出对方意想不到的话，这样，你的话虽少，但却会很有分量。

当你在沉默时要防止别人煽起你的欲火，造成错误，陷入被动。

当你在喊叫时要警惕言语失当，不要留下把柄，被人所揪。

人应努力加强修养，使度量和气魄大一些，勇气和信心强一些，眼光和感觉灵敏一些，从而做到既会沉默又会喊叫。

要注意——盛气凌人式的沉默，会使人陷入离心离德、孤家寡人的境地；装腔作势式的沉默，会被自欺欺人的名声、地位所困扰；欺世盗名式的沉默，会被嫉妒之火所吞噬。

要懂得——沉默本身并非目的。正像刚健往往蕴含在无情的表情中、顽强经常体现在无希望中、尊严常常折射在深思熟虑的判断中一样，沉默的魅力永远显示在静静的深思中，而不是其他。

如果你是个领导者，还请记住：应当在你的时间表上加上沉默的时间，专门用来思考一些重要的事情；沉默的时间，也许是你一天中最重要的时间。

论金钱

> 靠自己辛勤劳动挣来的钱，使你幸福坦然；靠行骗偷窃而得到的钱，你将感到胆战心寒；靠自己的艰苦努力而获奖励的钱，将使你更加奋发向前；由于受贿而获得的钱，将使你贪得无厌。金钱只能靠劳动取得。美德比金钱更加重要。

金钱对人的诱惑，不亚于权力，也不亚于美女。

从古到今，有多少人迷恋于金钱，又有多少人受害于金钱；有多少人为了得到金钱不惜舍弃一切，又有多少人因为得到了金钱而失去了一切；有多少人期望成为金钱的主人，又有多少人最后沦为金钱的奴隶。它使一些人冲动，又把一些人葬送；它使一些人富裕，又使一些人堕落。有时它像一个天使，唤你去奋争；有时它又像一个魔鬼，把你引入坟墓。

一个人从生到死，无时不伴随着金钱的影子。你只要仔细地观察和思考生活，就会倾听到金钱给予我们的种种告诫。

金钱不是万能的。有人说，"金钱能使鬼推磨"，只要有钱就能买到一切。也有人说，"金钱就是上帝"，有钱就有一切。这都是十分错误的。几年前台历上的一篇短文说得好：钱可以买到"房屋"，但买不到"温暖"；钱可以买到"珠宝"，但买不到"美丽"；钱可以买到"药物"，但买不到"健康"；钱可以买到"书籍"，但买不到"智慧"；钱可以买到"服从"，但买不到"忠诚"；钱可以买到"躯体"，但买不到"灵魂"；钱可以买到"虚名"，但买不到"实学"；钱可以买到"武器"，但买不到"和平"；钱可以买到"小人之心"，但买不到"君子之腹"。钱买不到的东西还有很多，能买到信任吗？能买到理解吗？能买到爱情吗？金钱有用，但作用有限。金钱也是人创造的，对金钱的崇拜，不仅是对高尚品德的否定，也是对人类自身的亵渎。

金钱只能靠劳动取得。金钱是能够充当一切商品的等价物的特殊商品，它归根结底是由劳动创造的。你要有钱，你就应该去劳动、去创造。然而，在生活中却并非完全如此。为了得到金钱，有的人靠辛勤劳动，有的人靠行骗偷窃，有的人靠贪污受贿。同是一沓钞票，但由于来路不同，其价值与意义也完全不同。还是台历上的那篇短文说得好："靠自己的辛勤劳动挣来的钱，使你幸福坦然；靠行骗偷窃而得到的钱，你将感到胆战心寒；靠自己的艰苦努力而获得奖励的钱，将使你更加奋发向前；由于受贿而获得的钱，将使你贪得无厌；困难时得到别人援助的钱，会使你感到百倍的温暖；但由于贪污而得到的钱，将会使你的灵魂糜烂；由自己点滴积蓄起来的钱，会使你更加珍视勤俭；对于别人贺喜的钱，势必使你在今后的日子里加倍偿还。"金钱告诫我们，靠自己辛勤劳动得来的钱越多越好，但通过巧取豪夺弄到的钱，即使只有一点，也是一种邪恶。

美德比金钱更加重要。金钱换不来美德，但美德可以赢得金钱。人无钱是一种贫困，但人失去美德则是一种耻辱。金钱虽然能使人富裕，但却不能使人充实；美德不但能使人充实，而且能使人幸福。在人生的天平上，金钱与美德绝不是等同的。谁把金钱看得比美德还要重要，那他本身就是很不值钱的。正因如此，智者总是把美德看作生命，而把金钱视为草木，当金钱与美德二者不可兼得的时候，总是舍弃前者而保护后者。

生活告诉我们，人不能没有金钱，但人决不能为金钱而活着；人在年轻的时候要注意节俭，进入晚年后则应警惕金钱的诱惑；在人生旅途上，金钱也是一个关口，你要顺利过关而不吃败仗，那就必须加强品德的修养。

无论青年人、中年人还是老年人，都应当记住金钱的告诫。

论 选 择

> 人生旅途中多有岔道,你要成功,就必须学会选择。最难的选择不在平时,而在关键时刻。最佳的选择不在于你可以做什么事,而在于抓住最好的时机做自己要做的事。最重要的选择不在于你今天会失去什么,而在于明天能得到什么。

人生旅途中多有岔道。你要成功,就必须学会选择。人需要选择,犹如鸟需要飞翔一样。

选择意味着:

有明确的目标。

尽可能地发挥长处、避开短处。

不断地完善自己、提高自己。

抓住最好的时机做自己要做的事。

用成熟的思考指导全部的行动。

人人都需要选择。农民种地要选择籽种,工人做工要选择工种,领导决策要选择方案,记者采访要选择对象,患者治病要选择医生,学生读书要选择学校,一些人连婚丧嫁娶也要选择良辰吉日。可见,无

人不在选择，人无时不在选择。要奋斗就要有选择。人的一生是奋斗的一生，也是选择的一生。

人人有权利选择。如果你是个渔夫，是天天下海捕捞还是三天打鱼两天晒网，你可以做出选择；如果你是个干部，是勤政廉洁还是贪赃枉法，你也可以做出选择；如果你是个主妇，是勤俭持家还是好吃懒做，你也需要做出选择。即使监狱里的囚犯也有选择的权利，在监狱里是认罪守法还是破罐子破摔，出狱后是重新做人还是继续犯罪，都决定于自身。一个人除了出身和性别以外，在其他问题上都有选择的机会和权利。

自然，选择也不是一切都可以随心所欲。权利是个圣洁的字眼，谁都不能抛开义务而去亵渎它。选择的权利与应尽的义务是统一的。人应当学会选择。

选择是一种修养。有些人你提醒他去选择，也毫不在意，在他们看来，这是无关紧要的事情。而对另一些人来说，你不让他选择，他也要选择。二者的不同，反映了修养上的差别。人是否有强烈的选择意识，这不只是个能力问题，也是个修养问题。人要逐步变得完善，就要不断地进行修养。选择才能更好地修养，同样，修养也才能更好地选择。

选择也是一种智慧。对一个思想僵化的人来说，机遇即使就在眼前，也会悄悄地溜走。如果你是个目光短浅的人，即使好的奋斗目标已经露出笑脸，也是难以下决心去做出选择的。选择不仅是知识的运用，而且是智慧的比赛。正确的选择必须用智慧和知识来引导。智慧能为选择出谋划策，知识能为选择扫除障碍。所以，智者总是比愚者善于选择。

选择还是一种艺术。艺术的魔力在人生旅途中无时不在显露头角，它经常发挥着作用，却又不易为人所察觉，在选择中也是这样。正因如此，善于选择的人总是要比不善于选择的人容易获得成功。生活告诉我们，选择的艺术不在于你今天会失去什么，而在于明天能得到什么；也不在于你能从国家和人民那里得到些什么，而在于你能给国家和人民奉献些什么。

　　选择更是一种考验。最难的选择不在平时，而是在关键时刻。在危险关头，你是前进还是后退；在出了问题的时候，你是主动承担责任还是推卸责任；当个人利益与国家和集体利益发生矛盾时，你是让前者服从后者还是让后者服从前者，这都是一种考验。可见，你要学会选择，就首先要学会做人，做人的真谛大概也正是选择的秘诀所在。

　　我们应当记住：

　　生活中，选择必定要向你招手。

　　你应当选择，不要蔑视选择。

　　你必须选择，不要回避选择。

　　你必须学会选择，不要亵渎选择。

　　要相信，正确的选择会引你走向成功。

论 拥 有

村村都有"诸葛亮",人人身上都有自己的"钻石宝藏"。你明白自己拥有些什么,才能大胆地去做些什么;你勇敢地去做些什么,也才能真正知道自己拥有些什么。对于自信心不足的人来说,有一点良好的"自我感觉"并无多少害处。

一位老年朋友曾这样向自己的孩子发问:"你是否知道你拥有什么,倘若你连自己所拥有的东西也不清楚,还何以去获得成功!"

这是一种期盼,也是一种告诫。它启示人们,特别是对许多年轻人来说,你要获得成功,你就应该知道自己拥有的一切,如果你真的做到了这一点,那就有了成功的希望。

生活告诉我们,知人难,知己更难。很多人正是因为不了解自己,才缺少奋斗精神,影响了自己的一生。有的人只是在见到别人成功的时候才恍然大悟:啊,我不比他差,他能成功,我也能成功。也有的人只是在偶然成功后才认识了自己,觉得自己也是可以大有作为的。还有的人直到晚年才恍然大悟,认识到自己拥有的绝不比别人少,感叹地说,如果年轻时就明白自己拥有的这一切,那该多好啊!

经验反复证明，人只有知道自己拥有什么，才能知道自己能够做些什么。正如你知道自己拥有土地就可以种粮，拥有池塘就可以养鱼，拥有钢筋、水泥、木材就可以建房一样。你本来拥有的很多，但却全然不知，这不仅会造成财富的浪费，而且会导致生命的枯竭。

人怎样才能认识自己拥有的一切？

这固然需要从理论上思考，但更多的应该在实践中探索；固然需要别人的帮助，但更多的要靠自我的努力；固然需要看到自身的不足，但首先必须发现自己的长处。

你不妨问自己下列三个问题：

（一）村村都有"诸葛亮"，人人身上都有自己的"钻石宝藏"，难道你就没有吗？要坚信，你绝不比别人差，别人拥有的你可能没有，但你拥有的别人也可能没有——而这正是你的"钻石宝藏"。你拥有别人所没有的东西，就可以做别人不能做的事情；你拥有的东西比别人多，就可以做比别人多的事情。这就意味着——你能够成功，而且能获得更多的成功。

要懂得，人不善于发现自己的长处也是个缺点，因为埋没一个长处，就可能扼杀掉一次成功。对于自信心不足的人来说，有一点良好的"自我感觉"并无多少害处。

（二）你的能力发挥了多少？人的能力有大有小，能力的发挥也有多有少。按理说，每个人都应该把自己的能力全部发挥出来，但事实上却很难做到。有人判断，对大多数人来说，只利用了自己能力的10%。如果你也是这样，不是还大有潜力可挖吗？要是你再用上另一个10%，不就能够做两倍于现在的事、获得两倍于现在的成功吗？何况人的能力也不是固定不变的，你做的事情越多，能力也会随之越强，这

样你获取成功的可能性也就会越大。

要知道,人的能力既是有限的,也是无限的。人不应当夸大自己的能力,但也无须小看自己的能力。你真正认识了自己的能力,你就会感到自己拥有的东西很多,成功的希望很大。

(三)你是否敢于尝试?你究竟拥有什么,能否成功,最终要由实践来回答。尝试就是实践,尝试不仅能锻炼自己,也能认识自己。不少人正是在尝试中才明白了自己所拥有的长处。有的人平时小看自己,以为自己什么也干不成,但在一次偶然的事情中竟干得很漂亮,于是他认识了自己,信心大增。假如你能自觉地去尝试,又获得了成功,不就可以更深刻地认识自己了吗?那些整天坐在屋子里以为自己什么也不会做的人,最好能鼓起勇气去做几件事情,这样一定能收到意想不到的效果。

要记住,你拥有什么,你首先要明白;你能否成功,你首先要有信心。假如你不但明白了自己拥有的一切,而且还有坚强的信心,那你就极有可能获得成功,使自己的人生放出异彩。

论 用 人

> 用对一个人，能鼓舞一批人；用错一个人，则会挫伤一批人。怎样用人，并非完全决定于科学，能够出以公心，用好人就有了起码的保证。

许多老年人在回首往事时都曾发出这样的感叹：知人难，选人难，用人更难！究竟应当怎样看人和用人，这确实是一件很重要的事情。

静下心来想想会发现，我们工作中的一些失误，都或多或少与用人不当有直接的关系。因用人不当而导致事故频发者有之，因用人不当而损伤老百姓利益者更有之。事实一次又一次提醒我们，防止工作中的失误，首先应当从防止用人上的失误做起。

其实，怎样用人，这并非完全决定于科学，能够出以公心，用好人就有了起码的保证。如祁黄羊那样，"内举不避亲，外荐不避仇"，何愁人才得不到使用！如果从私心出发，即使德才兼备的贤哲，也会或因其与自己有不同意见，或因其曾经反对过自己，或因其与反对自己的人关系密切，而不量德量才使用，埋没和浪费人才，以致贻误了国家的事业。私心严重的人是不关心国家事业的，因而也是不会珍惜人才的。

用人是否得当，其意义绝不限于被用者本人。用对一个人，能鼓舞一批人；用错一个人，则会挫伤一批人。所以，用人历来是件大事，务必十分审慎。

要切忌凭感情用人。感情也是一条绳索，假如你被它捆住了，往往会干出蠢事来的，如果掺杂上私心，那更会闹出恶作剧的。凭感情用事，最容易给某些狡猾的人留下空子。他们会把各种邪恶的机智都端出来，奉献在你的面前，使你在美滋滋中上当受骗。如果他是个献媚者，就会起劲地恭维你心中最自鸣得意的事情，以麻木你的神经；如果他是个爱占便宜的人，就会以其之心度你之腹，今天给你点好处，明天再给你点甜头，以磨灭你的意志，使你心甘情愿地为他说话。这是格外需要注意的。感情只有在原则支配下才是一种促人奋进的力量，如果离开了原则，它就难免从相反方向起作用。

有缺点，但品德好、能力强的人，不能不用。以为能力平庸、毫无进取精神，但并无明显缺点的人是值得欣赏的，那是一种极大的糊涂。雄鹰总比乌鸦飞得高。一些地方工作上不去，绝不是因为有缺点的"雄鹰"太多，相反，是没有缺点的"乌鸦"太多的缘故。其实，正像怕犯错误本身就是最大的错误一样，没有缺点本身就是最大的缺点。哪有没有缺点的人才呢？

犯了错误，但已经改正或有决心改正的人，不能不用。错误也是一所学校。从学校中吸取教训的人，其经验可能比没有犯过错误的人更丰富一些。何况不少犯了错误的人本身就有一种欠债感，他们想用自己的行动弥补曾给事业造成的损失，应当给他们这种机会。浪子回头金不换，浪子也可能变为功臣。浪子的欠债感，并不是在任何情况下都亚于功臣的成就感的。

经验表明，品德不好即使能力强的人，也不能重用。因为他们虽然做事的能力强，但坏事的能力也强。投机钻营、看风使舵的人不能重用，因为他们经不起风浪的考验，随时可能离开真理而倒向错误一边。讨好献媚、阿谀奉承的人不能重用，因为他们除了虚伪以外，并无任何真才实学。伸手要官、私心严重的人不能重用，因为他们只想用权力为自己做些什么，而不想用权力为人民做些什么。不做实事、只靠年龄吃饭的人也不能重用，因为他们眼里盯的只是更高一级的官位，从不把国家和百姓的利益放在心上。在用人中，最需要警惕的是那些有野心的人。野心是个无底洞，有野心的人永远不会有满足的时候。野心是埋在心灵里的炸弹，其破坏力绝不小于事实上的炸弹，一旦爆炸，不但害己，更祸国殃民。

总之，应当做到知人善任。对那些因乱用权力而屡屡用错人者，追究其责任也是必要的。老年人有许多的忠告，而在用人的问题上的忠告，可以称作是忠告中的忠告。

在微笑中仰望生命
（代跋）

袁志发

当我写完本书正文的最后一篇文章时，恰好是乙酉年腊月二十九的上午。啊！明天将是又一个正月初一。

中午，全家人吃团圆饭。饭菜丰盛自不必说，孩子们敬酒祝福也自不必说，院子里还阵阵响起久别的爆竹声。我很兴奋，也很激动。我虽然又长了一岁，但依然感到了浓浓的年味，依然感到好像在孩童时过年一样快乐，是那样的温馨，那样的甜蜜。我的脸上露出了微笑——老伴看到了，孩子们也看到了。自然，我也看到了——他们每个人的脸上也都露着微笑。大家不仅微笑着，说笑着，而且还不时地仰望着挂在屋顶上那个写着"福"的红灯笼。这一切，就像一幅无比美丽的画卷，映入了我的眼帘，挂在了我的心窗上。也就在这刹那之间，我的脑海里突然萌生出一个话题——人，应当在微笑中仰望生命。我如获至宝，放下饭碗后就拿起笔来，乘着酒兴，急匆匆地写下这篇文字，作为本书的代跋。

作为代跋，也作为本书内容的必要补充，我主要想表达以下两点看法。

一、生命喜欢微笑

人生中有多种多样的笑。有大笑，它使人忘却的是烦恼；有苦笑，它使人远离的是快乐；有傻笑，它使人陷入的是糊涂；有奸笑，它使人面对的是狡猾；有淫笑，它使人感到的是耻辱；唯有微笑，才最符合生命的本真，因而也最受人珍重。

在团圆的微笑中，我忽然意识到，感知生命，重在感知其本真；善待生命，也重在善待其本真。

生命的本真是什么？它不是少数人幻想中的伟大，也不是多数人鄙视的低下，而是一种美丽的平常；它不是一种虚拟的永恒，也不是一种无奈的短暂，而是一个闪光的过程。而这美丽的平常与闪光的过程，也正是多少人苦苦思索的生命之真谛。

仔细想想，幸福的生活，不就是这种美丽的平常与闪光的过程所散发出的芳香吗？生命的价值，不正是在这种美丽的平常与闪光的过程中得以实现的吗？

生命喜欢微笑，犹如盛夏里的你酷爱清风一样。微笑意味着：

你是真实的，你对生命的希冀也始终是真诚的，绝没有那么多的虚假和伪装。

你是平和的，你对生命的态度也始终是理智的，绝没有那么多的虚妄和烦躁。

你是从容的，你对生命的遭遇也始终是坦然的，绝没有那么多的不安和恐惧。

生命喜欢微笑，我们也应当对生命报以微笑。每个人的心灵深处虽然都会有愁苦，但每个人的心灵深处也都开启着一扇通往快乐的友善之门。只要你善于摁响这个快乐的门铃，生命就必定会向你发出醉人的微笑。

二、生命需要仰望

在举头望着那个挂在屋顶上的红灯笼时，我更意识到，人生在世，不能只是低头觅食，必须仰望点什么，向着高远，向着未来。只有这样，才能更好地支撑起生命，更自觉地呵护好生命。

人的生命是在母体里孕育而成的，但当你来到世间之后，它就始终面向着未来。它不仅属于过去，也不仅属于今天，而且属于明天。所以，生命总是需要仰望——仰望美好的将来，仰望人生的天国。只要生命不息，就当仰望不止。

仰望就是追求崇高。伟人有伟人的崇高，英雄有英雄的崇高，凡人也有凡人的崇高。凡人的崇高，虽然不像伟人与英雄那样光照人间，但也同样可以流传后世。比如你的善良、宽厚、仁慈等美德，不也是一笔珍贵的精神遗产吗？有的人往往只看重物质遗产，而忽视了精神遗产，这不正是缺少仰望的缘故？

仰望就是追求幸福。少年有福不算福，老来有福才是福；今日有福不算福，明日有福才是福。生命的延续应当是幸福的拓展，而要拓展幸福，就不能没有仰望。俯视能使你记着过去，平视能使你珍惜现在，唯有仰望才能使你钟情于明天。

仰望就是追求快乐。往日的快乐已成为过去，今日的快乐也不会永存，我们最应当期待的是明天的快乐。明天的快乐不仅是你以往快乐的延伸，还可能成为你一生中快乐的奇峰。如此想，我们还不值得更有意识地去仰望吗？

生命需要仰望，我们应当学会仰望。

要确信，人生中有许多更高的存在，你仰望它，就能在黑夜中看到光明，在困境中看到希望，从而找回那已逝的灵魂，重返那失落的家园。

要记住，人生路上并没有真正意义上的障碍，你仰望它，就总能找到跨越的机会和办法，只是路径不同、距离不同而已。

要坦然，死亡迟早会到来的，你仰望它，就会觉得活着的每一天都无比珍贵，因而更加珍惜生命，使有限的生命呈现出无限的精彩。

人到老年，应当比以往任何时候更加注意善待生命。我衷心祝愿每一位老年朋友都能以微笑面对生命，并学会在微笑中仰望生命——看到生命绽放的每一个花朵，即使是死亡，也把它看做是生命的最后一次开花——把花朵撒在路上，把芳香留给后人。

作为本书的代跋，还有三点需要说及。

（一）我在这本书中虽然探讨了老年人中的诸多问题，但严格地说，还算不上是真正的思考，它只是自己的一些感受。而且，有许多该讨论的问题尚未涉及，即使已经谈及的问题，除了肤浅之外，还可能有欠妥之处。

（二）本书汇集的108篇文章，有一些是从本人所著、由人民出版社和作家出版社分别出版和再版的《我看人生》一书中节选而来的。但在收入本书时，均围绕着老年人生这一主题做了较大的修改和补充。这倒不是为了省事，而是由于老年人生与青年人生或中年人生，毕竟有许多共同之处。

（三）本书在撰写和出版过程中，除参阅了一些报纸和杂志刊登的文章与资料外，还得到了许多同志和朋友的帮助与支持。这里，我借用十几年前一位朋友说过的话来表达对他们的感激之情："我不想一一列出他们的名字。因为，我想永远把他们珍藏在我的心中。"

2006 年 1 月 28 日于北京

图书在版编目（CIP）数据

快乐老年 / 袁志发著 . -- 北京：中国文联出版社，2016.9

ISBN 978-7-5190-1535-0

Ⅰ. ①快… Ⅱ. ①袁… Ⅲ. ①老年人 - 人生哲学 - 通俗读物 Ⅳ. ① B821-49

中国版本图书馆 CIP 数据核字 (2016) 第 139246 号

快乐老年 KUAILE LAONIAN

著　　者：袁志发	
出 版 人：朱　庆	
终 审 人：奚耀华	复 审 人：曹艺凡
责任编辑：邓友女　王海腾	责任校对：师自运
封面设计：马庆晓	责任印制：陈　晨

出版发行：中国文联出版社
地　　址：北京市朝阳区农展馆南里 10 号，100125
电　　话：010-85923074（咨询）85923000（编务）85923020（邮购）
传　　真：010-85923000（总编室），010-85923020（发行部）
网　　址：http://www.clapnet.cn　　http://www.claplus.cn
E - mail：clap@clapnet.cn　　wanght@clapnet.cn
印　　刷：中煤（北京）印务有限公司
装　　订：中煤（北京）印务有限公司
法律顾问：北京天驰君泰律师事务所徐波律师
本书如有破损、缺页、装订错误，请与本社联系调换

开　　本：710×1000	1/16
字　　数：286 千字	印张：25
版　　次：2016 年 9 月第 1 版	印次：2016 年 9 月第 1 次印刷
书　　号：ISBN 978-7-5190-1535-0	
定　　价：58.00 元	